信息物理系统建模仿真通用平台 (Syslab+Sysplorer)

Toolbox 工具箱

AI 与数据科学	信号处理与通信	控制系统	设计优化	机械多体	代码生成	模型集成与联合仿真	接口工具
统计、机器学习、深度学习、强化学习	基础信号处理、DSP、基础通信、小波	控制系统设计工具、基于模型的控制器设计、系统辨识、鲁棒控制	模型试验、敏感度分析、参数估计、响应优化与置信度评估	多体导入工具、3D 视景工具	嵌时代码生成、嵌入式代码生成、定点代码生成、定点计算器	CAE 模型降阶工具箱、分布式联合仿真工具箱	FMI 导入导出、SysML 转 Modelica、MATLAB 语言兼容导入、Simulink 兼容导入

各装备行业数字化工程支撑平台 (Sysbuilder+Sysplorer+Syslink)

开放、标准、先进的计算仿真云平台 (MoHub)

基于标准的函数+模型+API 拓展系统

Ⅲ Sysbuilder 系统架构设计环境

需求导入	架构建模	逻辑仿真	分析评估

△ Syslab 科学计算环境

Ⅲ Functions 函数库

曲线拟合	编程	数学	图形
符号数学			
优化与全局优化			

Julia 科学计算语言

Ⅲ Sysplorer 系统建模仿真环境

工作空间共享	物理建模	框图建模	状态图建模
并行计算			

Modelica 系统建模语言

Ⅲ Models 模型库

标准库 机、电、液、控、热	同元专业库 电、液压、传动、机电…	同元行业库 车辆、能源…

◇ Syslink 协同设计仿真环境

多人协同建模	模型技术状态管理	云端建模仿真	安全保密管理

◇ 工业知识模型互联平台 MoHub

科学计算与系统建模仿真平台 MWORKS 架构图

科教版平台（SE-MWORKS）总体情况

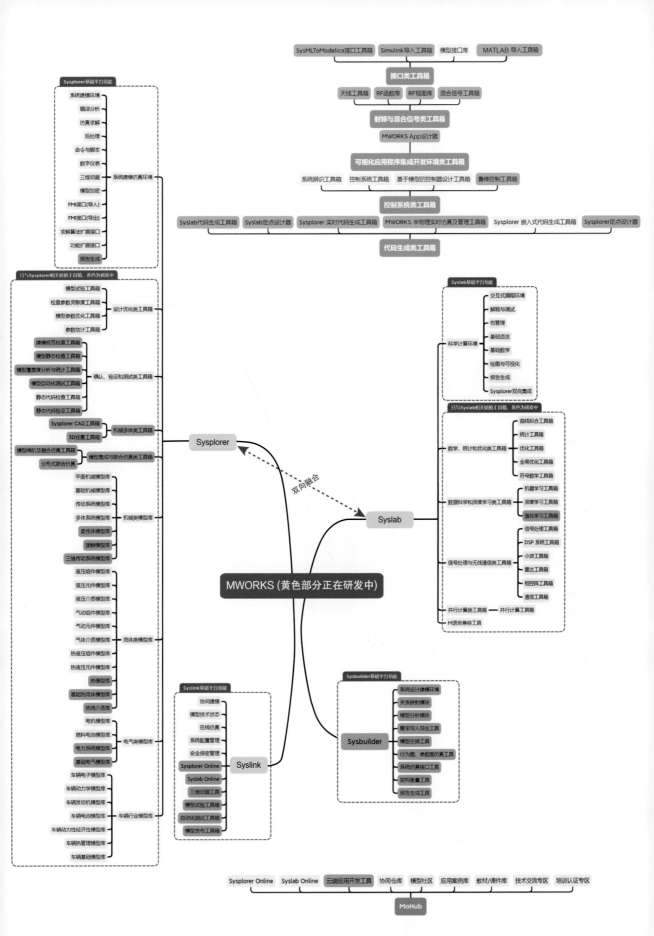

MWORKS 2023b 功能概览思维导图

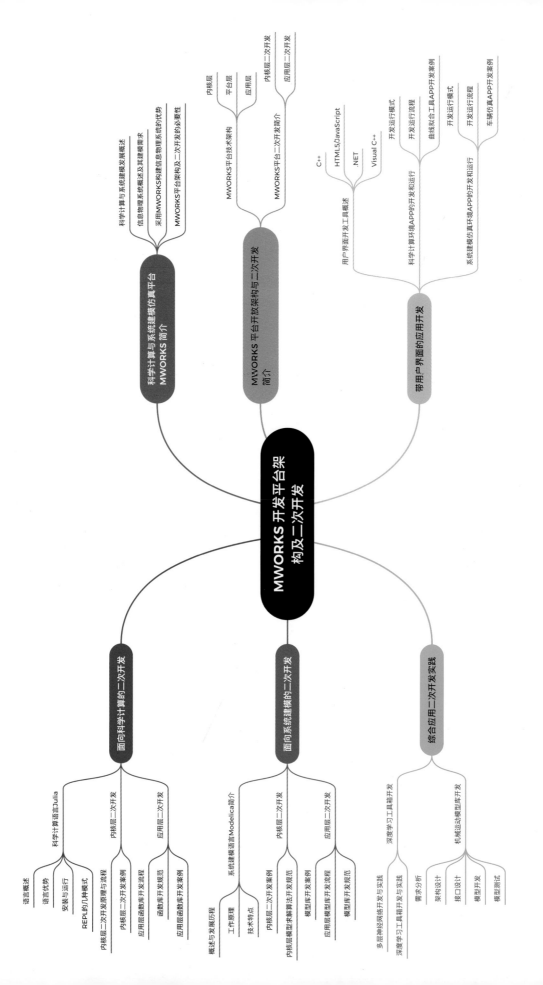

本书思维导图

MWORKS 开发平台架构及二次开发

科学计算与系统建模仿真平台 MWORKS 简介
- 科学计算与系统建模发展概述
- 信息物理系统概述及其建模需求
- 采用 MWORKS 构建信息物理系统的优势
- MWORKS 平台架构及二次开发的必要性

MWORKS 平台开放架构与二次开发简介
- MWORKS 平台技术架构
  - 内核层
  - 平台层
  - 应用层
- MWORKS 平台二次开发简介
  - 内核层二次开发
  - 应用层二次开发

带用户界面的应用开发
- 用户界面开发工具概述
  - C++
  - HTML5/JavaScript
  - .NET
  - Visual C++
- 科学计算环境 APP 的开发和运行
  - 开发运行模式
  - 开发运行流程
- 曲线拟合工具 APP 开发案例
- 系统建模仿真环境 APP 的开发和运行
  - 开发运行模式
  - 开发运行流程
- 车辆仿真 APP 开发案例

面向科学计算的二次开发
- 科学计算语言 Julia
  - 语言概述
  - 语言优势
  - 安装与运行
  - REPL 的几种模式
- 内核层二次开发原理与流程
- 内核层二次开发案例
- 应用层函数库开发流程
- 函数库开发规范
- 应用层函数库开发案例

面向系统建模的二次开发
- 系统建模语言 Modelica 简介
  - 概述与发展历程
  - 工作原理
  - 技术特点
- 内核层二次开发
  - 内核层二次开发案例
  - 内核层模型求解算法开发规范
- 应用层模型库开发
  - 模型库开发案例
  - 应用层模型库开发流程
  - 模型开发规范

综合应用二次开发实践
- 深度学习工具箱开发实践
  - 多层神经网络开发实践
  - 深度学习工具箱开发与实践
- 机械运动模型库开发
  - 需求分析
  - 架构设计
  - 接口设计
  - 模型开发
  - 模型测试

新型工业化·科学计算与系统建模仿真系列

工信学术出版基金
Industry and Information Technology
Academic Publishing Fund

MWORKS Development Platform Architecture
and Secondary Development

MWORKS开发平台
架构及二次开发

编　著◎张莉　张永飞　刘芳　陈娟　韩邢健
丛书主编◎王忠杰　周凡利

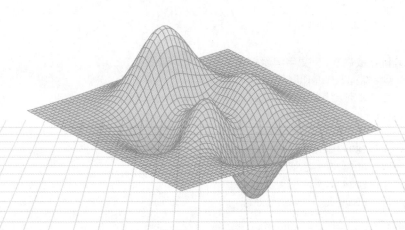

电子工業出版社
Publishing House of Electronics Industry
北京·**BEIJING**

内 容 简 介

本教材从 MWORKS 二次开发的角度出发，系统介绍 MWORKS 开发平台架构及其二次开发原理、流程和案例。全书共 6 章，第 1 章简要介绍科学计算与系统建模仿真平台 MWORKS，第 2 章简要介绍 MWORKS 平台开放架构与二次开发，在此基础上，第 3~5 章分别讨论面向科学计算的二次开发、面向系统建模的二次开发和带用户界面的应用开发，第 6 章是综合应用二次开发实践。

本教材是国内第一本专门介绍 MWORKS 开发平台架构及二次开发的教材，适合作为普通高等院校相关专业科学计算与系统建模仿真等课程的教材，也可供从事国产化科学计算软件开发和系统设计与仿真验证平台研发的广大科研人员和科技工作者阅读参考。

图书在版编目（CIP）数据

MWORKS 开发平台架构及二次开发 / 张莉等编著.

北京：电子工业出版社，2024. 8. -- ISBN 978-7-121

-49213-6

Ⅰ . N32

中国国家版本馆 CIP 数据核字第 2024R0T929 号

责任编辑：戴晨辰　　文字编辑：孟泓辰

印　　　刷：北京天宇星印刷厂

装　　　订：北京天宇星印刷厂

出版发行：电子工业出版社

　　　　　北京市海淀区万寿路 173 信箱　　邮编：100036

开　　本：787×1 092　1/16　　印张：15.25　　字数：396.8 千字　　彩插：2

版　　次：2024 年 8 月第 1 版

印　　次：2024 年 8 月第 1 次印刷

定　　价：69.00 元

凡所购买电子工业出版社图书有缺损问题，请向购买书店调换。若书店售缺，请与本社发行部联系，联系及邮购电话：(010) 88254888，88258888。

质量投诉请发邮件至 zlts@phei.com.cn，盗版侵权举报请发邮件至 dbqq@phei.com.cn。

本书咨询联系方式：dcc@phei.com.cn。

编 委 会

（按姓氏笔画排序）

杜小菁（北京理工大学）

李　伟（哈尔滨工程大学）

李冰洋（哈尔滨工程大学）

李　晋（哈尔滨工程大学）

李　雪（哈尔滨工业大学）

李　超（哈尔滨工程大学）

张永飞（北京航空航天大学）

张宝坤（苏州同元软控信息技术有限公司）

张　超（北京航空航天大学）

陈　娟（北京航空航天大学）

郑文祺（哈尔滨工程大学）

贺媛媛（北京理工大学）

聂兰顺（哈尔滨工业大学）

徐远志（北京航空航天大学）

崔智全（哈尔滨工业大学（威海））

惠立新（苏州同元软控信息技术有限公司）

舒燕君（哈尔滨工业大学）

鲍丙瑞（苏州同元软控信息技术有限公司）

蔡则苏（哈尔滨工业大学）

丛 书 序

2023 年 2 月 21 日，习近平总书记在中共中央政治局就加强基础研究进行第三次集体学习时强调："要打好科技仪器设备、操作系统和基础软件国产化攻坚战，鼓励科研机构、高校同企业开展联合攻关，提升国产化替代水平和应用规模，争取早日实现用我国自主的研究平台、仪器设备来解决重大基础研究问题。"科学计算与系统建模仿真平台是科学研究、教学实践和工程应用领域不可或缺的工业软件系统，是各学科领域基础研究和仿真验证的平台系统。实现科学计算与系统建模仿真平台软件的国产化是解决科学计算与工程仿真验证基础平台和生态软件"卡脖子"问题的重要抓手。

基于此，苏州同元软控信息技术有限公司作为国产工业软件的领先企业，以新一轮数字化技术变革和创新为发展契机，历经团队二十多年技术积累与公司十多年持续研发，全面掌握了新一代数字化核心技术"系统多领域统一建模与仿真技术"，结合新一代科学计算技术，研制了国际先进、完全自主的科学计算与系统建模仿真平台 MWORKS。

MWORKS 是各行业装备数字化工程支撑平台，支持基于模型的需求分析、架构设计、仿真验证、虚拟试验、运行维护及全流程模型管理；通过多领域物理融合、信息与物理融合、系统与专业融合、体系与系统融合、机理与数据融合及虚实融合，支持数字化交付、全系统仿真验证及全流程模型贯通。MWORKS 提供了算法、模型、工具箱、App 等资源的扩展开发手段，支持专业工具箱及行业数字化工程平台的扩展开发。

MWORKS 是开放、标准、先进的计算仿真云平台。基于规范的开放架构提供了包括科学计算环境、系统建模仿真环境以及工具箱的云原生平台，面向教育、工业和开发者提供了开放、标准、先进的在线计算仿真云环境，支持构建基于国际开放规范的工业知识模型互联平台及开放社区。

MWORKS 是全面提供 MATLAB/Simulink 同类功能并力求创新的新一代科学计算与系统建模仿真平台；采用新一代高性能计算语言 Julia，提供科学计算环境 Syslab，支持基于 Julia 的集成开发调试并兼容 Python、C/C++、M 等语言；采用多领域物理统一建模规范 Modelica，全面自主开发了系统建模仿真环境 Sysplorer，支持框图、状态机、物理建模等多种开发范式，并且提供了丰富的数学、AI、图形、信号、通信、控制等工具箱，以及机械、电气、流体、热等物理模型库，实现从基础平台到工具箱的整体功能覆盖与创新发展。

为改变我国在科学计算与系统建模仿真教学和人才培养中相关支撑软件被国外"卡脖子"的局面，加速在人才培养中推广国产优秀科学计算和系统建模仿真软件MWORKS，提供产业界亟需的数字化教育与数字化人才，推动国产工业软件教育、应用和开发是必不可少的因素。进一步讲，我们要在数字化时代占领制高点，必须打造数字化时代的新一代信息物理融合的建模仿真平台，并且以平台为枢纽，连接产业界与教育界，形成一个完整生态。为此，哈尔滨工业大学、北京航空航天大学、北京理工大学、哈尔滨工程大学与苏州同元软控信息技术有限公司携手合作，2022 年 8 月 18 日在哈尔滨工业大学正式启动"新型工业化·科学计算与系统建模仿真系列"教材的编写工作，2023 年 3 月 11 日在扬州正式成立"新型工业化·科学计算与系统建模仿真系列"教材编委会。

首批共出版 10 本教材，包括 5 本基础型教材和 5 本行业应用型教材，其中基础型教材包括《科学计算语言 Julia 及 MWORKS 实践》《多领域物理统一建模语言与MWORKS 实践》《MWORKS 开发平台架构及二次开发》《基于模型的系统工程（MBSE）及 MWORKS 实践》《MWORKS API 与工业应用开发》；行业应用型教材包括《控制系统建模与仿真（基于 MWORKS）》《通信系统建模与仿真（基于 MWORKS）》《飞行器制导控制系统建模与仿真（基于 MWORKS）》《智能汽车建模与仿真（基于MWORKS）》《机器人控制系统建模与仿真（基于 MWORKS）》。

本系列教材可作为普通高等学校航空航天、自动化、电子信息工程、机械、电气工程、计算机科学与技术等专业的本科生及研究生教材，也适合作为从事装备制造业的科研人员和技术人员的参考用书。

感谢哈尔滨工业大学、北京航空航天大学、北京理工大学、哈尔滨工程大学的诸位教师对教材撰写工作做出的极大贡献，他们在教材大纲制定、教材内容编写、实验案例确定、资料整理与文字编排上注入了极大精力，促进了系列教材的顺利完成。

感谢苏州同元软控信息技术有限公司、中国商用飞机有限责任公司上海飞机设计研究院、上海航天控制技术研究所、中国第一汽车股份有限公司、工业和信息化部人才交流中心等单位在教材写作过程中提供的技术支持和无私帮助。

感谢电子工业出版社有限公司各位领导、编辑的大力支持，他们认真细致的工作保证了教材的质量。

书中难免有疏漏和不足之处，恳请读者批评指正！

编委会
2023 年 11 月

前　言

　　科学计算与系统建模仿真已广泛应用于数值计算、机械化工、建模仿真、电力能源、航空航天、军工等学术研究和工业制造领域。然而，2020 年 5 月，哈尔滨工业大学、哈尔滨工程大学被要求禁止使用目前最常用的科学计算与系统建模仿真工具 MATLAB（含 Simulink），对国内相关领域的教学和科研造成了巨大冲击。

　　苏州同元软控信息技术有限公司于 2008 年成立，该公司是专门从事新一代信息物理系统建模仿真工业软件产品研发、工程服务以及解决方案的高科技企业，在建模与仿真、行业应用开发、MBSE、数字孪生等方面积累了丰富的工程经验，于 2009 年开发出 MWORKS 平台。该平台是面向数字化与智能化融合推出的新一代、自主可控的科学计算与系统建模仿真平台，全面支持信息物理融合系统设计、仿真、验证及运维，面向不同的行业应用场景提供专业、系统的数字化工程解决方案，有效地赋能中国装备行业提质增效和转型升级，也推动了装备数字化的创新探索和实践落地。

　　为了更好地满足用户的个性化需求，提高平台的灵活性和可定制性，同时又避免系统变得过于庞大和冗杂，MWORKS 提供了开发者定制和扩展平台功能的能力。通过 MWORKS 提供的统一接口规范，开发者可以以一致的方式进行二次开发，以满足特定的应用场景和业务需求。在二次开发的过程中，开发者之间可以进行知识共享和合作，共享二次开发经验、技术和资源，共同解决问题，推动整个开发者社区的发展，实现平台的共同建设，丰富应用生态环境。

　　因此，作为科学计算与系统建模仿真系列教材之一，本教材从 MWORKS 二次开发的角度出发，系统介绍 MWORKS 开发平台架构及其二次开发原理、流程和案例。全书共 6 章。第 1 章对科学计算与系统建模仿真平台 MWORKS 进行简介，第 2 章介绍 MWORKS 平台的层次化技术架构和二次开发层次关系，在此基础上，第 3~5 章分别讨论面向科学计算的二次开发、面向系统建模的二次开发和带用户界面的应用开发，第 6 章是综合应用二次开发实践。

　　本教材是国内第一本专门介绍 MWORKS 开发平台架构及二次开发的教材，适合作为普通高等院校相关专业"科学计算基础及其应用""科学计算建模仿真工具与二次开发"等课程的教材，也可供从事国产化科学计算软件和系统设计与仿真验证平台研发的广大科研人员和科技工作者阅读参考。本教材对于 MWORKS 的二次开发与推广应用、缓解 MATLAB（含 Simulink）被禁的影响、促进国产化科学计算软件和系统设计与仿真验证平台的发展具有重要意义。

　　在学习本教材内容之前，读者应有一定的科学计算与系统仿真建模、计算机编程基础。

对于只希望学习面向科学计算的二次开发的读者，可跳过第 4 章面向系统建模的二次开发相关内容；同样，对于只希望学习面向系统建模的二次开发的读者，可跳过第 3 章面向科学计算的二次开发相关内容。

本教材由张莉教授、张永飞教授等编著，其中第 1 章由刘芳老师和张莉教授编写，第 2 章由张永飞教授和张莉教授编写，第 3~5 章分别由张永飞教授、陈娟副教授和刘芳老师编写，第 6 章由张永飞教授和陈娟副教授共同编写。

本教材提供配套资源，包括教学 PPT、课后习题答案、拓展资料等，可扫描封底二维码获取。

本教材的编写工作受到了电子工业出版社章海涛、孟泓辰编辑和苏州同元软控信息技术有限公司王天飞经理、郭俊峰总监、鲍丙瑞部长、周雯工程师等的大力支持，作者在此表示衷心的感谢。

限于时间和水平，书中难免有错误与不妥之处，恳请读者批评指正。

编著者

2023 年 9 月

于北京航空航天大学

目　　录

第 1 章

科学计算与系统建模仿真平台 MWORKS 简介

现代工业产品智能化、物联化程度不断提升，已发展为以机械系统为主体，集电子、控制、液压等多个领域子系统于一体的复杂多领域系统。传统的系统工程研制模式中，研发要素的载体为文档，设计方案的验证依赖实物试验，存在设计数据同源、信息可追溯、早期仿真验证及知识复用性不足等问题，与当前复杂系统研制的高要求愈发不相适应，难以支撑日益复杂的研制任务需求。

基于模型的系统工程（MBSE）以模型为载体，用数字化模型作为研发要素的载体，实现了系统架构、功能、性能、规格需求等各个要素的数字化模型表达，依托模型可追溯、可验证的特点，实现基于模型的仿真闭环，为方案的早期验证和知识复用创造了条件。

MWORKS 是苏州同元软控信息技术有限公司（简称"同元软控"）基于国际知识统一表达与互联标准打造的系统智能设计与验证平台，是 MBSE 方法落地的使能工具。平台自主可控，为复杂系统工程研制提供全生命周期支持，并已经过大量工程验证。

本章对科学计算与系统建模仿真平台 MWORKS 进行简要介绍，1.1 节对科学计算发展进行概述，1.2 节介绍系统建模发展，1.3 节将对信息物理系统进行概述，1.4 节介绍采用 MWORKS 构建信息物理系统的优势，1.5 节介绍 MWORKS 平台架构及二次开发的必要性。

通过本章学习，读者可以了解（或掌握）：

❖ 科学计算的概念与发展历史；
❖ 系统建模的概念与发展历史；
❖ 信息物理系统的概念；
❖ MWORKS 平台的发展历程；
❖ MWORKS 构建信息物理系统的优势。

1.1 科学计算发展概述

科学计算是指利用计算机再现、预测和发现客观世界运动规律和演化特征的全过程。自然科学规律通常可以用各类数学方程式表达，而科学计算的目的则是寻找这些方程式的数值解。这类计算的运算量十分庞大，简单的计算工具难以完成该类任务。在计算机出现之前，科学研究和工程设计主要依靠实验或试验提供数据，计算仅作为辅助。20世纪90年代，由于微电子技术的发展和应用需求的推动，计算机得到了飞速发展，计算数学、应用数学、计算机科学以及应用领域结合在一起，产生了科学计算这一新的交叉学科，这使得越来越多的复杂计算成为可能。利用计算机软件完成科学计算为社会带来了巨大的经济效益。现代的科学计算也可以被定义为：运用计算机软件解决科学与工程中遇到的矩阵运算、微分方程求解、数据分析、信号处理、控制设计与优化等问题的过程，是计算机实现其在高科技领域应用的必不可少的纽带和工具。进入21世纪以来，随着高性能计算机的迅速发展，高性能和大规模的科学计算成为科学计算领域的重要研究主题。通过支持千万亿次的科学计算，高性能和大规模的科学计算在生态环境、航空航天、生命科学、材料科学、国家安全等领域取得重大的科学理论和应用突破。

1.1.1 科学计算的计算过程

科学计算通常包括三个阶段：建立数学模型、建立求解的计算方法和计算机实现。建立数学模型就是依据有关学科理论对所研究的对象确立一系列数量关系，即一套数学公式或方程式。数学模型一般包含连续变量，如微分方程、积分方程。它们不能在数字计算机上直接处理。为此，先把问题离散化，即把问题化为包含有限个未知数的离散形式（如有限代数方程组），然后建立求解的计算方法。计算机实现包括编制程序、调试、运算和分析结果等一系列步骤。软件技术的发展为科学计算提供了合适的程序语言和其他软件工具，将复杂的模型进行合理的简化，使工作效率和可靠性大为提高。

1.1.2 科学计算常用软件产品

从20世纪70年代初期开始，逐渐出现了各种科学计算的软件产品。其中，MATLAB、Mathematica和Maple被公认为三大数学软件，拥有强大的功能，并被广泛应用于多个领域。这三款软件由美国公司和加拿大公司开发和销售。MWORKS.Syslab是由我国同元软控开发的科学计算环境，它基于高性能科学计算语言Julia，并提供交互式编程环境，可广泛应用于科学计算、数据分析、算法设计和机器学习等领域。通过支持国产软件，我们能够促进本土科技产业的发展，并在解决工业软件卡脖子问题方面拥有更大的自主权和定制化能力。除了上述几款商业科学计算软件，目前也有较多开源的科学计算软件，例如Maxima、SCILAB等。这些开源软件提供了免费的科学计算功能，让用户可以自由地使用和修改，促进了科学计算领域的开放合作和创新发展。此外，以上软件均提供了丰富的编程接口和工具，允许用户通过编写自定义函数、扩展现有功能、创建新的工具包等方式进行二次开发，满足其特定的应用场景和业务需求。

下面分别对科学计算软件产品进行简要介绍。

（1）MATLAB 是矩阵实验室（Matrix Laboratory）的简称，是美国 MathWorks 公司出品的商业数学软件，用于算法开发、数据可视化、数据分析以及数值计算的高级技术计算语言和交互式环境。正如其名，MATLAB 在矩阵运算方面具有较强的优势，将基于矩阵的高性能数值计算与图形可视化结合，并提供了海量且功能强大的内置函数，被广泛应用于几乎所有的科学工程领域。

（2）Maple 由加拿大的 Maplesoft 公司开发，是世界上最为通用的数学和工程计算软件之一，在数学和科学领域享有盛誉，被广泛地应用于科学、工程和教育等领域。Maple 系统内置的高级技术可解决建模和仿真中的数学问题，内置超过 5000 个计算命令，数学和分析功能覆盖几乎所有的数学分支，如微积分、微分方程、特殊函数、线性代数、图像声音处理、统计、动力系统等。

（3）Mathematica 是美国 workfranRearch 公司开发的数学软件，提供了一套强大的符号计算工具，能够进行代数运算、微积分、微分方程求解、离散数学等各种数学操作。它还集成了高级的图像处理和可视化功能，并支持科学计算、机器学习、数据挖掘等领域的应用。可适用于数学、物理、工程、计算机科学等各个领域的科学计算和数据分析，此外还被广泛应用于学术界、研究机构和工业领域。

（4）MWORKS.Syslab 是我国同元软控推出的科学计算环境，基于高性能科学计算语言 Julia 提供交互式编程环境的完备功能。Syslab 支持多范式统一编程，简约与性能兼顾，内置通用编程、数学、符号数学、曲线拟合、信号处理、通信等函数库用于科学计算、数据分析、算法设计机器学习等领域，并通过内置丰富的图形进行数据可视化。

（5）Scilab 是由法国国立计算机及自动化研究院和法国国立桥梁学院的科学家们开发的"开放源码"软件。Scilab 作为一种科学工程计算软件，其数据类型丰富，可以很方便地实现各种矩阵运算与图形显示，能应用于科学计算、数学建模、信号处理、决策优化、线性、非线性控制等各个方面。

（6）Maxima 最早由 MIT 开发，后来逐渐开源，其功能主要对照商业软件 Maple 和 Mathematica。Maxima 提供了广泛的数学计算功能，包括代数、微积分、线性代数等，适用于教学、研究和工程等各种数学计算任务。作为一款开源软件，Maxima 拥有活跃的开发社区。用户可以自由地访问其源代码，扩展和修改功能，使其更适合个人需求。Maxima 还支持与其他编程语言的集成，如 Python、Julia 等，以及将计算结果导出为 LaTeX、HTML 等格式，方便用户进行学术出版和文档编写。

上述科学计算常用软件及其特点如表 1-1 所示。

综上所述，在选择科学计算软件时，需要综合考虑功能、易用性和价格等因素。国外的商业软件如 MATLAB、Mathematica 和 Maple 适用于需要强大的功能和广泛的应用领域的专业用户，但价格较高。MWORKS.Syslab 作为一个全方位支持信息物理融合系统设计的软件，具有完全自主的技术架构，并能够满足各行业的装备数字化工程需求，但需注意部分功能尚在开发中。而开源软件适用于需要免费使用且具备基本数学计算和数据分析功能的用户，但在高级数学计算和图形界面方面可能存在一些限制。无论选择哪种软件，都应综合评估功能、易用性和价格等因素，以便更好地满足实际需求。

表 1-1 科学计算常用软件及其特点

软件名称	应用场景	优点	缺点
MATLAB	数据分析、信号处理、工程建模、控制系统设计等	强大的数值计算能力；丰富的函数库和工具箱；独特的 MATLAB 语言和交互式开发环境	商业软件，价格较高；在复杂的符号计算和精确数值计算方面，可能稍逊一筹
Maple	符号计算、数值计算、微积分、代数、方程求解等	强大的符号计算能力；丰富的数学计算函数；图形绘制和可视化能力强大	商业软件，价格较高；学习和适应时间可能较长；在某些特定的领域和应用方面，可能相对其他软件有一些限制
Mathematica	符号计算、数值计算、微积分、代数、物理学等	强大的符号计算能力；丰富的数学和物理计算函数；图形绘制和可视化能力强大	商业软件，价格较高；对于某些特定的领域和应用，可能需要一定的学习和适应时间
MWORKS.Syslab	数值运算、符号计算、信号处理、通信和绘图等	国际先进、完全自主；可全面支持信息物理融合系统设计、仿真、验证及运维，为各行业提供装备数字化工程支撑	还在不断开发与更新中，部分功能目前不支持；商业授权需要额外费用
Scilab	数值计算、数据分析、控制系统设计等	开源软件，免费使用；提供丰富的数学计算和数据分析功能；具有强大的控制系统设计能力	图形界面相对其他软件可能较简单；在某些特定的领域和应用方面，可能相对其他软件有一些限制
Maxima	符号计算、数值计算、代数运算、微积分等	开源软件，免费使用；提供丰富的数学计算功能；命令行界面和图形用户界面可选	图形界面相对其他软件可能较简单；对于一些高级的数学计算和应用，可能需要其他包和扩展

1.1.3　科学计算的经典应用

　　科学计算在生命科学、系统科学、经济学及社会科学中发挥的作用日益增大，也成为气象、石油勘探、核能技术、航空航天、交通运输、机械制造、水利建筑等重要工程领域中不可缺少的工具。下面对科学计算在不同领域的经典应用进行简要介绍。

　　从 20 世纪初开始，科学计算就被应用于天气预报中。1911 年，英国气象学家理查逊提出使用数值计算方法来研究气象过程并进行预报。1950 年，著名动力气象学家查尼等人使用 ENIAC 计算机成功地进行了北美洲地区的 24 小时预报，这标志着数值天气预报的开始。在中国，数值天气预报的探索始于 1955 年。1969 年，国家气象局正式发布了短期数值天气预报，之后不断改进预报模式，实现了资料输入、填图、分析和预报输出的自动化。如今，数值天气预报已成为全球许多国家和地区制作日常预报的主要方法。

　　在 20 世纪中期，科学计算开始应用于经济学中，主要体现在优化问题的求解上。在经济活动中，经常需要在许可范围内以最小的代价获得最大的效益，这就是优化问题。1947 年，丹齐格提出的求解线性规划问题的单纯形法成为 20 世纪经济效益最大的计算方法之一，被广泛应用于企业经营决策中。

　　20 世纪 60 年代，工程领域也开始引入科学计算，并发挥了重要的作用。工程领域中的有限元方法在中国的产生就是冯康院士等人在 20 世纪 60 年代大型水坝应力计算的基础上提出的。有限元方法在大坝应力计算、结构设计等方面得到了广泛的应用，并带来了巨大的经济效益。此外，水工模型的计算模拟替代了部分实验，大大提高了效率。

　　自然科学中的科学计算应用也具有重要意义。通过数值计算，许多重要的现象被首次发现。例如，20世纪60年代发现的孤立子和混沌现象都是通过数值计算完成的。此外，CT机利用数值计算原理进行断层图像的重建，成为医学领域的重要工具。

科学计算在国防中的应用体现在多个方面。1995年，美国能源部利用计算模拟试验来替代核试验。此外，计算机仿真在飞行器设计中的应用也是国防领域重要的科学计算应用之一。传统的飞行器设计试验昂贵且费时，研究人员使用计算机仿真手段指导设计，大量减少了原型机试验，缩短了研发周期，并节省了研究经费。

航空航天也离不开科学计算。例如，20世纪末推出的波音777被誉为"无纸设计"的飞机，全部试验都在计算机上完成。类似地，波音787的设计也采用了计算流体力学仿真，节省了大量的开支。

综上所述，科学计算在不同领域的应用得以迅速发展，并对天气预报、国防、经济、工程、航空航天和自然科学等领域带来了重要的突破和进展，不断推动着各个领域的发展进步。

1.2 系统建模发展概述 ////////////////

"系统"这个术语已在各个领域得到广泛应用，该词最早出现于古希腊原子唯物论学说创始人德谟克利特的著作《宇宙大系统》，在这本书中，系统被定义为：任何事物都是在联系中显现出来的，都是在系统中存在的，系统联系规定每一事物，而每一联系又能反映系统的总貌。美国学者R.L. Ackoff认为，系统是"由两个或两个以上相互联系的任务种类的要素所构成的集合"。"一般系统论"的创始人L.V. Bertalanffy则认为，系统是"相互作用的诸要素的综合体"。

"模型"则是实际系统特性与变化规律的抽象描述，通常借助文字、符号、图表、实物或数学表达式等提供关于系统要素、要素间关系以及系统特性或变化规律等方面的知识和信息，是人们赖以研究系统、认识系统的重要手段。建立模型的过程称为"建模"。由于模型在科学技术中具有重要作用，而模型所要描述的又是涉及各个领域的多种多样的过程。因此，在建模过程中也自然会遇到诸多困难和问题，建模是一项十分重要而复杂的工作，需要从实际出发，"去粗取精，去伪存真，由表及里"，才能建立一个真正适用的模型。

1.2.1 模型

模型可以分为两大类：物理模型和抽象模型。

物理模型是按照一定规则对系统进行简化或者采用一定比例尺寸按照真实系统的模样所制作的仿制品，看起来与实物基本相似，例如沙盘模型、飞机模拟驾驶系统、人工模拟太空环境以及人工制作的DNA分子双螺旋结构模型。

抽象模型则是用符号、图表等形式来描述系统实物所建立起来的模型，具体又可以分为数学模型、仿真模型和概念模型。数学模型是一种描述系统中各要素特征和内在联系的抽象表示形式，它通过使用数字、字母、符号等来建立公式、图像、框架图等，以描述现实世界的各个方面。各种不同的数学表达式均可以作为数学模型的基本形式，是我们研究和认识系统的重要手段。飞速发展的现代数学和系统科学为我们提供了十分丰富的数学模型。微分方程模型、时间序列模型、回归分析模型、马尔可夫模型、人工神经网络模型、遗传规划模型、蒙特卡罗模型、线性规划模型、非线性规划模型、动态规划模型等都是常用的数学模型。仿真模型则是用便于控制的一组条件代表真实事物的特征，通过模仿性的试验来了解系统中各元素的规律。概念模型则是基于人们的经验、知识背景和思维直觉形成的对现实世界及其活动进行概念抽象与描述的结果。概念模型基于对所研究系统相关概念的抽象并通过对抽象概念相互关系的概括和描述得到，通常用语言、符号、框图等形式表达，可以看成现实世界到数学模型或计算机仿真系统的一个中间层次。

1.2.2　系统建模与仿真的发展

在物理模型和抽象模型的基础上，系统建模与仿真发展出多种方法和技术，用于对真实系统进行分析、预测和优化，这些方法包括数值方法、统计方法、优化方法等。系统建模与仿真已经成为当今现代科学技术研究的主要内容，渗透到了各学科和工程领域。系统建模与仿真的发展可以按照计算机出现前后划分为两个阶段：计算机出现之前建立在物理科学基础上的建模和计算机出现以后的计算机仿真技术，系统建模与仿真的发展如表 1-2 所示。

表 1-2　系统建模与仿真的发展

年代	发展特点
1600—1940 年	在物理科学的基础上建模
20 世纪 40 年代	电子计算机的出现
20 世纪 50 年代中期	仿真被应用于航空领域
20 世纪 60 年代	仿真被应用于工业控制过程
20 世纪 70 年代	经济、社会和环境因素的大系统仿真
20 世纪 70 年代中期	系统与仿真的结合，如支持随机网络建模的 SLAM 仿真系统
20 世纪 70 年代后期	系统仿真与更高级决策结合，如决策支持系统 DSS
20 世纪 80 年代中期	集成化建模与仿真环境，如 TESS 仿真建模系统
20 世纪 90 年代	可视化建模与仿真，虚拟现实仿真，分布式交互仿真
21 世纪	大数据支持，高性能计算和云计算，多尺度和多模态建模，可视化和交互性

20 世纪 70 年代的系统仿真主要以传统仿真为主，面向航空航天、化工、电力等领域。这类系统有良好的定义及结构，有充分的理论知识和较深入的研究，采用演绎推理方法建模。20 世纪 80 年代以来进入了复杂系统仿真阶段，主要面向社会、经济、生态和生物等复杂的非工程系统。由于系统定义及结构的复杂性，没有充分可利用的理论和先验知识，因此不能将传统的仿真建模方法与手段照搬过来，必须要根据复杂系统的非工程技术特点来建立系统的非形式化模型，用抽象的表示方法来获取对客观世界和自然现象的深刻认识。进入 20 世纪 90 年代后，计算机技术飞速发展，成为仿真的主要支撑技术，这使得用微机和工作站进行复杂系统的仿真成为可能。随着面向对象的思想和方法以及计算机图形技术的进步，仿真过程中的人机交互越来越方便和直观，计算机仿真技术朝着一体化建模和仿真环境的方向稳步发展。21 世纪以来，随着科技的进步和应用需求的不断增加，系统建模与仿真持续演变和创新，已成为处理复杂系统问题的重要工具和方法，在大数据支持、高性能计算和云计算、

多尺度和多模态建模以及可视化和交互性方面提供了强大的支持和帮助。

1.2.3 系统建模与仿真常用软件

系统建模与仿真软件是现代工程实践中广泛应用的工具，它们能够帮助工程师们更轻松地进行系统建模与仿真。这些软件工具为系统建模与仿真提供了强大的支持，使得学习、分析和优化系统变得更加高效和准确。工程师们可以利用这些工具，借助图形界面、拖放式建模工具和仿真分析功能，来建立模型、模拟系统，并评估系统的性能。其中，MATLAB/Simulink是一款功能强大的系统仿真软件，具备丰富的模型库和灵活的编程语言，可用于各种领域的系统建模与仿真工作。LabVIEW则是一款直观易用的图形化编程环境，主要用于开发测量和控制系统，并提供了强大的数据可视化和分析功能。Modelica是一种面向对象的编程语言，可用于描述和模拟复杂系统的行为。Dymola也是使用较为广泛的仿真软件，它是基于Modelica语言的基于模型的仿真环境，提供直观的图形化编程界面，可用于模拟和分析复杂系统。另外，还有两个使用较为广泛的开源的软件。OpenModelica是一个开源的系统建模仿真环境，以支持多种类型的系统建模和仿真技术为特点，同时还提供了丰富的工具和库；还有 Scilab，它具有丰富的函数库和工具，适用于数值计算、矩阵运算、绘图和数据分析。MWORKS. Sysplorer 是由同元软控开发的面向多领域工业产品的系统建模与仿真验证环境，基于 Modelica 语言，支持物理建模、框图建模和状态机建模等多种建模方式，支持设计仿真和实现的一体化。

下面分别对上述系统建模与仿真软件产品进行简要介绍。

（1）MATLAB/Simulink。

MATLAB 是由 MathWorks 开发的商业数学软件，Simulink 也是 MathWorks 开发的功能强大的系统仿真软件，通常集成到 MATLAB 中与其一起使用，能够帮助用户构建复杂的系统模型，并模拟多种不同的系统。此外，Simulink 也提供交互式的图形化环境及可定制模块库，可对各种包含通信、控制、信号处理、影像处理和图像处理在内的多种系统进行设计、模拟、执行和测试，也可以进行基于模型的设计。

（2）LabVIEW。

LabVIEW 是由美国国家仪器公司（National Instruments）开发的功能强大的系统仿真软件，能够帮助人们快速构建复杂的系统模型，并模拟多种不同的系统。LabVIEW 提供了丰富的可视化工具和简单易懂的开发接口，可以有效缩短开发原型的速度，且便于后期软件维护，受到系统开发及研究人员的喜爱，目前被广泛应用于工业自动化领域。

（3）Modelica。

Modelica 是由非营利性质的 Modelica 协会（Modelica Association）开发的面向对象、声明式的多领域建模语言，提供了灵活的描述系统行为的方式，可用于模拟和分析复杂系统。Modelica 支持多种类型的模型，包括动态系统、静态系统、热系统、流体系统和电气系统，同时支持多种类型的仿真，如时间域仿真、频率域仿真和状态空间仿真。

（4）Dymola。

Dymola 是由达索系统公司（Dassault Systèmes）开发的一款基于 Modelica 语言的系统建模仿真环境，可应用于模拟和分析复杂的系统。它提供一个可视化的编程环境，可帮助用户快速构建模型，并利用图形化的工具进行模拟和分析。相较于 Simulink，Dymola 支持模型驱动的仿真，能更好地模拟复杂系统。此外，Dymola 还支持多种仿真技术，如动态系统建模、模型验证和可视化。

（5）OpenModelica。

OpenModelica 是由开源 Modelica 协会（Open Source Modelica Consortium）开发的系统建模仿真环境，可用于对复杂动态系统进行建模仿真和优化分析。它支持 Modelica 语言，并允许用户建立复杂的动态系统模型，提供包括时域仿真、优化仿真等多种仿真选项，在学术界和工业界得到广泛应用。

（6）Scilab。

Scilab 是由法国国立计算机及自动化研究院和法国国立桥梁学院开发的开源的科学计算自由软件，除了可用于科学计算，该软件也可用于系统建模仿真。它拥有丰富的函数库，可以运行在 Windows、Linux、Mac OS X 等操作系统上，支持多种编程语言，如 C、C++、Fortran 等，并能与其他软件进行交互，如 MATLAB、Maple、Mathematica 等。

（7）MWORKS.Sysplorer。

MWORKS.Sysplorer 是由同元软控开发的面向多领域工业产品的系统建模与仿真验证环境，完全支持多领域统一建模规范 Modelica，遵循现实中拓扑结构的层次化建模方式，支持物理建模、框图建模和状态机建模等多种建模方式，提供嵌入代码生成功能，支持设计仿真和实现的一体化。该软件内置了覆盖机械、液压、气动、燃料电池、电机等领域的模型库，并支持用户扩展和积累个人专业库，为工业企业的设计知识积累与产品创新设计提供了有效的技术支撑。

以上这些软件工具为用户提供了高效的系统建模与仿真支持，以帮助用户更好地理解系统行为、评估性能并优化系统设计。在实践中，用户可根据实际需求和使用背景，选择合适的软件工具更好地进行系统建模与仿真工作。

1.3 信息物理系统概述及其建模需求 ///////////

随着传感、通信、高性能数据处理、智能控制等技术的迅速发展，物理系统逐步朝着数字化、智能化和网络化的方向发展，独立分散的物理实体也逐渐实现了互联互通，形成信息物理系统（Cyber-Physical Systems，CPS）。百度百科将 CPS 定义为一个综合计算、网络和物理环境的多维复杂系统，通过 3C（Computation、Communication、Control）技术的有机融合与深度协作，实现大型工程系统的实时感知、动态控制和信息服务。在过去的几年里，不同的国家和科研团队给出了对 CPS 的不同定义，如表 1-3 所示。

基于上述定义，CPS 可以被认为是集成泛在感知、可靠通信、嵌入式计算和智能化控制于一体的新一代智能系统，是物理实体与信息空间的融合统一体。CPS 注重信息资源和物理资源的紧密结合与协作，对物理系统进行了智能化提升，使其具备状态感知、科学决策、实时分析、最优控制等计算、通信、自治和协作的功能，具有重要而广泛的应用前景。

表 1-3　CPS 的不同定义

组织	概念
中国科学院	CPS 是在环境感知的基础上，深度融合计算、通信和控制能力的可控可信可扩展的网络化物理系统，通过计算进程和物理进程相互影响的反馈循环，实现深度融合和实时交互，增加或扩展新的功能，以安全、可靠、高效和实时的方式监测或控制物理实体
美国国家科学基金会	CPS 是基于嵌入式的计算核心实现感知、控制、集成的工程系统，信息被"深度嵌入"到每一个互联物理组件（甚至物料）中，其功能由信息和物理空间交互实现
欧盟第七框架计划	CPS 主要具有计算、通信和控制功能，并将这些功能与不同物理过程（如机械、电子和化学）深度融合
德国国家科学与工程院	CPS 是指使用传感器直接获取物理数据和执行器作用物理过程的嵌入式系统，使用来自各地的数据和服务，通过数字网络将物流、在线服务、协调与管理过程连接，其开放的技术系统使整个系统的功能、服务远远超出了当前的嵌入式系统

1.3.1　CPS 体系结构

CPS 通过计算、通信与控制技术的有机、深度结合，实现了计算资源与物理资源的紧密结合与深入协作。CPS 的基本组成包括传感器、计算处理单元和控制执行单元，如图 1-1 所示。

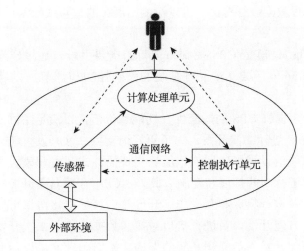

图 1-1　CPS 体系结构示意图

其中，传感器用于对物理系统信号进行采集，计算处理单元对采集到的数据进行计算分析，控制执行单元则根据计算结果对物理系统进行控制，由通信网络负责数据的传输。

1.3.2　CPS 技术特征及其建模需求

与独立的物理系统或信息系统相比，CPS 具有以下技术特征。

（1）异构集成：CPS 是由信息系统和物理系统异构集成而产生的，每个子系统包含了多种结构和功能各异的单元模块或设备装置。异构的软件、硬件、数据等集成连通使得 CPS 可以实现物理实体与信息虚体之间的交互联通、协同控制等功能。

（2）深度融合：CPS以信息子系统与物理子系统相互嵌套、深度融合的形态存在。信息数据的产生、传输、处理及其价值产生均源于物理系统；而物理系统只有与信息结合之后才能可靠、高效且智能地运行，从而产生更大价值。

（3）数据驱动：跨设备、跨区域、跨系统的互联互通使得CPS表现出基于数据的泛在强交互特性。数据的流动转化也使得物理隐性形态转化为信息显性形态，因此数据驱动成为CPS运行的核心载体和源动力。

（4）系统自治：多模块、多单元异构集成的CPS必然需要有效的分层、分区自感知和自主调控，而系统自治能够使得CPS自配置形成不同层级的知识库、模型库和资源库，使其能够不断自我优化和演进提升。

因此，相较于独立的物理或信息系统，CPS更为复杂，对建模有更大的需求，具体体现在以下几个方面。

（1）行为理解与分析：CPS需要建模以理解和分析其复杂的行为规律和内在机制。建模可以帮助揭示系统中各个组件的功能、交互方式和特性，从而深入理解系统的运作原理。

（2）优化设计与决策支持：建模可以为CPS的优化设计和决策提供支持。通过建立系统的数学模型，可以对不同的设计参数、配置和决策进行评估和优化，以实现系统的最佳性能。

（3）故障检测与故障诊断：建模可以实现对CPS的故障检测和故障诊断。通过建立系统的模型，并与实际运行数据进行对比，可以检测出潜在的故障或异常行为，并通过模型进行诊断和修复。

（4）控制与调节：建模是CPS控制与调节的重要手段。通过建立系统的动态模型，可以设计各种控制策略和算法，实现对系统的精确控制和调节，以满足设定的目标和约束条件。

此外，为了进一步提升CPS的适应性、功能和价值，以满足不同用户、不同场景的需求，通常还需要对CPS进行二次开发。为了更好地支持二次开发，CPS需要具备良好的可扩展性和灵活性，系统的设计和实现应该能够支持插件式开发和模块化设计，以便开发人员能够根据具体需求进行功能扩展和定制。此外，CPS需要具备开放接口和标准化协议，以便与其他系统或设备进行集成和互操作。开放接口和标准化协议可以为二次开发提供更多的选择和自由度，方便开发人员进行接口对接和数据交换。二次开发还需要有完善的开发者支持和文档，方便开发人员理解系统的架构、接口和功能，以帮助开发人员更快速地上手和开发。

1.3.3　CPS应用

随着CPS和应用的快速发展，CPS已经在工业制造、能源电力、交通运输、医疗健康等诸多领域得到广泛应用。

（1）CPS与工业制造。

CPS的概念最早是在工业领域，特别是制造业中提出的。如著名的德国"工业4.0"概念，其核心就是信息物理制造系统（Cyber-Physical Production Systems，CPPS）。工业CPS的应用现在已经涵盖了设计、生产、服务、应用等全生命周期。物理实体、生产环境和制造过程通过 CPS 可精准映射到信息空间，从而实现实时控制和优化决策，全面提升工业制造全过程、全产业链、全生命周期的智能化和高效性。CPS 与工业制造的深度融合，有效打破了生产过程中各组件间的信息孤岛。通过 CPS 建立由底层装置硬件到上层柔性管理的平台，实现对工序的实时优化控制和柔性组织配置，提供智能服务，并合理管理和调度各种生产资源，实现从"制造"到"智造"的升级。

（2）CPS 与能源电力。

CPS 和能源系统的深度融合使得传统分散的不同能源系统向互联互通、共源共网、多能互补的方向转变，通过对电力、热力、天然气等融合互济，能够最大限度地提升能源的综合利用效率，为用户提供安全、经济、便捷的综合能源服务，符合国家碳达峰、碳中和的"双碳"目标和能源结构改革战略。

在能源电力生产环节，CPS 能够协助打通煤炭原油开采系统和发电系统，实现集约化生产以及热电联产联供。与此同时，以风电、光伏为代表的可再生清洁能源并网通过 CPS 与传统发电单元相融通，以促进分布式新能源就地消纳，提高能源生产和发电过程中的资源配置能力。在能源电力输配环节，CPS 助力电力系统实现全景感知、数据高效传输和信息交互以及边云协同优化控制，保障系统安全、可靠、稳定运行，进而提供清洁、安全、高效的能源电力向用户侧的供给服务。在能源电力消费环节，CPS 以物联网形式将海量用户终端接入能源系统，通过获取用户的用能行为信息，对海量数据加以分析，实现精准负荷预测，从而实现能源电力供应侧与消费者间的双向互动，提升用户参与需求响应的积极性，进一步促进能源电力消费市场化水平。与此同时，CPS 也将电、水、气、热多种能源形式在物理侧和信息侧连接，发展成为现代综合能源系统。该系统比以往任何一种单一的能源子系统都复杂，在生产环节、输配环节和消费环节都存在着关联耦合关系，如冷-热-电三联供等。

（3）CPS 与交通运输。

人类活动日益频繁、密集，对通畅便捷的交通提出了更高的需求，促进了智能交通、新能源汽车、无人驾驶、城市轨道交通等新技术不断涌现。而 CPS 与交通运输系统的深度融合，将人、车、路等物理实体与信息、应用联为一体，使得传统的交通系统具有了感知、判断、控制和决策的功能，促进了车辆行驶安全、交通运行效率等性能的综合提升。

在公路交通、铁路运输的规划层面，可运用 CPS 与交通系统各构件融合，提升交通基础设施的规划和建设效益。在运输优化引导方面，面向交通的 CPS 能够更精细化地实时监管并引导车辆、轨道交通，甚至是飞行器，并与管控平台形成高效数据交互，通过分布式协同调控，实现最优化调度，提升智能交通动态运输性能及效率。

（4）CPS 与医疗健康。

CPS 与医疗健康的深度融合使得传统的健康监测、医疗救治、疫病防控等应用得到了极大拓展，医疗健康步入了"医疗保健 4.0"时代。

首先，基于 CPS 建立的健康监测系统能够有效汇聚患者和医疗机构的各类数据（如电子健康记录、药品购买记录等），通过对时空分散无序的健康数据的挖掘与分析，实现精准个性化、定制化的医疗或保健服务。远程医疗及远程紧急救助则是 CPS 与医疗健康结合最显著的产物之一。远程医疗实现了稀缺医疗资源的公平共享和救助生命过程的全球协同。解放军总医院建立了远程辅助手术机器人 CPS，并早在 2019 年就成功完成了 2 例远程辅助全髋关节置换手术。新疆克孜勒苏柯尔克孜自治州基于"互联网+"技术建立了涵盖州-市-县-乡各级人民医院、卫生院的初级远程医疗系统，有效地促进了医联体各成员单位之间的信息交流和医疗资源整合，实现了优质医疗资源下沉。

从 2003 年的 SARS、2009 年的 H1N1 到 2019 年的 COVID-19，全球范围的重大疫情导致上亿人次感染，数百万人死亡，疫病防控已成为世界各国共同面临的首要问题。CPS 的应用可以有效提升疾病筛检、病毒溯源、疫情预测以及病人跟踪效率。在 COVID-19 新冠疫情防控处理中，CPS 与大数据、信息通信等技术的融合应用使得我国在疫情防控方面走在了世界的前列，也进一步拓展了新技术在医疗卫生领域的应用范围。例如，通过"互联网+"迅速开发部署的健康码和行程卡系统在我国疫情防控中发挥了重要作用。

综上所述，CPS 在工业制造、能源电力、交通运输、医疗健康等领域的广泛应用，为各个行业带来了高效、智能和可持续发展的机遇和挑战。随着技术的不断进步和创新，CPS 的应用前景将更加广阔。

1.4　采用MWORKS构建信息物理系统的优势///

当前，新一轮科技革命快速发展，系统建模仿真、信息物理系统（CPS）、基于模型的系统工程（MBSE）、数字孪生、数字化工程等新技术不断涌现，以美国和中国装备数字化工程的发布为标志，推动了装备研制从信息化时代步入数字化时代，并且呈现数字化与智能化相融合的新时代特点。一切装备都是信息物理融合系统，由信号、通信、控制、计算等信息域与机械、流体、电气等物理域组成，CPS 建模仿真是装备数字化的核心。在该背景下，同元软控于 2009 年开发出 MWORKS 平台。目前，MWORKS 面向数字化与智能化融合推出新一代自主可控的科学计算与系统建模仿真平台，全面支持信息物理融合系统设计、仿真、验证及运维。该平台有效地为中国装备行业提质增效和转型升级赋能，并推动了装备数字化的创新探索和实践落地。

本节将从 MOWRKS 的产品定位和平台优势两方面介绍采用 MWORKS 构建 CPS 的优势。

1.4.1　产品定位

MWORKS 的产品定位主要有以下三个方面。

（1）MWORKS 是各行业装备数字化工程的支撑平台。MWORKS 支持基于模型的需求分析、架构设计、仿真验证、虚拟试验、运行维护及全流程模型管理。通过多领域物理融合、信息与物理融合、系统与专业融合、体系与系统融合、机理与数据融合以及虚实融合等，支持数字化交付、全系统仿真验证及全流程模型贯通。MWORKS 提供了算法、模型、工具箱、APP 等规范的扩展开发手段，支持专业工具箱以及行业数字化工程平台的扩展开发。

（2）MWORKS 是开放、标准、先进的计算仿真云平台。MWORKS 基于规范的开放架构，提供了包括科学计算环境、系统建模仿真环境以及工具箱的云原生平台，面向教育、工业和开发者提供了开放、标准、先进的在线计算仿真云环境，支持构建基于国际开放规范的工业知识模型互联平台及开放社区。

（3）MWORKS 是全面替代 MATLAB/Simulink 的新一代科学计算与系统建模仿真平台。

MWORKS 通过采用新一代高性能计算语言 Julia，提供科学计算环境 Syslab 替代 MATLAB；通过采用多领域物理统一建模规范 Modelica，全面自主开发了系统建模仿真环境 Sysplorer 替代 Simulink，并且提供了丰富的数学、人工智能、图形、信号、通信、控制等工具箱以及机械、电气、流体、热等物理模型库，可以实现对 MATLAB/Simulink 从基础平台到工具箱的整体替代与创新超越。

1.4.2　平台优势

MWORKS 的平台优势如下。

（1）开放标准：采用国际知识模型统一表达规范 Modelica、新一代高性能计算语言 Julia 等开放规范或语言,定义新一代科学计算与系统建模仿真平台开放架构与接口规范,构建 CPS 建模仿真开放平台。

（2）融合创新：融合国际装备数字化工程发展趋势与中国重大创新工程数字化实践经验，提供多领域物理融合、信息与物理融合、系统与专业融合、机理与数据融合、虚实融合等创新特性。

（3）数字支撑：通过系列融合创新，MWORKS 支持系统设计、计算分析、仿真验证、虚拟试验、运行维护及协同研发，全面支持复杂装备的数字化研制、数字化交付及数字孪生应用。

（4）端云一体：MWORKS 基于统一架构和内核同时提供单机版和云化版本，单机版和云化版本可以独立运行或协同运行，实现架构、内核、算法、模型及数据的端云一体。

（5）开放生态：基于开放架构与接口规范及开放语言，MWORKS 提供算法、模型、工具、应用等多层次扩展开发能力，支持企业、高校、科研院所等合作伙伴构建自主模型、工具或应用，共建工业软件开放生态。

（6）国际先进：依托航天、航空、核能、船舶等行业重大工程的数字化实践，持续迭代，逐步实现对国际同类工业软件的替代与超越，在越来越多的功能和性能指标上超越国际同类产品。

（7）自主可控：平台表达采用国际开放规范或语言，建模仿真引擎国际先进、亚洲唯一、完全自主，首次实现了内核引擎欧美出口输出，全面支持国产操作系统、国产数据库及国产硬件环境。

综上，MWORKS 是一款国际先进、完全自主的新一代科学计算与系统建模仿真平台，作为国产软件，该平台拥有更大的自主权和定制化能力，可全面支持信息物理融合系统设计、仿真、验证及运维，为各行业提供装备数字化工程支撑。中共中央总书记习近平在中共中央政治局第三次集体学习中强调了切实加强基础研究的重要性，在此背景下，对国产工业软件的支持尤为重要。一方面，有助于提升我国在信息技术领域的自主创新能力和核心竞争力，降低对外部技术的依赖，增强信息安全能力；另一方面，通过加强基础研究，国产软件的研发可以得到理论指导和技术支撑，推动软件领域的科技突破。MWORKS 作为国产软件的典型例子，不仅具备国际先进水平，还能满足国内行业需求，促进软件产业的发展。总之，通过切实加强基础研究和支持包括 MWORKS 在内的国产软件，能够提升我国在全球基础软件领域的地位和影响力，实现科技强国的目标。

1.5 MWORKS平台架构及二次开发的必要性///

MWORKS 平台是同元软控经过多年技术积累开发的自主可控的科学计算与系统建模仿真平台，可以全面支持信息物理融合系统设计、仿真、验证及运维，面向不同的行业应用场景提供专业、系统的数字化工程解决方案，有效地赋能中国装备行业提质增效和转型升级，也推动了装备数字化的创新探索和实践落地。此外，为了更好地满足用户的个性化需求，提高平台的灵活性和可定制性，同时又避免系统变得过于庞大和冗杂，MWORKS 平台提供了开发者定制和扩展平台功能的能力。通过 MWORKS 提供的统一接口规范，开发者可以以一致的方式进行二次开发，以满足特定的应用场景和业务需求。在二次开发的过程中，开发者之间可以进行知识共享和合作，共享二次开发经验、技术和资源，共同解决问题，推动整个开发者社区的发展，实现平台的共同建设，丰富应用生态环境。

本节首先对 MWORKS 平台的发展历程进行概述，然后对 MWORKS 平台体系及其开放平台架构进行介绍，并阐述了对 MWORKS 平台进行二次开发的必要性。

1.5.1 MWORKS 平台发展历程

MWORKS 平台的发展历程如表 1-4 所示。

表 1-4 MWORKS 平台的发展历程

年份	发展特点
2001	技术积累：关注 Modelica 技术，开展技术预研
2004	技术突破：突破核心关键技术，启动原型系统开发
2006	亮相国际：成功开发原型产品，首次亮相国际会议
2008	公司成立：同元软控成立
2009	产品发布：发布亚洲首款系统建模仿真软件 MWORKS.Sysplorer
2010	工程应用：全面拥抱工程，航空航天应用探索和迭代
2013	深度服务：立足航空，基于系统工程提供深度服务
2016	精品打造：确立数字化系统设计与验证定位，打磨系列精品产品
2018	平台行程：系统设计与仿真验证平台初成，形成系统设计、验证及协同闭环
2021	走向生态：内核 SDK 发布，培育属组合工程生态
2022	平台升级：MWORKS 平台全面升级，构建完整 CPS 建模仿真技术底座

在经历了二十余年的技术探索、研发与突破后，同元软控逐步探索出了一条自主工业软件发展的创新道路，打造了面向数字化工程的新一代科学计算与建模仿真平台 MWORKS，并获得了众多行业用户认可，在航空航天、能源、车辆、船舶、教育等行业得到了广泛应用。

1.5.2 MWORKS 平台体系及其开放平台架构

本节简介 MWORKS 平台体系及其开放平台架构，详细讨论见第 2 章。

1. MWORKS 平台体系

MWORKS 由四大系统级产品及系列扩展工具箱组成，如图 1-2 所示。

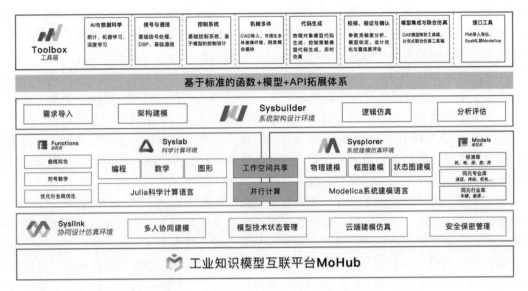

图 1-2　MWORKS 平台体系示意图

其中，四大系统级产品主要包括 MWORKS.Syslab、MWORKS.Sysplorer、MWORKS.Sysbuilder 和 MWORKS.Syslink。

如 1.1.2 节所述，MWORKS.Syslab 是 MWORKS 的科学计算环境，基于高性能科学计算语言 Julia，同时支持与其他编程语言的灵活调用，可提供科学计算编程、编译、调试和绘图功能，内置支持矩阵等数学运算、符号计算、信号处理、通信和绘图的工具箱，支持用户开展科学计算、数据分析、算法设计，并进一步支持信息物理融合系统的设计、建模与仿真分析。

MWORKS.Sysplorer 是面向多领域工业产品的系统建模与仿真验证环境，完全支持多领域统一建模规范 Modelica，遵循现实中拓扑结构的层次化建模方式，支持物理建模、框图建模和状态机建模等多种建模方式，并支持大规模复杂系统高效仿真求解。此外，MWORKS.Sysplorer 也拥有丰富的平台扩展方式，可以很好地支持二次开发，能够广泛地满足航空、航天、车辆、船舶、能源等行业的仿真验证与设计优化需求。

MWORKS.Sysbuilder 是基于 SysML 模型的面向复杂工程系统的系统架构设计环境。该产品以用户需求作为输入，以图形化、结构化、面向对象的方式，覆盖系统的需求建模、功能分析、架构设计、验证评估过程，支持基于需求的自顶向下的系统设计和基于模型库自底而上系统架构的组装设计。通过与 MWORKS.Sysplorer、MWORKS.Syslab 的紧密集成，在系统设计的早期实现多领域综合分析和验证，达到设计和仿真的一体化。

除了开发,模型和数据管理也是 CPS 中至关重要的部分。MWORKS.Syslink 是 MWORKS 推出的面向云端的系统协同建模与模型数据管理环境，支持协同建模、模型管理、在线仿真和数据安全管理等，为系统研制提供基于模型的协同环境。打破单位与地域障碍，支持团队用户开展协同建模和产品模型的技术状态控制，开展跨层级的协同仿真，可以为各行业的数字化转型全面赋能。

为了帮助开发人员更高效地完成模型设计和系统开发，MWORKS 也开发了一系列的工具箱——MWORKS.Toolbox，以提供必要的工具和资源。该系列工具箱主要依托 MWORKS 平台软件，提供过程集成、试验设计与优化、联合仿真及数据可视化等丰富的实用工具箱，满足多样化的数字化设计、分析、仿真及优化需求。MWORKS 主要包含函数库、模型库和应用工具三类工具箱，其中应用工具依赖函数库和模型库。

（1）函数库 MWORKS.Function：提供基础数学和绘图等基础功能函数，内置曲线拟合、符号数学、优化与全局优化等高质优选函数库，支持用户自行扩展。支持教育、科研、通信、芯片、控制、数据科学等行业用户开展教学科研、数据分析、算法设计和产品设计。

（2）模型库 MWORKS.Library：涵盖传动、液压、电机、热流等多个典型专业，覆盖航天、航空、汽车、能源、船舶等多个重点行业，支持用户自行扩展；提供的基础模型可大幅降低复杂产品模型开发门槛与模型开发人员学习成本。

（3）应用工具 MWORKS.APP：提供人工智能与数据科学、信号处理与通信、控制系统、机械多体、代码生成、校核、验证与确认、模型集成与联合仿真以及接口工具等多个类别的应用工具，满足多样化的数字化设计、分析、仿真及优化需求。

值得注意的是，本教材主要针对业务领域的二次开发，在后续章节着重介绍如何利用 MWORKS.Syslab 和 MWORKS.Sysplorer 环境提供的二次开发能力来满足特定的业务需求，从而解决特定领域中的问题。由于不涉及平台级的二次开发，因此不包含 MWORKS.Sysbuilder 和 MWORKS. Syslink 的相关内容。

2. MWORKS 平台二次开发的必要性及开放架构

为了更好地满足用户个性化需求，提高灵活性和可定制性，并推动开发者社区的发展，许多软件平台会预留二次开发接口。通过这种方式，用户可以获得灵活、个性化的软件解决方案，同时也能促进整个开发生态系统的健康发展，具体说明如下。

（1）满足个性化需求：软件平台在设计和开发时通常会考虑大部分用户的共性特征，但难以满足所有用户的个性化需求。通过预留二次开发接口，开发者可以根据自身需求对平台进行定制和扩展，以满足特定的个性化需求。

（2）提高灵活性和可定制性：预留二次开发接口为开发者提供了更大的灵活性和自定义能力。开发者可以根据实际情况有选择地添加、修改或扩展功能，以适应特定的应用场景和业务需求。这样能够提高系统的灵活性和可定制性，更好地满足用户的需求。

（3）避免庞大而冗杂的系统：考虑过多的个性化需求可能会导致系统变得庞大且复杂，其中可能包含许多用户并不需要的功能。通过预留二次开发接口，开发者能够自由选择所需的功能，避免系统不必要的复杂性。

（4）推动开发者社区的发展：预留二次开发接口可以鼓励开发者之间的知识共享和合作。开发者可以分享二次开发经验、技术和资源，共同解决问题，推动整个开发者社区的进步。这样的互动和创新有助于软件平台的推广和发展。

综上所述，考虑到以上因素，MWORKS 提供了开发者定制和扩展平台功能的能力。为了更好地支持二次开发，MWORKS 贯彻了从底层算法到上层应用的完全开放的策略，定义了一套面向云环境的科学计算与系统建模仿真平台架构和接口标准化方案，即"科学计算与系统建模仿真开放系统架构"，从而支持开发者基于统一的接口规范，以一致的方式开发函数库、模型库和 APP，实现平台共建，丰富应用生态。

科学计算与系统建模仿真开放系统架构在最高抽象级别上划分为三个层次：内核层、平台层和应用层。其中，内核层和平台层提供了开放、标准接口供开发者和外部系统调用，应用层则定义了一套开发规范，支持函数库、模型库和 APP 资源的开发，具体如下。

（1）内核层开发接口：支持底层算法可替换，开发者可设置、替换科学计算与系统建模仿真平台底层数值算法、数学包、仿真求解算法、求解器等。

（2）平台级开发接口：支持应用资源可扩展，开发者可基于平台级开放接口，采用多语言高效开发函数库、模型库、APP 等资源；支持外部系统可集成，第三方系统可以通过松耦合方式，整体集成科学计算与系统建模仿真平台。

（3）资源开发规范：定义了一套开发规范，支持函数库、模型库和 APP 资源的开发。

详细内容将在后续章节展开介绍。

本 章 小 结

工业软件是智能制造系统的中枢，也是推进智能制造发展的核心支撑，科学计算和建模仿真软件是工业软件的基础支撑软件。随着新一轮科技革命快速发展，现代工业产品智能化、物联化程度不断提升，系统建模仿真、基于模型的系统工程、信息物理融合系统、数字孪生、数字化工程等新技术不断涌现，装备研制已经从信息化时代步入了数字化与智能化相结合的时代。新时代的数字化需要新一代的工业软件，在此背景下，同元软控打造了国际先进、完全自主的新一代科学计算与系统建模仿真平台 MWORKS，该平台自主可控，面向不同的行业应用场景提供专业、系统的数字化工程解决方案，并为空间站、嫦娥工程、飞机等众多工程提供了数字化支持，并经过大量工程验证，有效地为中国装备行业提质增效和转型升级赋能，也推动了装备数字化的创新探索和实践落地。

习 题 1

1. 什么是科学计算？计算步骤是什么？
2. 系统建模的含义是什么？模型有哪几类？
3. 信息物理系统的基本组成是什么？有哪些技术特征？
4. 安装 MWORKS.Syslab 和 MWORKS.Sysplorer，并对照用户手册，各自完成一个简单示例。

第 2 章
MWORKS 平台开放架构
与二次开发简介

MWORKS 定义了一套科学计算与系统建模仿真平台开放架构和接口标准化方案，支持开发者基于统一的接口规范，以一致的方式开发函数库、模型库和 APP，实现平台共建，丰富应用生态。对 MWORKS 平台开放架构的理解有助于学习和掌握 MWORKS，是基于 MWORKS 进行二次开发的基础。

本章 2.1 节介绍 MWORKS 平台技术架构，2.2 节对 MWORKS 平台二次开发进行简要介绍，为后续章节 MWORKS 平台二次开发工作的展开奠定基础。

通过本章学习，读者可以了解（或掌握）：
- ❖ MWORKS 平台的层次化技术架构；
- ❖ MWORKS 平台的二次开发层次关系概貌。

2.1 MWORKS平台技术架构

2.1.1 概述

MWORKS 平台从底层算法到上层应用均采用完全开放策略，提供开放的系统架构，定义了一套科学计算与系统建模仿真平台开放架构和接口标准化方案，支持开发者基于统一的接口规范，以一致的方式开发函数库、模型库和 APP，实现平台共建，丰富应用生态。

MWORKS 平台技术架构详见图 2-1，可以按照其功能和应用范围进行纵向划分，也可以按照从底层算法到上层应用进行横向划分。

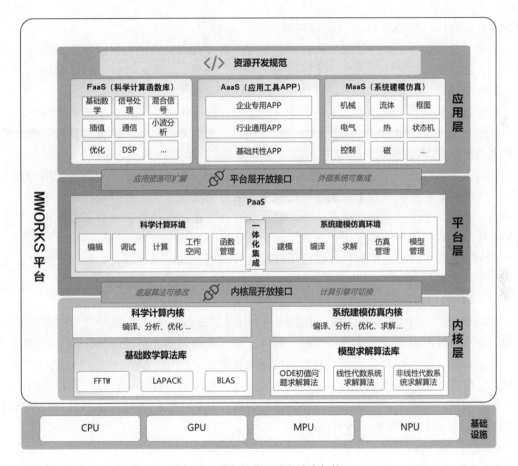

图 2-1 MWORKS 平台技术架构

MWORKS 平台技术架构可以在横向上抽象和划分为三个层次：内核层、平台层和应用层。

（1）内核层：内核层是平台的最底层，负责算法函数和仿真模型的编译运行，主要由基础数学算法库、模型求解算法库、科学计算内核与系统建模仿真内核等组成。内核层基于国际上广泛采用的开放标准 FMI（Functional Mock-up Interface）、Netlib 和 FFTW 等接口开发，提供了开放、标准的内核层接口，可供开发者进行底层算法二次开发和替换，支持开发者设置、替换平台底层数值算法、数学包、仿真求解算法、求解器等。相关内容具体可参考本教材 3.2 节和 4.2 节相关内容。同时，内核层的接口也可用于外部系统调用。

（2）平台层：平台层是科学计算与系统建模仿真的集成开发环境，为函数库、模型库、APP 等资源提供开发、调试、集成、测试、部署等全生命周期的支持，主要由科学计算环境和系统建模仿真环境组成，为应用层提供开发环境，同时提供了开放、标准的接口，支持应用层函数库、模型库、APP 等应用资源的开发与扩展。此外，平台层开发接口也支持开发者和外部系统调用，或集成其他外部系统。

（3）应用层：应用层由科学计算函数库、应用工具 APP、系统建模仿真模型库等应用资源组成，以服务形式支持用户解决基础共性、行业通用、企业专用问题。应用资源基于平台层提供的开放接口，采用统一的资源开发规范开发。同时，应用层支持基于定义的一套开发规范进行函数库、模型库和 APP 资源的开发。

其中，科学计算函数库提供基础数学和信号处理等基础功能函数，内置曲线拟合、符号数学、优化与全局优化等函数库，支持教育、科研、通信、芯片、控制、数据科学等行业用户开展教学科研、数据分析、算法设计和产品设计，支持用户二次开发。

系统仿真建模模型库涵盖了机械、流体、电气、控制等多个典型领域的基础模型，覆盖航天、航空、汽车、能源、船舶等多个重点行业，可大幅降低复杂产品模型开发门槛与模型开发人员学习成本，同时支持用户二次开发。

应用工具 APP 指为解决特定问题而构建的应用程序，基于科学计算与系统建模仿真环境运行。MWORKS 提供了人工智能与数据科学、信号处理与通信、控制系统、机械多体、代码生成、校核、验证与确认、模型集成与联合仿真以及接口工具等多个类别的应用工具，可满足多样化的数字化设计、分析、仿真及优化需求。

MWORKS 平台技术架构也可以按照其功能和应用范围，纵向划分为科学计算、系统建模和带用户界面的 APP 三部分。

（1）科学计算。

MWORKS.Syslab 是 MWORKS 中面向科学计算的平台，通过 Julia 语言支持多范式统一编程，简约与性能兼顾，提供通用编程、科学计算、数据科学、机器学习、信号处理、通信仿真、并行计算等功能，并可使用内置的图形进行数据可视化。MWORKS.Syslab 实现了与工程建模仿真环境 MWORKS.Sysplorer 的双向融合，形成新一代科学计算与工程建模仿真的一体化基础平台，满足各行业在设计、建模、仿真、分析、优化方面的业务需求。本教材第 3 章将介绍面向科学计算的二次开发。

（2）系统建模。

MWORKS.Sysplorer 是 MWORKS 中的系统建模仿真环境，提供方便易用的系统仿真建模、完备的编译分析、强大的仿真求解、实用的后处理功能以及丰富的扩展接口，支持用户开展产品多领域模型开发、虚拟集成、多层级方案仿真验证、方案分析优化，并进一步为产品数字孪生模型的构建与应用提供关键支撑。本教材第 4 章将介绍面向系统建模的二次开发。

（3）带用户界面的 APP。

带用户界面的 APP 提供面向特定场景的专业应用，如控制系统设计与分析应用。APP 通常依赖函数库或模型库，具备 GUI 实现交互入口，通过专业算法调用底层函数。APP 作为专业工具，需要在科学计算和系统仿真平台的基础计算能力上，构建面向特定应用的专业计算能力。本教材第 5 章将介绍带用户界面的应用开发。

纵向划分更加面向用户使用，为此本书的章节结构是按照纵向分类组织的，第 3 章是面向科学计算的二次开发，第 4 章是面向系统建模的二次开发，第 5 章是带用户界面的应用开发。本节重点介绍平台技术架构，因此，2.1.2 节至 2.1.4 节将按内核层、平台层和应用层的顺序展开介绍 MWORKS 平台技术架构，而在每一小节的内部，再进一步分为科学计算、系统建模和带用户界面的 APP 等三部分展开。

2.1.2　内核层

内核层是平台的最底层，负责科学计算函数和系统建模仿真模型的编译和运行，将输入的 Julia 代码和 Modelica 代码编译成可执行的程序，然后运行可执行程序进行仿真计算，最终输出计算结果。MWORKS 的内核层主要由基础数学算法库、模型求解算法库、科学计算内核、系统建模仿真内核以及内核层开放接口等组成，如图 2-2 所示。

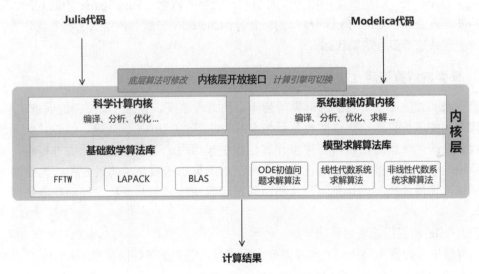

图 2-2　内核层的组成与处理流程

1. 基础数学算法库

基础数学算法库基于 FFT、LAPACK、BLAS、SuiteSparse 等通用标准接口规范，提供有关傅里叶变换、矢量、矩阵乘法、矩阵分解、线性方程组求解、常微分方程 ODE、微分代数方程 DAE 和偏微分方程 PDE 等底层核心算法工具集，作为基础数学工具箱的内核，支撑整个基础数学算法。

（1）FFTW。

FFTW（the Faster Fourier Transform in the West）即快速计算离散傅里叶变换的标准 C

语言程序集，是用于计算一维或多维、任意输入大小以及实数和复数数据（以及偶数/奇数数据，即离散余弦/正弦变换）的离散傅里叶变换，包含 C2C（复数到复数）变换、R2C（实数到复数）变换、C2R（复数到实数）变换、R2R（实数到实数）变换。要替代本平台科学计算 FFTW 算法库，应符合 FFTW 标准的 C 接口形式。更多关于 FFTW 的内容请自行查询有关资料。

（2）LAPACK。

LAPACK（Linear Algebra PACKage）即线性代数软件包，是一个实现了高级的线性运算功能的接口标准，如矩阵分解、求逆等，底层调用了 BLAS 算法库。要替代本平台科学计算 LAPACK 算法库，应符合 LAPACK 标准的 C 接口形式。更多关于 LAPACK 的内容请自行查询有关资料。

（3）BLAS。

BLAS（Basic Linear Algebra Subprograms）即基础线性代数子程序库，是一个用于规范发布基础线性代数操作的数值库（如矢量或矩阵乘法）的应用程序接口标准，为提高性能，各软硬件厂商针对其产品对 BLAS 的接口实现进行了高度优化。要替代本平台科学计算 BLAS 算法库，应符合 BLAS 标准的 C 接口形式。更多关于 BLAS 的内容请自行查询有关资料。

（4）SuiteSparse。

SuiteSparse 是一组函数集，用来生成空间稀疏矩阵数据。SuiteSparse 中的几何多种稀疏矩阵的处理方法包括矩阵的 LU 分解、QR 分解、Cholesky 分解，并提供了解非线性方程组、实现最小二乘法等多种函数代码。

2. 模型求解算法库

模型求解算法库主要用于求解模型翻译后的方程系统，包括 ODE 初值问题求解算法、线性代数系统求解算法、非线性代数系统求解算法等。ODE 初值问题、线性代数系统、非线性代数系统的求解算法函数在单步计算过程中被调用。当模型中有此类方程时，主控层调用算法层的算法函数对方程进行求解。算法层的算法函数在求解过程中，为获得方程的描述而调用主控层提供的计算函数（初值问题和非线性问题）或从主控层获取数据（线性问题）。

（1）ODE 初值问题求解算法。

在数学里，初值问题是一个涉及微分方程式与一些初始条件的问题，初始条件是微分方程式的未知函数在某些点的设定值。

模型的 ODE 初值问题通用形式为

$$M\dot{y} = f(t, y)$$
$$y(t_0) = y_0$$

其中，t 是自变量，y 是因变量，$\dot{y}$ 表示 $\dfrac{dy}{dt}$。M 是变换矩阵，大多数情况下是单位矩阵。

另外，一些求解算法还将右端表示为两部分。例如

$$M\dot{y} = f^{E}(t, y) + f^{I}(t, y)$$

$$y(t_0) = y_0$$

其中，$f^E(t, y)$ 表示非刚性（nonstiff）部分，使用显式方法求解；$f^I(t, y)$ 表示刚性（stiff）部分，使用隐式方法求解。

显式问题为

$$\dot{y} = f(t, y)$$

隐式问题为

$$f(t, y, \dot{y}) = 0$$

本节中初值问题的算法也称为积分算法，正在运行的积分算法对象称为积分器。

（2）线性代数系统求解算法。

线性代数是关于向量空间和线性映射的一个数学分支。它包括对线、面和子空间的研究，同时也涉及所有的向量空间的一般性质。

坐标满足线性方程的点集形成 n 维空间中的一个超平面，n 个超平面相交于一点的条件是线性代数研究的一个重要焦点。此项研究源于包含多个未知数的线性方程组，这样的方程组可以很自然地表示为矩阵和向量的形式。

线性代数既是纯数学也是应用数学的核心。例如，放宽向量空间的公理就产生抽象代数，也就出现若干推广。泛函分析研究无穷维情形的向量空间理论。线性代数与微积分结合，使得微分方程线性系统的求解更加便利。线性代数的理论已被泛化为算子理论。

线性代数的方法还用在解析几何、工程、物理、自然科学、计算机科学、计算机动画和社会科学（尤其是经济学）中。由于线性代数是一套完善的理论，非线性数学模型通常可以被近似为一般线性模型。

线性代数系统的形式为

$$Ax = b$$

其中，A 是系数矩阵，b 是常数项，x 是未知量。

线性代数系统的系数矩阵 A 和常数项 b 由主控层提供，调用算法函数时传入。算法函数是对线性代数系统问题进行求解的一系列函数，由算法扩展方提供，注册后与求解器集成。

（3）非线性代数系统求解算法。

在物理科学中，如果描述某个系统的方程其输入（自变数）与输出（应变数）不成正比，则称该系统为非线性代数系统。由于自然界中大部分的系统本质上都是非线性的，因此许多工程师、物理学家、数学家和其他科学家对于非线性问题的研究都极感兴趣。非线性代数系统和线性代数系统最大的差别在于，非线性代数系统可能会导致混沌、不可预测，或是不直观的结果。

一般来说，非线性代数系统的行为可以用一组非线性方程来描述，该方程里含有由未知数构成的非线性函数，换句话说，一个非线性方程并不能写成其未知数的线性组合。非线性微分方程则是指方程里含有未知函数及其导函数的乘幂不等于 1 的项。在判定一个方程是线性方程还是非线性方程时，只需要考虑未知数（或未知函数）的部分，不需要检查方程中是否有已知的非线性项。例如，在微分方程中，若所有的未知函数、未知导函数皆为一次，即使出现由某个已知变数所构成的非线性函数，仍称它是线性微分方程。

由于非线性方程非常难解，因此常常需要用线性方程来近似一个非线性代数系统（线性近似）。这种近似对某范围内的输入值（自变量）是很准确的，但线性近似之后反而会无法解释许多有趣的现象，如孤波、混沌和奇点。这些奇特的现象也常常让非线性代数系统的行为看起来违反直觉、不可预测，甚至混沌。虽然"混沌的行为"和"随机的行为"感觉很相似，但两者绝对不能混为一谈，也就是说，一个混沌系统的行为绝对不是随机的。

非线性代数系统的形式为

$$F(x)=0$$

其中，x 是未知量。

计算函数返回的是上述 $F(x)$ 计算得到的值，由主控层提供。算法函数是对非线性代数系统进行求解的一系列函数，由算法扩展方提供，注册后与求解器集成。

3. 科学计算内核与系统建模仿真内核

科学计算内核分为三个层次：数学应用层、数学层内核、算法内核。利用数学应用层通过数学层内核调用算法内核，如图 2-3 所示。

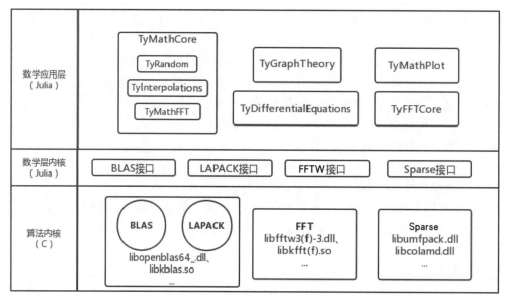

图 2-3　科学计算内核

（1）数学应用层包含直接对外暴露、用户可直接调用和使用的函数集，其大致分类为初等数学、线性代数、插值、微积分、傅里叶变换、稀疏矩阵等板块函数。

（2）数学层内核针对 BLAS、LAPACK、FFTW、Sparse 算法封装内核 API，提供算法调用接口和算法内核替换接口。

（3）算法内核包含 BLAS、LAPACK 等有关矢量、矩阵乘法、矩阵分解、线性方程组求解等底层核心算法的工具集，作为基础数学工具箱内核，支撑整个基础数学算法。

系统建模仿真内核主要分为三个层次，分别是算法层、主控层和应用层，如图 2-4 所示。

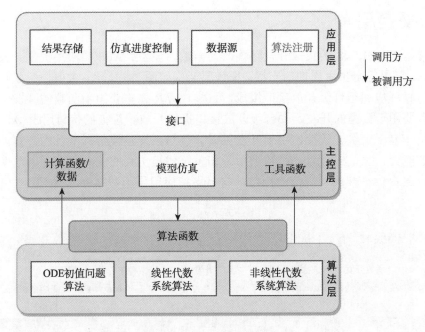

图 2-4　系统建模仿真内核

（1）算法层主要实现 ODE 初值问题、线性代数系统、非线性代数系统等的求解算法，分别对 ODE 初值问题、线性代数系统、非线性代数系统等进行求解。模型求解算法的二次开发就是在算法层实现的。

（2）主控层是模型求解的核心，依据平台的求解策略，调用算法层的算法函数对模型进行仿真。同时，主控层提供模型方程系统中的 ODE 初值问题的计算函数、线性代数系统的计算函数、非线性代数系统的计算函数供算法层使用，也提供堆内存分配、日志输出等工具函数由算法层调用。

（3）应用层调用主控层接口进行模型仿真，并提供模型仿真结果的保存、仿真进度控制、数据源等功能。算法层的求解算法在应用层通过主控层的接口进行注册并与求解器集成。

计算函数、工具函数、算法函数都是以回调函数的形式提供的。回调函数是 C 语言函数，符合规范 C99。

4. 内核层开放接口

内核层开放接口是指 MWORKS 在内核层提供的供开发者和外部系统调用的开放、标准的接口，包括底层算法接口和上层内核接口。底层算法接口对科学计算算法（基于 Julia 语言代码）和模型求解算法（基于 Modelica 语言代码）的接口进行规约，符合算法接口标准即可接入科学计算与系统建模仿真平台。上层内核层接口提供一组内核原子应用程序接口（API），支持模型编译、模型分析、模型求解、代码生成、仿真结果读写等操作，支持外部软件通过调用这些接口，集成科学计算内核和系统建模仿真内核。内核层开放接口也提供了底层算法切换接口规范，用户可通过这些接口实现基础数学算法库和模型求解算法库的切换。相关内容详见本教材第 3 章和第 4 章内核层二次开发。

2.1.3 平台层

平台层是 MWORKS 的集成开发环境，为函数、模型、APP 等应用提供开发、调试、集成、测试、部署等全生命周期的支持。平台层架构如图 2-5 所示，主要由科学计算环境、系统建模仿真环境和平台级开放接口组成，科学计算环境主要用于函数的开发，系统建模仿真环境主要用于模型的开发，平台级开放接口提供开放、规范的接口用于 APP 的开发。平台层提供一套平台级开放接口用于开发科学计算与系统建模仿真平台的计算能力，包括科学计算的能力（表达式计算、函数调用）和系统建模仿真的能力（编译、求解、管理）。此外，平台层提供了开放、规范的接口，向上支持应用层函数（库）、模型（库）和 APP 的开发。

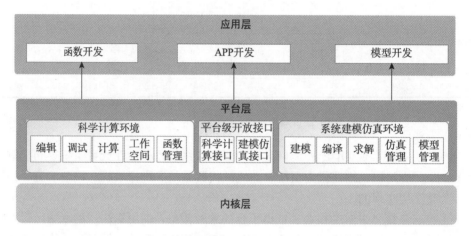

图 2-5 平台层架构

（1）科学计算环境。

科学计算环境是 MWORKS 面向科学计算的平台，通过 Julia 语言支持多范式统一编程，简约与性能兼顾。提供通用编程、科学计算、数据科学、机器学习、信号处理、通信仿真、并行计算等功能，并可使用内置的图形进行数据可视化。科学计算环境实现了与工程建模仿真环境 MWORKS.Sysplorer 的双向融合，形成新一代科学计算与工程建模仿真的一体化基础平台，满足各行业在设计、建模、仿真、分析、优化方面的业务需求。

（2）系统建模仿真环境。

系统建模仿真环境是面向多领域工业产品的系统级综合设计与仿真验证的环境，支持多领域统一建模规范 Modelica，遵循现实中拓扑结构的层次化建模方式，支撑基于模型的系统工程应用。支持工业设计知识的模型化表达和模块化封装，支持多方案优选及设计参数优化，以知识可重用、系统可重构的方式，为工业企业的设计知识积累与产品创新设计提供技术支撑，对及早发现产品设计缺陷、快速验证设计方案、全面优化产品性能、有效减少物理验证次数等具有重要价值。

（3）平台级开放接口。

平台级开放接口是指 MWORKS 在平台层提供的供开发者和外部系统调用的开放、标准接口。平台级开放接口包括科学计算开放接口和系统建模仿真开放接口两部分。

① 科学计算开放接口包括用于基本运算的基础开放接口、用于初等数学线性代数等基

本数学方程的数学开放接口、用于生成二维和三维图的图形开放接口等。

② 系统建模仿真开放接口包括用于模型文件操作、模型参数操作、模型属性获取、编译仿真等的模型超操作相关的组件模型操作开放接口，以及用于模型视图、模型浏览器、组件参数面板等图形接口的图形组件级开放接口等。

2.1.4 应用层

应用层由科学计算函数库、应用工具 APP、系统建模仿真模型库等应用资源组成，以服务形式支持用户解决基础共性、行业通用、企业专用问题。应用资源基于平台层提供的开放接口，采用统一的资源开发规范开发。同时，应用层定义了一套函数库、模型库和 APP 的开发规范，支持以规范的方式开发科学计算与系统建模仿真平台资源，提供资源管理接口，支持函数库、模型库和 APP 的装载、驱动和卸载。应用层架构如图 2-6 所示。

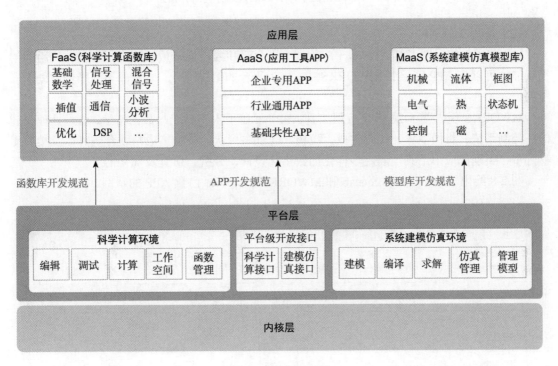

图 2-6 应用层架构

（1）科学计算函数库。

科学计算函数库主要使用 Julia 语言在 MWORKS.Syslab 中开发，目前提供了涵盖数学、统计、优化、数据科学、深度学习、信号处理、无线通信等领域共 3338 个函数标准接口，分类统计信息如图 2-7 所示。

除了内置已提供的函数库，用户可以基于函数开发规范开发自己的函数库，开发的函数库能在本平台进行导入，纳入平台管理，开展科学计算编程，并执行计算，查看计算结果。

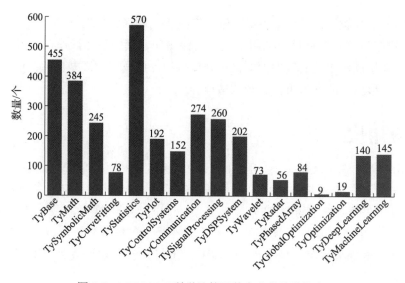

图 2-7　MWORKS 科学计算函数库分类统计信息

（2）应用工具 APP。

MWORKS 的应用工具 APP 基于应用层、平台级和内核层开放接口进行开发。应用层的扩展能力可以将 APP 部署到 MWORKS 中，成为平台的组成部分。APP 部署到平台后处于应用层。

MWORKS 现内置了 20 多个应用工具 APP，涵盖了人工智能与数据科学、信号处理与通信、控制系统、机械多体、代码生成、校核、验证与确认、模型集成与联合仿真以及接口工具等多个类别的应用工具，满足多样化的数字化设计、分析、仿真及优化需求。

图 2-8 给出了 MWORKS.Syslab 和 MWORKS.Sysplorer 内置 APP 的示例。

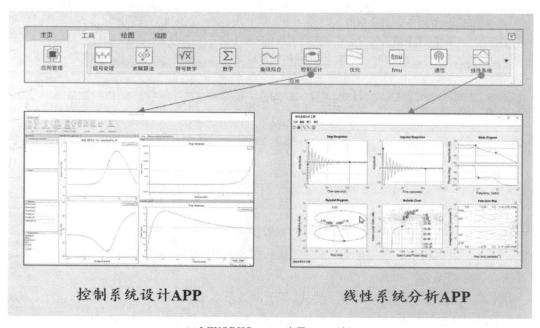

控制系统设计 APP　　　　线性系统分析 APP

(a) MWORKS.Syslab 内置 APP 示例

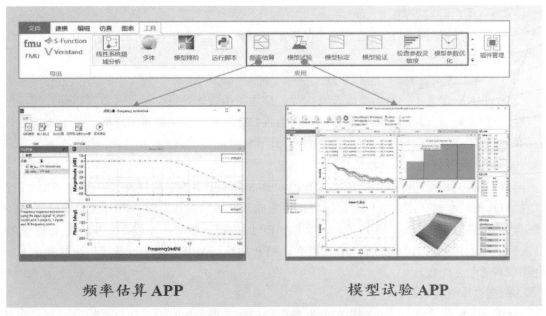

频率估算 APP 模型试验 APP

(b) MWORKS.Sysplorer 内置 APP 示例

图 2-8　内置 APP 示例

（3）系统建模仿真模型库。

系统建模仿真模型库采用 MWORKS 平台的多领域物理统一建模规范 Modelica 构建，表现为对象化、图形化、层次化的一系列组件模块。目前包括 13 个基础模型库和 6 个车辆模型库，提供了丰富的机械、电气、流体、热等物理模型库。MWORKS 系统建模仿真模型库示例如图 2-9 所示。

除了内置已提供的模型库，用户可以基于模块开发规范开发自己的模型库，用户基于该规范开发的模型库能在本平台进行加载，纳入平台管理，并开展可视化系统建模，执行仿真求解，查看仿真结果。

图 2-9　MWORKS 系统建模仿真模型库示例

（4）应用层开发规范。

应用层开发规范主要包括函数库开发规范、APP 开发规范、模型库开发规范，具体介绍如下。

① 函数库开发规范。

MWORKS 定义了一套函数库开发规范，描述了函数库开发、运行及管理机制，规范用户使用平台主语言（Julia）及外部语言（Python/C/C++）开发函数库的过程。基于该规范开发的函数库能在本平台导入，纳入平台管理，开展科学计算编程，执行计算，查看计算结果。

② APP 开发规范。

MWORKS 定义了一套 APP 的开发规范，描述了 APP 开发、运行及管理机制，规范用户开发 APP 的过程。在本系统可视化应用程序集成开发环境中开发的 APP，会自动遵循 APP 接口规范，内置相关的开放接口，自动支持 APP 的加载、驱动、卸载。外部 APP 按照 APP 开发接口规范，提供 APP 注册、APP 监听、APP 运行、APP 终止等开放接口，即能在本平台加载、驱动、卸载。

③ 模型库开发规范。

MWORKS 定义了一套模型库的开发规范，描述了模型库开发、运行及管理机制，规范用户使用平台主语言（Modelica）及外部语言（Julia/Python/C/C++）开发模型库的过程。基于该规范开发的模型库能在本平台导入，纳入平台管理，开展可视化系统建模，执行仿真求解，查看仿真结果。

2.2 MWORKS平台二次开发简介

MWORKS 平台二次开发主要包括内核层和应用层两个层次。除内核层和应用层外，MWORKS 的平台层主要是科学计算与系统建模仿真的集成开发环境，为函数库、模型库、APP 等应用提供开发、调试、集成、测试、部署等全生命周期的支持，因此不涉及二次开发相关内容。但是，MWORKS 提供了一套平台级开放接口用于开放科学计算与系统建模仿真平台的计算能力，外部系统可通过调用这些平台级开放接口开发和构建新的系统和应用。例如，可通过 MWORKS 提供的标准科学计算与系统建模仿真平台开放接口，对平台的界面、业务逻辑、数据等进行不同层次的接口调用。MWORKS 平台二次开发架构如图 2-10 所示。

从图 2-10 中可以看到，针对内核层支持自定义科学计算算法和系统建模仿真算法，应用层支持用户扩展函数库和模型库，也提供了 MWORKS.SDK 供用户开发自己的 APP。MWORKS.SDK（Software Development Kit）是指 MWORKS 内核层和平台层对外提供的应用开发工具包，是一系列程序接口、帮助文档、开发范例、实用工具的集合。MWORKS.SDK 的程序接口包括内核层和平台层的函数和方法的集合，包括数学、图形、APP 构建等科学计算开放接口和模型文件、参数操作、属性获取、元素及属性判定、属性查找、编译仿真、结果数据查询等系统建模仿真开放接口。MWORKS.SDK 的帮助文档扮演着指南和导航的角色，这些文档解释了每个接口、类和函数的作用，提供了示例代码，甚至可能包含了常见错误的解决方法，是开发者在探索 SDK 时的得力助手。开发范例是学习的极佳资源，它们展示了如何使用 MWORKS.SDK 来解决具体的问题，这包括简单的范例，如质量弹簧阻尼、曲线拟合，也包括更复杂的范例，如车辆 APP。开发者可以通过研究这些范例来加速自己的学习过程，并开始构建自己的应用程序。实用工具中推荐的最佳开发工具组合包括 Qt5.14.2、Microsoft Visual Studio 2017 等。

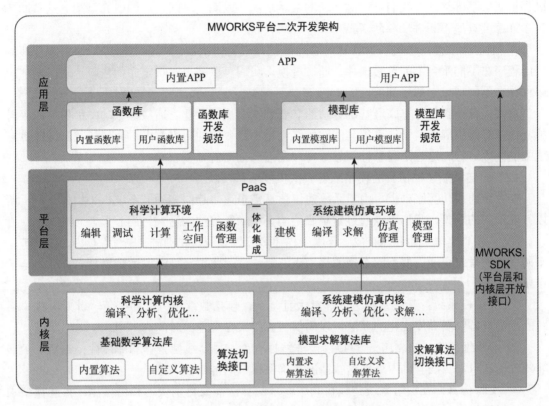

图 2-10　MWORKS 平台二次开发架构

下面将分节介绍内核层和应用层两个开发层次及其对应开发场景。

2.2.1　内核层二次开发

内核层开发接口支持底层算法可替换，开发者可设置、替换科学计算与系统建模仿真平台底层基础算法、数学包、仿真求解算法、求解器等。

（1）面向科学计算的基础算法扩展或替换。

在科学计算平台上，为满足特定问题或特定硬件环境下的性能优化需求，常需要通过二次开发来扩展或替换平台现有的科学计算算法，包括底层的 BLAS、LAPACK 等基础算法和上层的符号计算、曲线拟合等应用层数学包。科学计算算法替换的场景主要包括以下几个方面。

① 性能优化：底层的基础算法（如 BLAS 和 LAPACK）的性能对于科学计算的应用至关重要。替换这些算法可以允许我们针对特定硬件架构或优化需求进行自定义优化，从而显著提高计算速度和效率。这对于大规模的和要求高性能的计算任务尤为重要。

② 适应性：科学计算领域的问题各式各样，不同的问题可能需要不同类型的数学算法。替换底层基础算法允许我们选择或开发更适合特定问题的算法，从而提高计算的准确性和可靠性。这对于复杂的数值模拟和数据分析至关重要。

③ 功能扩展：现有的底层基础算法可能无法实现某些特定的数学功能或计算方法。通过替换底层基础算法，我们可以添加新的数学功能，以满足不断发展的研究需求。这有助于科学计算工具的不断进步和创新。

④ 平台独立性：一些科学计算平台可能依赖于特定的底层基础算法库，这可能会限制应用程序在不同平台上的可移植性。通过替换，我们可以减少对特定库的依赖，从而增加应用程序在不同环境下的可部署性。

总之，替换科学计算底层基础算法的必要性在于提高性能、适应性、功能扩展性和平台独立性，有助于确保科学计算工具能够始终满足不断变化的研究需求，并保持在不同计算环境中的高效运行。这也是科学计算领域持续发展和创新的重要一步。

（2）面向系统建模仿真的模型求解算法扩展或替换。

在系统建模仿真平台上，由于系统建模仿真需求逐步趋向多领域系统、大规模系统，所以针对不同的场景，我们可以通过定制底层的模型求解算法来达到目的。

① 多领域建模：Modelica 被广泛用于描述多领域系统，如机械、电气、热力、控制等。不同领域的系统可能需要不同类型的模型求解算法，因此扩展算法以适应这种多样性是至关重要的。

② 大规模系统：某些系统可能非常大且复杂，包括数百个方程和变量。针对大规模系统的模型求解需要高度优化的算法，以确保仿真结果在合理的时间内可用。

③ 非线性行为：Modelica 可以涉及非线性行为，如非线性方程和非线性控制器。扩展非线性问题求解算法有助于处理这些情况，确保模拟的准确性。

④ 实时仿真：在实时系统建模仿真中，求解算法需要特别快速和可预测。扩展模型求解算法以满足实时系统建模仿真的要求对于控制系统和嵌入式系统非常重要。

⑤ 新型组件和建模领域：Modelica 社区不断发展，引入了新型组件和建模领域。扩展模型求解算法允许应对新的建模需求和创新。

总之，扩展模型求解算法对于满足不断变化的建模需求、提高性能和支持多领域建模至关重要，尤其是在 Modelica 等多领域建模和仿真平台上，有助于确保 Modelica 在各种应用中保持其灵活性和实用性。

2.2.2　应用层二次开发

应用层二次开发主要涉及函数库、模型库和 APP 的开发。科学计算函数库使用 Julia 语言在 MWORKS.Syslab 中开发，系统建模仿真模型库使用 Modelica 语言在 MWORKS.Sysplorer 中开发，应用工具 APP 使用 C++/Qt 等语言进行开发，开发中会调用平台级开放接口集成科学计算和系统建模仿真能力，会调用函数库和模型库来实现对应的业务需求。应用层二次开发如图 2-11 所示。

（1）科学计算函数库开发。

科学计算环境中的函数库由一系列函数组成，这些函数是科学计算环境的主要元素。科学计算环境提供了数学、图形、图像、符号数学、曲线拟合、信号处理、通信、DSP系统、控制系统、优化、统计等多维度的内置函数库。如果内置函数库未提供合适的函数，科学计算环境允许用户开发新的函数并以函数库的方式集成到科学计算环境中，从而扩展科学计算环境功能。针对函数库的开发主要包括以下场景。

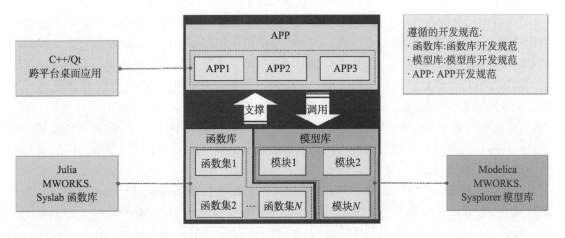

图2-11 应用层二次开发

① 填补内置库的空白：Julia 的内置函数库涵盖了广泛的数学、统计和计算领域，但无法覆盖所有可能的应用场景。函数库的开发允许用户填补这些空白，特别是在涉及不常见或领域特定的数学问题时。

② 解决行业特定问题：不同行业和领域可能面临独特的科学计算挑战，这些挑战可能无法仅通过内置库解决。通过扩展函数库，用户可以针对特定行业需求开发函数，满足行业特定问题的要求，如金融、生物医学或工程领域。

③ 提高特定领域的计算效率：在某些特定领域，优化的特定算法可能会显著提高计算效率。通过扩展函数库，用户可以实施针对特定领域的优化，确保在特定任务中获得更快的计算速度。

④ 适应特定需求：某些项目可能需要特殊的数学工具，而这些工具可能不包括在内置库中。通过扩展函数库，用户可以根据项目需求自定义函数，确保计算环境满足特定研究或工程任务的要求。

针对函数库的二次开发，MWORKS 定义了一套科学计算函数库开发规范，描述了函数库开发、运行及管理机制，规范用户使用平台主语言（Julia）及外部语言（Python/C/C++）开发函数库的过程。用户可以基于该规范开发的自己的函数库。

相关内容详见本教材第3章面向科学计算的二次开发。

（2）系统建模仿真模型库开发。

系统建模仿真环境中的模型库由一系列模块组成，模块是构建系统模型的主要元素。系统建模仿真环境内置模型库提供了机械、电气、流体、控制、热、磁等多学科的基本模块，如果内置库未提供合适的模块，系统建模仿真环境允许用户开发新的模块并以模型库的方式集成到系统建模仿真环境中，从而扩展系统建模仿真环境功能。针对模型库的开发主要包括以下场景。

① 填补内置库的空白：Modelica 的内置模型库按层次包含了通用基础库、专业组件库、行业系统库、行业应用库，虽然已经内置了很多库，但还未覆盖一些特定的行业，例如，行业系统库中包含了车辆相关的库，但船舶、卫星、智能机器人等行业就未被覆盖，在实际应用中，可能需要特定领域或复杂系统的模块，而这些模块不在内置库中。扩展模型库允许用户填补这些空白，以满足特定行业的系统建模需求。

② 替换已有的内置库：在某些场景中，内置模型库中的模块可能无法满足高度定制化的建模需求，或在性能方面需要改进，例如内置的液压组件库中的管路模型未考虑该管道模型无摩擦和油液惯性的情况，在某些行业中可能就不满足要求，此时可能就需要开发特定行业的液压组件库。通过扩展模型库，用户可以选择替换内置库中的特定模块，以满足更具体的要求或提高模型的性能。

③ 满足特定的需求：某些应用需要特定领域或特殊功能的模块，以满足特定需求。扩展模型库可以为用户提供定制的模块，确保系统建模仿真环境适用于各种工程、科学或工业应用，并满足特定需求。

针对模型库的二次开发，MWORKS 定义了一套系统建模仿真模型库的开发规范，描述了模型库开发、运行及管理机制，规范用户使用平台主语言（Modelica）及外部语言（Julia/Python/C/C++）开发模型库的过程，支持多种语言（Modelica/Julia/Python/C/C++）开发模型库，兼容基于 FMI（Functional Mock-up Interface）标准的 FMU（Functional Mock-up Unit）模型。基于该规范开发的模型库能在本平台导入，纳入平台管理，开展可视化系统建模，执行仿真求解，查看仿真结果。相关内容详见本教材第 4 章面向系统建模仿真的二次开发。

（3）应用工具 APP 开发。

APP 是指专门为解决具体问题而构建的应用程序，它们运行在科学计算与系统建模仿真环境中。MWORKS 提供了多达 20 多个不同领域的应用工具，包括人工智能与数据科学、信号处理与通信、控制系统、机械多体、代码生成、校核、验证与确认、模型集成与联合仿真以及接口工具等。

考虑到数字化设计、分析、仿真及优化需求的多样性，以及汽车、船舶、卫星、机器人等多领域的应用需求，MWORKS 现有的这些 APP 可能不足以满足所有需求，用户往往需要去扩展和开发带定义的带用户界面的 APP。

为此，MWORKS 定义了一套 APP 的开发规范，描述了 APP 开发、运行及管理机制，规范用户开发 APP 的过程，详细描述了用户如何基于平台级开放接口开发 APP。APP 可基于应用层、平台级和内核层开放接口进行开发。通过应用层的扩展能力，可以将 APP 部署到 MWORKS 中，成为平台的组成部分，APP 部署到平台后处于应用层。在 MWORKS 可视化应用程序集成开发环境中开发的 APP，需要遵循 APP 接口规范，内置相关的开放接口，自动支持 APP 的加载、驱动、卸载。

相关内容详见本教材第 5 章带用户界面的应用开发。

本 章 小 结

对 MWORKS 平台架构的理解是对 MWORKS 进行二次开发的基础。本章首先从横纵两个方向对 MWORKS 平台技术架构进行了总体概述。在此基础上，分别按横向的内核层、平台层和应用层展开介绍了 MWORKS 平台的技术架构，而在每 1 层内部又进一步分为科学计算、系统建模仿真和带用户界面的 APP 等三部分进行了展开介绍。然后对 MWORKS 平台二次开发进行简要介绍，为后续章节 MWORKS 平台二次开发工作的展开奠定基础。

习 题 2

1. 试简要说明 MWORKS 平台的横向和纵向架构层次。
2. 试简要说明 MWORKS 平台中内核层的技术架构。
3. 试简要说明 MWORKS 平台中平台层的技术架构。
4. 试简要说明 MWORKS 平台中应用层的技术架构。
5. MWORKS 平台在内核层能进行哪些二次开发？
6. MWORKS 平台在应用层能进行哪些二次开发？

第3章
面向科学计算的二次开发

MWORKS.Syslab 是 MWORKS 平台的科学计算环境，基于高性能科学计算语言 Julia 提供交互式编程环境的完备功能。MWORKS.Syslab 支持多范式统一编程，简约与性能兼顾，内置通用编程、数学、符号数学、曲线拟合、信号处理、通信等函数库用于科学计算、数据分析、算法设计、机器学习等领域，并通过内置丰富的图形进行数据可视化。

在第 2 章中，我们已经学习了 MWORKS 平台二次开发架构。本章将进一步深入研究 MWORKS 平台二次开发架构中面向科学计算的二次开发。科学计算的二次开发架构提供了多层次的支持：首先是内核层，支持替换和扩展基础数学算法，包括底层的 BLAS、LAPACK 等核心算法包；其次是应用层，支持科学计算函数库开发，扩展内置函数库未包含的函数，并将其以函数库的形式整合到科学计算环境中；应用层还支持 APP 的扩展开发，使用户能够针对特定领域问题去开发定制的应用程序。

无论是内核层的算法替换还是应用层的函数库以及 APP 开发，都需要使用 Julia 语言。因此，本章首先在 3.1 节对科学计算环境 MWORKS.Syslab 所采用的高性能科学计算语言 Julia 进行简要介绍，包括 Julia 语言的概述、优势、安装与运行，以及 Julia REPL 的四种模式。基于这些基础，随后的 3.2 和 3.3 节将从原理、流程和案例等角度全面介绍内核层二次开发和应用层二次开发。这将帮助读者更好地理解和学习 Julia 语言和面向科学计算的二次开发。

通过本章学习，读者可以了解（或掌握）：

❖ Julia 的功能与特点；
❖ 内核层二次开发规范与流程；
❖ 应用层二次开发规范与流程。

3.1 科学计算语言Julia ///////////////////

Julia 语言是一个面向科学计算的高性能动态高级程序设计语言，其定位首先是通用编程语言，其次是高性能计算语言，其语法与其他科学计算语言相似，在多数情况下拥有能与编译型语言相媲美的性能。目前，Julia 语言的主要应用领域为数据科学、科学计算与并行计算、数据可视化、机器学习、一般性的 UI 与网站等，在精准医疗、增强现实、基因组学及风险管理等方面也有应用，Julia 语言的生态系统还包括无人驾驶汽车、智能机器人和 3D 打印等技术应用。

3.1.1 Julia 语言概述

Julia 语言是一门较新的编程语言，创始人 Jeff Bezanson、Stefan Karpinski、Viral Shah 和 Alan Edelman 等人于 2009 年开始研发，于 2012 年发布了 Julia 第一版，其特点是简单且快速，即运行起来像 C 语言，阅读起来像 Python。它是为科学计算设计的，能够处理大规模的数据与计算，但仍可以相当容易地创建和操作原型代码。正如四位创始人在 2012 年的一篇博客中解释为什么要创造 Julia 语言时所说："我们很贪婪，我们想要的很多：我们想要一门采用自由许可证的开源语言；我们想要 C 语言的性能和 Ruby 的动态特性；我们想要一门具有同像性的语言，它既具有 Lisp 那样真正的宏，又具有 MATLAB 那样明显又熟悉的数学运算符；这门语言可以像 Python 一样用于常规编程，像 R 语言一样容易用于统计领域，像 Perl 一样自然地处理字符串，像 MATLAB 一样拥有强大的线性代数运算能力，像 Shell 一样的'胶水语言'；这门语言既要简单易学，又要能够吸引高级用户；我们希望它是交互的，同时又是可编译的"。

Julia 语言在设计之初就非常看重性能，再加上它的动态类型推导，使得 Julia 语言的计算性能超过了其他的动态语言，甚至能够与静态编译语言媲美。对于大型数值问题，计算速度一直都是一个重要的关注点，在过去的几十年里，需要处理的数据量很容易与摩尔定律保持同步。Julia 语言的发展目标是创建一个前所未有的集易用、强大、高效于一体的语言。

3.1.2 Julia 语言的优势

相比于其他编程语言，Julia 语言具有以下几方面突出的优势。

（1）Julia 语言在语言设计方面具有先进性。

Julia 语言由传统动态语言的专家们设计，在语法上追求与现有语言的近似，在功能上吸取现有语言的优势：Julia 语言从 Lisp 中吸收语法宏，将传统面向对象语言的单分派扩展为多重分派，运行时引入泛型以优化其他动态语言中无法被优化的数据类型等。

（2）Julia 语言兼具建模语言的表现力和开发语言的高性能。

在 Julia 语言中可以很容易地将代码优化到非常高的性能，而不需要涉及"两种语言"工作流问题，即在一门高级语言上进行建模，然后将性能瓶颈转移到一门低级语言上重新实现后进行接口封装。

（3）Julia 语言是最适合构建数字物理系统的语言。

Julia 语言是一种与系统建模和数字孪生技术紧密融合的计算机语言，相比通用编程语言，Julia 语言为功能模型的表示和仿真提供了高级抽象；相比专用商业工具或文件格式，Julia 语言更具开放性和灵活性。

3.1.3　Julia 的安装与运行

Julia 既可以直接安装并运行，也可以在 MWORKS 的科学计算平台 MWORKS.Syslab 中运行。

（1）直接安装并运行。

用户可以从该语言官方中文网站中下载安装包文件。下载完成之后，按照提示单击鼠标即可完成安装。

安装完成后，双击 Julia 三色图标的可执行文件或从命令行中输入 Julia 并回车就可以启动了。如果在当前界面中出现如图 3-1 所示的内容，那么说明用户已经安装成功并可以开始编写程序了。Julia 的初始界面实质上是一个交互式（Read-Eval-Print Loop，REPL）环境，这意味着在这个界面中用户可以与 Julia 运行的系统进行即时交互。

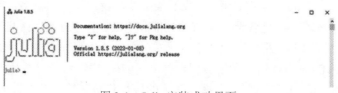

图 3-1　Julia 安装成功界面

（2）在 MWORKS.Syslab 平台运行。

MWORKS.Syslab 平台中同样提供了 Julia 语言环境，在 MWORKS.Syslab 环境下运行 Julia 的示意图如图 3-2 所示。

图 3-2　在 MWORKS.Syslab 环境下运行 Julia 的示意图

3.1.4 Julia REPL 的几种模式

Julia 为用户提供了一个简单又足够强大的编程环境，即一个全功能的 REPL 命令行，其内置于 Julia 可执行文件中。Julia 的 REPL 环境主要有四种可供切换的模式，分别为 Julia 模式、Package 模式、Help 模式和 Shell 模式。

（1）Julia 模式。

Julia 模式是 Julia REPL 环境中最为常见的模式，也是进入 REPL 环境后默认情况下的操作模式。在这种模式下，每个新行都以"julia>"开始，在这里用户可以输入 Julia 表达式。在输入完整的表达式后，按下 Enter 键将计算该条表达式，并显示最后一个表达式的结果。REPL 除显示结果外，还有许多独特的实用功能，例如，将结果绑定到变量 ans 上、每行的尾随分号可以作为一个标志符来抑制显示结果等。

（2）Package 模式。

Package 模式用来管理程序包，可以识别用于加载或更新程序包的专门命令。在 Julia 模式中，紧挨命令提示符"julia>"输入"]"即可进入 Package 模式，此时输入提示符变为"(@)v1.7pkg>"，其中，v1.7 表示 Julia 的特性版本。也可以通过按下 Ctrl+C 组合键或 Backspace 退回至 Julia 模式。在 Package 模式下，用户通过使用"add"就可以安装某个新的程序包，使用"rm"可以移除某个已安装的程序包，使用"update"可以更新某个已安装的程序包，当然用户也可以一次性安装、移除或更新多个程序包。

（3）Help 模式。

Help 模式是 Julia REPL 环境中的另一种操作模式，可以在 Julia 模式下紧挨命令提示符"julia>"输入"？"转换进入，每个新行都以"help?>"开始。在这里，用户可以输入任意功能名称后按下 Enter 键以获取该功能的使用说明、帮助文本及演示案例，如查询类型、变量、函数、方法、类和工具箱等。REPL 环境在搜索并显示完成相关文档后会自动切换回 Julia 模式。

（4）Shell 模式。

Shell 模式可以用来执行系统命令。在 Julia 模式下紧挨命令提示符"julia>"输入英文分号"；"即可进入 Shell 模式，但用户通常很少使用 Shell 模式，感兴趣的用户可以自行查阅资料学习。值得注意的是，对于 Windows 用户，Julia 的 Shell 模式不会公开 Windows Shell 命令，因此不可执行。

3.2 内核层二次开发

3.2.1 内核层二次开发原理与流程

科学计算平台中内置了大量科学计算的算法包，包括线性代数、插值、微积分、傅里叶变换等。在此基础上，MWORKS 提供了科学计算算法扩展功能，支持从底层算法到整体数学的替换和扩充功能。

1. 基本原理

底层科学计算数学库分为两个层次，即底层算法和上层应用，通过上层应用来调用底层算法，从而实现上层应用相应的科学计算功能，如图 3-3 所示。

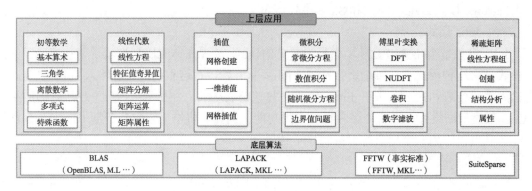

图 3-3　底层科学计算数学库架构

上层应用包括直接对外暴露、用户可直接调用使用的函数集，其大致分类为初等数学、线性代数、插值、微积分、傅里叶变换、稀疏矩阵等板块。

底层算法包括 BLAS、LAPACK 等有关矢量、矩阵乘法、矩阵分解、线性方程组求解等的底层核心算法工具集，作为基础数学工具箱内核，支撑整个基础数学算法。

BLAS 是一个应用程序接口标准，用于规范发布基础线性代数操作的数值库（如矢量或矩阵乘法）。该程序集最初发布于 1979 年，并用于创建更大的数值程序包（如 LAPACK）。在高性能计算领域，BLAS 被广泛使用。例如，LINPACK 的运算结果很大程度上取决于 BLAS 中的子程序 DGEMM 的表现。为提高性能，各软硬件厂商针对其产品对 BLAS 实现进行高度优化。目前已有的 BLAS 库的实现如下。

Netlib BLAS：官方参考实现，程序语言为 Fortran 77。

ACML（AMD Core Math Library）：厂商 AMD 的 BLAS 实现。

ATLAS：BSD 许可证开源的 BLAS 实现。

CUDA SDK：包含了 BLAS 功能，通过 C 语言编程实现在 GeForce 8 系列或更新一代显卡上的运行。

GotoBLAS：德克萨斯高级计算中心后藤和茂开发的 BSD 许可证开源的 BLAS 实现，但已停止了活跃开发，后继者为 OpenBLAS。

OpenBLAS：主要由中国科学院软件研究所并行软件与计算科学实验室开发。

ESSL：IBM 的科学工程数值库 ESSL，支持 AIX 和 Linux 系统下的 PowerPC 架构。

Intel MKL：Intel 核心数学库，支持 Pentium、Intel Core 与 ItaniumCPU 系列，实现平台包括 Linux、Windows 及 OS X。

GSL：GNU 科学数值库（GNU Scientific Library），包含了 GNU 下的多平台 C 语言实现。

RenderScript IntrinsicBLAS：基于 RenderScript 的 Android 移动终端高性能 BLAS 实现。

下面以如何替换平台底层算法中的 BLAS 库为例，介绍底层算法的替换原理和过程。BLAS 的替换过程如图 3-4 所示。

平台提供了 BinaryBuilder 和 libblastrampoline 两个工具。libblastrampoline 是 BLAS、LAPACK 的代理模块，使用 PLT trampolines 提供 BLAS、LAPACK 解复用库，加载时 libblastrampoline 将检查 LBT_DEFAULT_LIBS 环境变量，并尝试将对其进行的 BLAS 调用转发到该库，允许用户在运行时动态地选择调用的后端 BLAS、LAPACK 库。BinaryBuilder 是用于构建二进制包的工具库，提供将 C 语言编译成动态链接库形式，并封装成 JLL 文件，提供自适应操作系统的调用动态链接库接口。

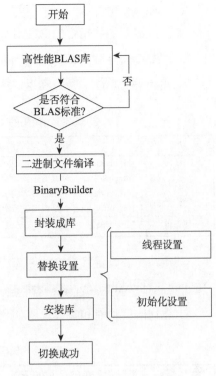

图 3-4　BLAS 的替换过程

（1）首先利用 BinaryBuilder 将符合 BLAS 标准的 BLASTest 库编译成 BLASTest_jll 文件。

（2）撰写第三方 BLASTest.jl 库并依赖 BLASTest_jll 库。

（3）方法核心：在 BLASTest 库-init-()函数中，利用 BLAS.lbt_forward(libname，clear，verbose)函数，进行转发重定向到 BLASTest 库，如果将 clear 设置为 1，它将在设置新映射之前清除所有以前的映射，而如果将 clear 设置为 0，它将仅保留给定 libname 中不存在的符号。其余接口如 lbt_get_config()、lbt_{set,get}_num_threads()用于设置、获取线程等内容。

（4）注意事项：所有 lbt_*函数都应该被认为是线程不安全的。不要尝试同时在两个不同的线程上加载两个 BLAS 库。

构建完成后，通过以下流程进行底层 BLAS 替换。

（1）复制 BLISBLAS.jl 的文件路径 pkgdir。

（2）通过 using Pkg;Pkg.dev("pkgdir")安装库。

（3）using BLISBLAS 后利用 BLAS.get_config 函数查看底层库依赖，如图 3-5 所示。

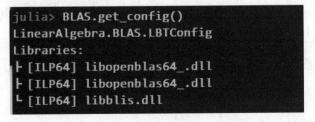

图 3-5　查看底层库依赖

2. 算法注册/设置接口

下面将分别针对 BLAS 接口、LAPACK 接口和 FFTW 接口，介绍算法注册/设置接口的流程。

（1）BLAS 接口。

首先，需要加载指定的 BLAS 库，相关代码如下。

```
LBT_DLLEXPORT int32_t lbt_forward(const char * libname, int32_t clear, int32_t verbose, const char * suffix_hint);
```

上述代码的功能、参数和返回值说明如表 3-1 所示。

表 3-1　代码的功能、参数和返回值说明（BLAS 接口）

功能		加载给定的 libname，在导出列表中查找所有已注册的算法库
参数	[in] libname	BLAS/LAPACK 库名
	[in] clear	是否清除所有已有映射，非 0 为清除，0 为保留
	[in] verbose	是否打印调试信息，非 0 为打印
	[in] suffix_hint	是否用于搜索第一个后缀库中的 BLAS/LAPACK，非 NULL 表示是
返回值	算法库地址	

其次，需要设置底层 BLAS 库中的线程数，相关代码如下。

```
LBT_DLLEXPORT void lbt_set_num_threads(int32_t num_threads);
```

上述代码的功能和参数说明如表 3-2 所示。

表 3-2　代码的功能和参数说明（BLAS 接口）

功能	设置底层 BLAS 库中的线程数。如果出现多个库被加载，将它们全部设置为相同的值
参数	[in] num_threads　线程数

可以通过以下代码获取底层 BLAS 库中的线程数。

```
LBT_DLLEXPORT int32_t lbt_get_num_threads();
```

上述代码的功能和返回值说明如表 3-3 所示。

表 3-3　代码的功能和返回值说明（BLAS 接口）

功能	返回底层 BLAS 库配置的线程数。在这种情况下加载多个库，返回所有返回值的最大值
返回值	线程数

（2）LAPACK 接口。

对于 LAPACK 接口，首先同样需要加载指定的 LAPACK 库，相关代码如下。

```
LBT_DLLEXPORT int32_t lbt_forward(const char * libname, int32_t clear, int32_t verbose, const char * suffix_hint);
```

上述代码的功能、参数和返回值说明如表 3-4 所示。

表 3-4　代码的功能、参数和返回值说明（LAPACK 接口）

功能		加载给定的 libname，在导出列表中查找所有已注册的算法库
参数	[in] libname	LAPACK 库名
	[in] clear	是否清除所有已有映射，非 0 为清除，0 为保留
	[in] verbose	是否打印调试信息，非 0 为打印
	[in] suffix_hint	是否用于搜索第一个后缀库中的 BLAS/LAPACK，非 NULL 表示是
返回值	算法库地址	

（3）FFTW 接口。

首先，需要设置 FFTW 库来源，相关代码如下。

```
FFTW.set_provider!(provider;export_prefs::Bool=false)
```

上述代码的功能、参数说明如表 3-5 所示。

表 3-5 代码的功能、参数说明（FFTW 接口）

功能	用于设置 FFTW 库来源的外部函数接口。首选项从加载路径上的 Project.toml 和 LocalPreferences.toml 文件加载		
参数	[in] provider String	算法库名称	
	[in] export_prefs Bool export_prefs	选项决定是否设置的首选项应存储在 LocalPreferences.toml 或 Project.toml	

设置完成后可以调用 get_provider 查看算法库名称，相关代码如下。

```
FFTW.get_provider()
```

上述代码的功能和参数说明如表 3-6 所示。

表 3-6 代码的功能和参数说明（FFTW 接口）

功能	获取 LocalPreferences.toml 或 Project.toml 中存储的算法库名称
参数	[out] provider String　　　算法库名称

3.2.2 内核层二次开发案例

MWORKS 的科学计算平台 MWORKS.Syslab 是基于 Julia 语言开发的高性能科学计算软件，其中默认的线性代数库底层算法程序为 OpenBLAS@0.3.13。由于该版本与老版本 OpenBLAS 在对矩阵求广义特征值时存在符号正负性差异，为了兼容老版本的工程代码，选择利用 0.3.21 版本 OpenBLAS 进行替换。因此，下面将以 OpenBLAS@0.3.21 库为例，展示如何替换原有的 BLAS、LAPACK 库。此外，FFTW 库的替换可参看 MWORKS 帮助文档相关内容。

替换步骤主要包括编译 OpenBLAS 库和替换 BLAS/LAPACK 库两步，如图 3-6 所示。下面将对整个替换过程进行详细介绍。

1. 编译 OpenBLAS 库

为了编译 OpenBLAS 库并获取所需的动态库，需先进行环境搭建。

（1）下载并安装 MSYS。

Minimal GNU（POSIX）system on Windows 是 MinGW 提供的一个小型的 GNU 环境，包括基本的 bash、make 等，与 Cygwin 大致相当。简单说，MSYS 就相当于一个在 Windows 下运行的 Linux bash shell 环境，支持绝大部分 Linux 常用命令。而 MSYS2 是一个独立项目，它重写了 MSYS，其安装更简单，

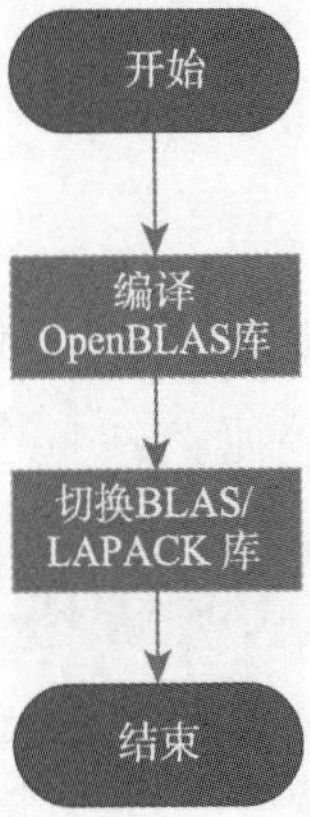

图 3-6 科学计算算法替换流程

使用更方便，还提供 pacman 工具进行软件包的安装管理（就像 ubuntu 的 apt-get、centos 的 yum）。下载 MSYS 如图 3-7 所示。

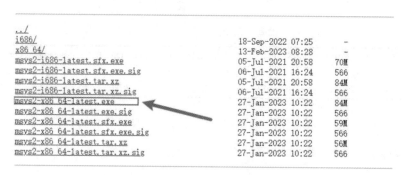

图 3-7　下载 MSYS

选择 msys2-x86 64-latest.exe 进行安装。安装完成后，单击如图 3-8 所示的图标进行后续操作。

图 3-8　运行 MSYS2

（2）安装 MinGW gcc 编译器。

输入命令安装 MinGW gcc 编译器，相关命令如下。

```
pacman -S mingw-w64-x86_64-gcc    //64 位
pacman -S mingw-w64-i686-gcc    // 32 位
```

（3）安装 fortran 编译器。

安装后，才可编译 LAPACK。安装命令如下。

```
pacman -S mingw-w64-x86_64-gcc-fortran
```

（4）安装 perl。

安装命令如下。

```
pacman -S --noconfirm perl
```

（5）安装 MSYS2 的 make。

安装命令如下。

```
pacman -S make
```

（6）下载 OpenBLAS 源码。

由于 MWORKS.Syslab 使用的 Julia 默认计算整数字长为 64 位，因此要求 BLAS 库编译成 64 位，即 ILP64。这里选用最新发布的 OpenBLAS 作为替换目标。

下载并解压后的文件目录如图 3-9 所示。

图 3-9　下载并解压后的文件目录

（7）编译 OpenBLAS。

运行 MSYS2 MinGW64/32（根据系统选择），解压下载好的 OpenBLAS 源码，并利用 cd 命令切换至目标文件夹路径。

```
cd path_to_OpenBLAS
```

在通常情况下，我们只需输入 make 即可开始编译，但我们需要得到 ILP64 的 BLAS 库，所以针对 OpenBLAS 需要利用以下方法进行编译。

```
make BINARY=64 INTERFACE64=1
```

编译结束后可在当前文件夹下找到 libopenblas.dll 文件，如图 3-10 所示。

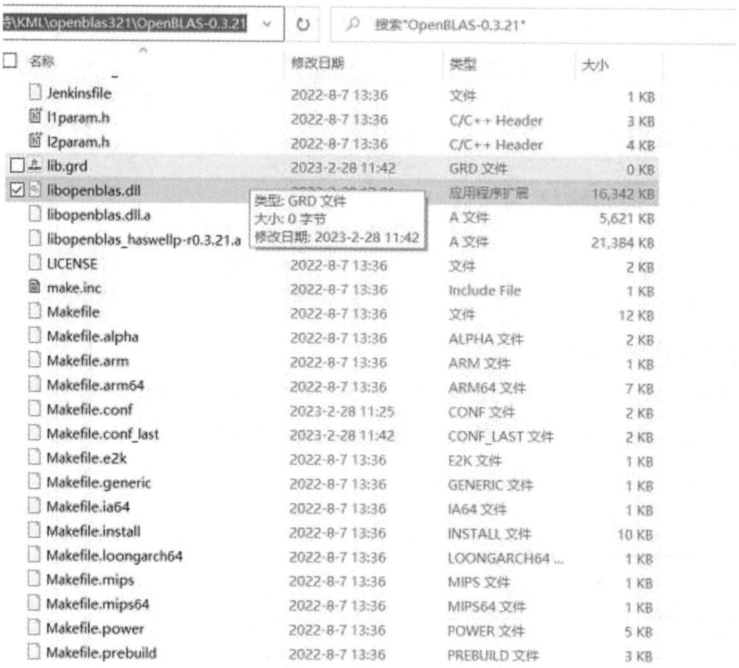

图 3-10　编译结束后的文件夹

2. 替换 BLAS、LAPACK 库

下面介绍如何切换和查看 BLAS、LAPACK 库。

（1）替换算法库。

打开 MWORKS.Syslab 后，在 REPL 中利用 BLAS.lbt_forward 函数对目标动态链接库进行替换，输入以下代码。其中，verbose = true 表示打印替换信息，clear = true 表示清除其他 BLAS、LAPACK 库。

```
newblaspath = "path_to_newblasdll"
BLAS.lbt_forward(newblaspath,clear = true,verbose = true)
#=
Generating forwards to D:/KML/openblas321/OpenBLAS-0.3.21/libopenblas.dll
  -> Autodetected symbol suffix ""
  -> Autodetected interface ILP64 (64-bit)
  -> Autodetected gfortran calling convention
Processed 4945 symbols; forwarded 4860 symbols with 64-bit interface and mangling to a suffix of ""
4860
=#
```

（2）查看当前算法库。

打开 MWORKS.Syslab 后，在 REPL 中输入以下代码查看当前作用的底层算法库。

```
using TyMath
BLAS.get_config()
#=
julia> BLAS.get_config()
```

```
LinearAlgebra.BLAS.LBTConfig
Libraries:
└ [ILP64] libopenblas64_.dll
=#
```

（3）对比结果。

下面以一个魔方矩阵特征值和特征向量的计算为例，对比 OpenBLAS 替换前后的结果，如图 3-11 所示。从图中可以看出，广义特征向量第三和第四列存在正负性差异。

```
julia> eigen(magic(5),pascal(5),sortby = nothing)
GeneralizedEigen{Float64, Float64, Matrix{Float64}, Vector{Float64}}
values:
5-element Vector{Float64}:
 -323.6407378760611
  129.89413010479717
   21.109941610512625
    2.215426198974705
   -2.5787600382556555
vectors:
5x5 Matrix{Float64}:
 -0.427104    0.0862664    0.442537   -0.00143681    0.018349
  0.973397    0.500955     0.254515   -0.0829931    -0.157722
 -1.0        -1.0          0.480119   -1.0          -1.0
  0.495749    0.712711    -1.0         0.0668095     0.532233
 -0.0964838  -0.18076      0.388144    0.0177809     0.101327
```

(a) OpenBLAS@0.3.13 计算结果

```
julia> eigen(magic(5),pascal(5),sortby = nothing)
GeneralizedEigen{Float64, Float64, Matrix{Float64}, Vector{Float64}}
values:
5-element Vector{Float64}:
 -323.6407378760292
  129.89413010479794
   21.109941610512504
    2.2154261989747015
   -2.578760038255657
vectors:
5x5 Matrix{Float64}:
 -0.427104    0.0862664   -0.442537    0.00143681    0.018349
  0.973397    0.500955    -0.254515    0.0829931    -0.157722
 -1.0        -1.0         -0.480119    1.0          -1.0
  0.495749    0.712711     1.0        -0.0668095     0.532233
 -0.0964838  -0.18076     -0.388144   -0.0177809     0.101327
```

(b) OpenBLAS@0.3.21 计算结果

图 3-11　替换前后的结果对比

3.3　应用层二次开发

在科学计算环境中，应用层的函数库由一系列函数组成，这些函数是科学计算环境的主要元素。科学计算环境提供了数学、图形、图像、符号数学、曲线拟合、信号处理、通信、DSP 系统、控制系统、优化、统计等多维度的内置函数库。如果内置函数库未提供合适的函数，科学计算环境允许用户开发新的函数并以函数库的方式集成到科学计算环境中，从而扩展科学计算环境功能。我们习惯将 Julia 包称为 Julia 函数库（Julia 库）。函数库是一个提供可重用功能的项目，其他项目可以通过 import X 或 using X 来使用它。一个函数库是包含一个具有通用唯一识别码（Universally Unique Identifier，UUID）条目的项目，此 UUID 用于在依赖它的项目中标识该函数库。

MWORKS 科学计算环境中应用层的二次开发即是基于 MWORKS 中定义的函数库开发规范，以规范的方式开发科学计算平台资源，提供资源管理接口，支持函数库的开发、装载、驱动和卸载。

MWORKS 中函数库的开发主要采用 Julia 语言，提供了基础函数库和专业函数库，这些函数库都使用 Julia 语言开发；同时，为方便集成由其他语言开发的现有函数库，MWORKS 也支持集成 C/C++和 Python 等外部语言，还可以扩展到其他更多外部语言。此外，为了兼顾广泛的 Python 用户群体，MWORKS.Syslab 函数库可以被 Python 语言无缝调用。

3.3.1 节介绍应用层函数库开发流程，3.3.2 节简要介绍函数库开发规范，3.3.3 节介绍应用层函数库开发案例。

3.3.1　应用层函数库开发流程

该部分规范主要用于指导用户快速开发一个 Julia 库。

1. 基于 Julia 的函数库开发流程

基于 Julia 的函数库开发流程主要包括新建函数库、组织库的目录结构、定义库的外部接口、设置库的依赖、进行库的单元测试、编写库的测例等。具体说明如下。

1）新建函数库

打开 MWORKS.Syslab，将左侧面板切换到"包管理器"，单击开发库面板上的"新建包"按钮，打开新建包的配置界面，如图 3-12 所示。

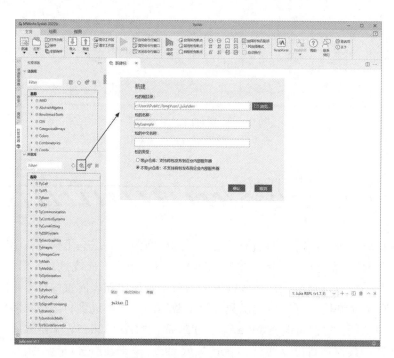

图 3-12　新建包的配置界面

新建包配置完成后，单击"确认"按钮，将自动生成并安装，此时在左侧开发库面板中可以看到新建的"MyExample"。选中并右键单击菜单栏中的"在新窗口中打开"，将打开其源码，如图 3-13 和图 3-14 所示。

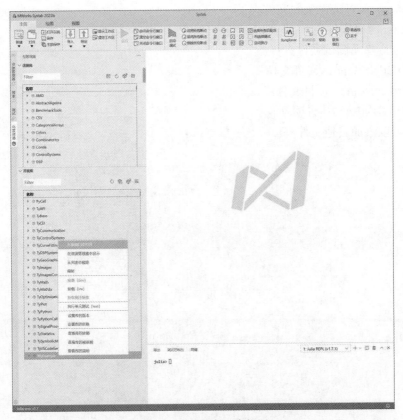

图 3-13　在新窗口中打开

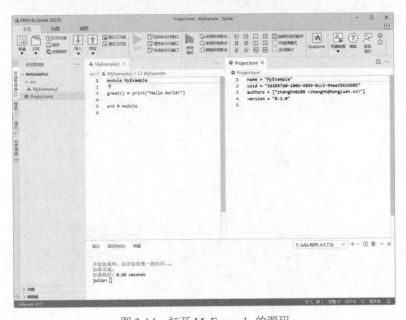

图 3-14　打开 MyExample 的源码

2）组织库的目录结构

一个标准的库（如 Revise），其目录结构如图 3-15 所示。

（1） docs：帮助文档文件夹；

（2） images：可选，资源文件夹；

（3） src：源码文件夹；

（4） test：单元测试文件夹；

（5） LICENSE.md：许可文件；

（6） Project.toml：项目文件；

（7） README.md：说明文件。

用户还可以添加其他文件夹。

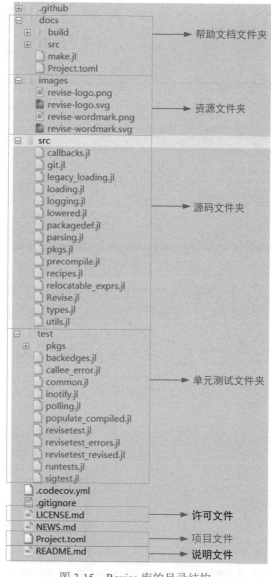

图 3-15　Revise 库的目录结构

3）定义库的外部接口

（1）导出列表。

函数、类型、全局变量和常量等可以通过 export 添加到模块的导出列表。通常，导出列表位于或靠近模块定义的顶部，以便用户可以轻松找到它们。

典型 Julia 库的做法如图 3-16 所示。

```
1   if isdefined(Base, :Experimental) && isdefined(Base.Experimental, Symbol("@optlevel"))
2       @eval Base.Experimental.@optlevel 1
3   end
4
5   using FileWatching, REPL, Distributed, UUIDs
6   import LibGit2
7   using Base: PkgId
8   using Base.Meta: isexpr
9   using Core: CodeInfo
10
11  export revise, includet, entr, MethodSummary
```

图 3-16 Revise 库的导出列表

例如，MyExample 库的导出列表，代码如下。

```
module MyExample
export greet
greet() = print("Hello World!")
…
end # module
```

（2）函数定义。

Julia 库中最常用的就是函数，函数定义由两部分组成：一是函数注释，包括函数原型和函数功能说明；二是函数算法实现。

典型 Julia 库的做法，如图 3-17 所示。

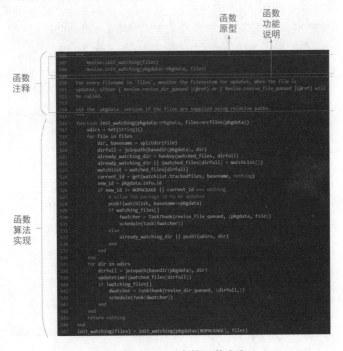

图 3-17 Revise 库的函数定义

例如，为 MyExample 库添加"domath"和"pythagoras"函数，代码如下。

```
module MyExample
export greet, domath, pythagoras
greet() = print("Hello World!")
"""
    domath(x::Number)
Return 'x + 5'.
"""
domath(x::Number) = x + 5
include("math.jl")
end # module
```

其中，MyExample/src/math.jl 中的函数定义如下。

```
"""
    pythagoras(a,b)
勾股定理，英文名为 Pythagoras，也称毕达哥拉斯定理。
在平面上的一个直角三角形中，两个直角边边长的平方加起来等于斜边长的平方。
如果设直角三角形的两条直角边边长分别是'a'和'b'，斜边长度是'c'，那么数学公式为：
"{\\rm{c = }}\\sqrt {{a^2} + {b^2}}"
返回斜边长'c'
"""
function pythagoras(a, b)
    c = sqrt(a^2 + b^2)
end
```

函数帮助主要有两种形式：一是函数简要说明，可以从函数定义中自动提取；二是完整详细的帮助手册，需要用户手工编写并集成到 MWORKS.Syslab 帮助手册中。其中，查看函数简要说明也有两种方法：一是通过开发库面板提供的右键菜单查看；二是通过在 REPL 中输入"?函数名"来查看，如图 3-18 所示。

图 3-18　查看函数简要说明

4）设置库的依赖

（1）库的项目文件。

一个库往往需要依赖其他函数库，因此该库的项目文件 Project.toml 记录了其所有依赖信息，如图 3-19 所示。

图 3-19　依赖库及其版本兼容要求

库的项目文件 Project.toml，内容解释如下。

① name：库的名称；

② uuid：库的唯一标识；

③ authors：库的作者，书写规则为"[NAME <EMAIL>, NAME <EMAIL>]"；

④ version：库的版本。必须遵守 SemVer 语义化版本，即破坏性更新为主版本 major release，新特性为小版本 minor release，bug 修复为补丁版本 patch release；

⑤ [deps]：该库依赖的其他函数库，书写规则为"name = uuid"；

⑥ [compat]：该库对依赖库的版本兼容要求。关于 compat 字段的规则，典型的写法如下。

```
[compat]
# 指 D 的所有 0.1.* 和 0.2.* 的版本都兼容
D = "0.1, 0.2"
```

⑦ [extras]：单元测试规定的依赖库，与"[targets]"一起使用；

⑧ [targets]：单元测试规定的依赖库。

（2）添加库的依赖。

目前提供两种方法来设置库的依赖。

① 方法 1：按照前文介绍，手工修改项目文件 Project.toml，参见图 3-19。

② 方法 2：MWORKS.Syslab 提供了"包管理器"，通过界面操作即可完成库的依赖设置。

首先，单击 MWORKS.Syslab 左侧边栏的"包管理器"，在开发库中选中"MyExample"，右键单击菜单栏的"设置库的依赖"，如图 3-20 所示。

需要注意的是，如果开发库面板显示为空，可以单击图 3-20 中的"刷新"。

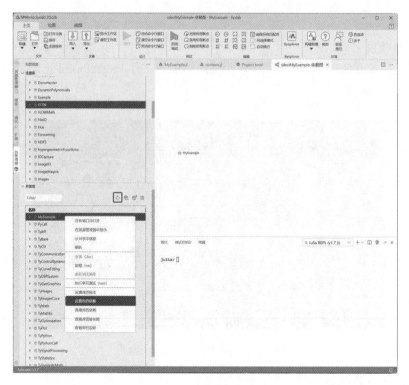

图 3-20　设置库的依赖

接着，将自动弹出选择对话框，此时可以选择需要依赖的库，如 FFTW，如图 3-21 所示。

图 3-21　选择依赖的库

上述操作完成后，系统将弹出消息框"添加包的依赖成功！"。

（3）移除库的依赖。

目前有两种方法来移除库的依赖。

① 方法1：按照前文介绍，手工修改项目文件Project.toml，参见图3-19。

② 方法2：MWORKS.Syslab提供了"包管理器"，通过界面操作即可完成库的依赖设置。

首先，单击MWORKS.Syslab左侧边栏的"包管理器"，在开发库中选中"MyExample"，右键单击菜单栏的"查看库的依赖"，如图3-22所示。

图3-22 查看库的依赖

接着，在"MyExample-依赖图"视图中选择FFTW节点，右键单击菜单栏的"移除依赖"，如图3-23所示。

上述操作完成后，系统将弹出消息框"移除包的依赖成功！"。

5）进行库的单元测试

下面将从单元测试和常用工具两方面介绍。

（1）单元测试。

对于绝大多数代码来说，测试是保障代码质量和可靠性的最有力的工具。下面以单元测试为主介绍测试的基本内容和手段。

Julia的测试代码存放在"<包根目录>/test"文件夹内并通过"pkg>test"调用"test/runtests.jl"文件。该文件可以理解为Julia单元测试的main文件。

@test：检查表达式的结果是否为true，如果为true则测试通过。@test的运行结果如图3-24所示。

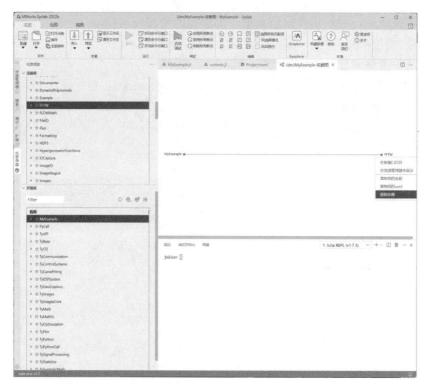

图 3-23　移除依赖

```
julia> using Test

julia> @test 1 + 1 == 2
Test Passed
  Expression: 1 + 1 == 2
   Evaluated: 2 == 2

julia> @test ones(2, 2) == [1 1; 1 1]
Test Passed
  Expression: ones(2, 2) == [1 1; 1 1]
   Evaluated: [1.0 1.0; 1.0 1.0] == [1 1; 1 1]
```

图 3-24　@test 的运行结果

```
using Test
@test 1 + 1 == 2
@test ones(2, 2) == [1 1; 1 1]
```

@testset：用于将各个测试组织在一起，例如：

```
@testset "math" begin
    @test 1 + 1 == 2
    @test 1 - 1 == 0
    @test 1 / 0 == 1
end
```

　　@testset 的运行结果如图 3-25 所示。其中，不通过的测试会被标记为"Fail"，出现这种情况要么是测试代码没写对，要么是对应的功能存在 bug。

```
math: Test Failed at REPL[9]:4
  Expression: 1 / 0 == 1
   Evaluated: Inf == 1
Stacktrace:
 [1] macro expansion
   @ C:\Program Files\MWorks.Syslab 2022\Tools\julia-1.7.3\share\julia\stdlib\v1.7\Test\src\Test.jl:445 [inlined]
 [2] macro expansion
   @ REPL[9]:4 [inlined]
 [3] macro expansion
   @ C:\Program Files\MWorks.Syslab 2022\Tools\julia-1.7.3\share\julia\stdlib\v1.7\Test\src\Test.jl:1283 [inlined]
 [4] top-level scope
   @ REPL[9]:2
Test Summary: | Pass  Fail  Total
math          |    2     1      3
ERROR: Some tests did not pass: 2 passed, 1 failed, 0 errored, 0 broken.
```

图 3-25 @testset 的运行结果

（2）常用工具。

Julia 下常用的测试工具包括以下几种。

① Test：Julia 标准库；

② ReferenceTests：将结果与参考文件绑定，进行交叉对比测试，常用于图片的测试；

③ Suppressor：用于抑制或捕获 stdout/stderr 的输出结果，常与 Test 联合使用；

④ Random.seed!：用于重置随机数种子，常用于某些不定的情况。

常用测试命令包括以下几种。

① @test_throws：用于测试函数的报错行为。如果希望测试一个函数能否按照预期的方式报错，则需要借助@test_throws 进行。例如：

```
julia> rand(1, 1) * rand(3, 1)
ERROR: DimensionMismatch: A has dimensions (1,1) but B has dimensions (3,1)
```

可以通过下列代码进行测试。

```
msg = "A has dimensions (1,1) but B has dimensions (3,1)"
@test_throws DimensionMismatch(msg) rand(1, 1) * rand(3, 1)
```

对应的测试结果如图 3-26 所示。

```
julia> rand(1, 1) * rand(3, 1)
ERROR: DimensionMismatch("A has dimensions (1,1) but B has dimensions (3,1)")
Stacktrace:
 [1] gemm_wrapper!(C::Matrix{Float64}, tA::Char, tB::Char, A::Matrix{Float64}, B::Matrix{Float64
}, _add::LinearAlgebra.MulAddMul{true, true, Bool, Bool})
   @ LinearAlgebra C:\Program Files\MWorks.Syslab 2022\Tools\julia-1.7.3\share\julia\stdlib\v1.7
\LinearAlgebra\src\matmul.jl:643
 [2] mul!
   @ C:\Program Files\MWorks.Syslab 2022\Tools\julia-1.7.3\share\julia\stdlib\v1.7\LinearAlgebra
\src\matmul.jl:169 [inlined]
 [3] mul!
   @ C:\Program Files\MWorks.Syslab 2022\Tools\julia-1.7.3\share\julia\stdlib\v1.7\LinearAlgebra
\src\matmul.jl:275 [inlined]
 [4] *(A::Matrix{Float64}, B::Matrix{Float64})
   @ LinearAlgebra C:\Program Files\MWorks.Syslab 2022\Tools\julia-1.7.3\share\julia\stdlib\v1.7
\LinearAlgebra\src\matmul.jl:160
 [5] top-level scope
   @ REPL[5]:1

julia> @test_throws DimensionMismatch(msg) rand(1, 1) * rand(3, 1)
Test Passed
  Expression: rand(1, 1) * rand(3, 1)
      Thrown: DimensionMismatch
```

图 3-26 @test_throws 的测试结果

② @test_warn：测试 warn 日志信息。@test_warn 可以理解为@test_logs 针对 warn 的特殊版本，代码如下所示。

```
function f()
    @warn "don't do this"
    return 40
end
```

对应的测试结果如下。

```
julia> @test 40 == @test_warn "don't do this" f()
Test Passed
```

③ @capture_out：用于捕获 stdout 输出。例如，下面的示例无法直接用@test 进行测试，因为 print 返回的是 nothing。

```
julia> print("hello world")
hello world
```

此时，可以通过 Suppressor 来进行 I/O 的捕捉，从而达到测试的目的，示例代码如下。

```
julia> using Suppressor
julia> using Test
julia> msg = @capture_out print("hello world")
"hello world"
julia> @test msg == "hello world"
Test Passed
```

④ @capture_err：用于捕获 stderr 输出。日志行为属于 stderr 输出，因此，也可以通过 Suppressor 进行捕获。

```
julia> using Suppressor
julia> using Test
julia> msg = @capture_err @info "some information"
julia> @test occursin("some information", msg)
```

@capture_err 捕获 stderr 输出如图 3-27 所示。

```
julia> using Suppressor

julia> using Test

julia> msg = @capture_err @info "some information"
"[ Info: some information\n"

julia> @test occursin("some information", msg)
Test Passed
  Expression: occursin("some information", msg)
   Evaluated: occursin("some information", "[ Info: some information\n")
```

图 3-27 @capture_err 捕获 stderr 输出

⑤ @test_broken：标记本应该通过的测试。在测试驱动的开发模式（Test Driven Development，TDD）下，有些功能暂时还没开发完成，从而导致一些测试无法通过。例如：

```
my_sum(A) = error("待实现")
```

此时，可通过@test_broken 宏可以将其标记为已知的损坏测例。

```
julia> @test_broken my_sum([1, 3]) == 4
Test Broken
  Expression: my_sum([1, 3]) == 4
```

与@test 最大的区别在于，@test_broken 不会影响单元测试的最终结果。@test_broken 标记的测例在 CI/CD 中依然会显示为绿色（通过）而非红色（不通过）。类似的还有@test_skip，它会直接跳过执行，但留下一个 broken 记录。

⑥ @inferred：测试类型不稳定。例如，下面这种类型不稳定的代码在 Julia 下会得到很糟糕的速度。

```
rand_v1() = rand() > 0.5 ? 1 : 0.0 # bad：类型不稳定
rand_v2() = rand() > 0.5 ? 1.0 : 0.0 # good
```

为此，可以使用@inferred 来测试类型是否稳定，如图 3-28 所示。

```
julia> rand_v1() = rand() > 0.5 ? 1 : 0.0 # bad
rand_v1 (generic function with 1 method)

julia> rand_v2() = rand() > 0.5 ? 1.0 : 0.0 # good
rand_v2 (generic function with 1 method)

julia> @inferred rand_v1()
ERROR: return type Float64 does not match inferred return type Union{Float64, Int64}
Stacktrace:
 [1] error(s::String)
   @ Base .\error.jl:33
 [2] top-level scope
   @ REPL[20]:1

julia> @inferred rand_v2()
0.0
```

图 3-28　@inferred 测试类型是否稳定

此外，在日常开发过程中，也可以通过@code_warntype 来测试类型是否稳定，如图 3-29 所示。

```
julia> @code_warntype rand_v1()
  from rand_v1() in Main at REPL[18]:1
Arguments
  #self#::Core.Const(rand_v1)
Body::Union{Float64, Int64}
1 ─ %1 = Main.rand()::Float64
│   %2 = (%1 > 0.5)::Bool
└──      goto #3 if not %2
2 ─      return 1
3 ─      return 0.0


julia> @code_warntype rand_v2()
MethodInstance for rand_v2()
  from rand_v2() in Main at REPL[19]:1
Arguments
  #self#::Core.Const(rand_v2)
Body::Float64
1 ─ %1 = Main.rand()::Float64
│   %2 = (%1 > 0.5)::Bool
└──      goto #3 if not %2
2 ─      return 1.0
3 ─      return 0.0
```

图 3-29　@code_warntype 测试类型是否稳定

⑦ Random.seed!：固定随机数种子。如果一个函数内部有 rand 等随机行为，那么每次的结果可能会不一样。这时可以选择两种方案：一种是测试基本属性（而非具体数值），如尺寸、值域范围、数值分布等；另一种是使用随机数种子进行固定，示例如下。

```
using Random
Random.seed!(0)
@test sum(rand(4, 4)) == 8.444269386259387
```

6）编写库的测例

单元测试主要用于自动化回归测试，并不适合用户学习、使用和演示。为了解决这个问题，可以在包根目录下新增一个 examples 文件夹，用于存放一些使用示例。例如，TiffImages 库里面的示例都是可以运行体验的。当然，Julia 库不带 examples 也是允许的。TiffImages 库的示例集如图 3-30 所示。

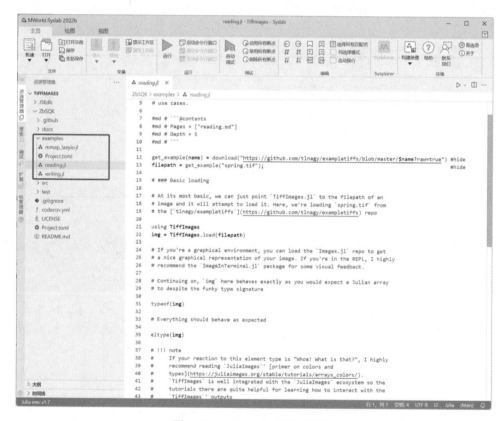

图 3-30　TiffImages 库的示例集

2. 基于 Julia 调用外部语言开发函数库

在 MWORKS.Syslab 中，可以基于 Julia 调用 Python 或 C/C++等外部语言开发函数库。

（1）Julia 调用 Python。

Julia 调用 Python 主要利用 PyCall 组件，PyCall 是 Julia 调用 Python 的组件，这个组件提供了直接调用Julia中的Python并与Python完全互操作的能力，可以从Julia导入任意的Python

模块，调用 Python 函数（在 Julia 和 Python 之间自动转换类型），从 Julia 方法定义 Python 类，并在 Julia 和 Python 之间共享大型数据结构。

（2）Julia 调用 C/C++。

Julia 调用 C/C++主要利用 ccall 组件，ccall 是 Julia 内核提供的调用 C/C++的模块。ccall 函数定义如下。

```
ccall((function_name, library), returntype, (argtype1, ...), argvalue1, ...)
ccall(function_name, returntype, (argtype1, ...), argvalue1, ...)
ccall(function_pointer, returntype, (argtype1, ...), argvalue1, ...)
```

还可以使用@ccall 来调用 C/C++，更加简洁清晰。

```
@ccall library.function_name(argvalue1::argtype1, ...)::returntype
@ccall function_name(argvalue1::argtype1, ...)::returntype
@ccall $function_pointer(argvalue1::argtype1, ...)::returntype
```

目前，基本的 C/C++值类型都可以转换为 Julia 类型，以 C 为前缀，如表 3-7 所示。

表 3-7　Julia 与 C/C++的转换

C 类型	标准 Julia 别名	Julia 基本类型
unsigned char	Cuchar	UInt8
bool (_Bool in C99+)	Cuchar	UInt8
short	Cshort	Int16
unsigned short	Cushort	UInt16
int, BOOL (C, typical)	Cint	Int32
unsigned int	Cuint	UInt32
long long	Clonglong	Int64
unsigned long long	Culonglong	UInt64
intmax_t	Cintmax_t	Int64
uintmax_t	Cuintmax_t	UInt64
float	Cfloat	Float32
double	Cdouble	Float64
complex float	ComplexF32	Complex{Float32}
complex double	ComplexF64	Complex{Float64}
ptrdiff_t	Cptrdiff_t	Int
ssize_t	Cssize_t	Int
size_t	Csize_t	UInt
void		Cvoid
void and [[noreturn]] or _Noreturn		Union{}
void*		Ptr{Cvoid} (或 Ref{Cvoid})
T* (where T represents an appropriately defined type)		Ref{T} （只有当 T 是 isbits 类型时，T 才可以安全地转变）
char* (or char[], e.g. a string)		Cstring if NUL-terminated, or Ptr{UInt8} if not
char** (or *char[])		Ptr{Ptr{UInt8}}
jl_value_t* (any Julia Type)		Any
jl_value_t* const* (一个 Julia 值的引用)		Ref{Any}（常量，因为转变需要写屏障，不可能正确插入）
va_arg		Not supported
... (variadic function specification)		T...（T 是上述类型之一，当使用 ccall 函数时）
... (variadic function specification)		; va_arg1::T、va_arg2::S 等（仅支持@ccall 宏）

（3）其他注意事项。

① 不推荐在函数库中提交 Manifest.toml 文件。Manifest.toml 文件是将整个项目的依赖完全锁定在一个具体版本，从而可以通过 pkg>instantiate 得到一个指定的运行版本。对于函数库的开发来说，开发者在 Project.toml 中记录了足够完整的 compat 字段后，就不再需要提供 Manifest.toml 文件了。

② 禁止使用不带限制的@reexport 命令。Reexport.jl 提供了一个非常方便的宏命令@reexport 用于将其他 Julia 库导出的名字再次导出。但是，在使用时需要注意禁止使用不带限制的@reexport using SomePkg；推荐使用限定符号的@reexport using SomePkg: sym1。

3.3.2 函数库开发规范

函数库开发规范用于规范使用 Julia 开发函数库，确保函数库的高质量和可扩展性，并方便其在 MWORKS.Syslab 环境中进行集成和管理。同时，为了保证 Julia 库的可维护性，开发函数库需要遵守 Julia 编码规范。主要涉及目录结构规范、函数定义规范、工程管理规范、单元测试规范。

（1）目录结构规范：用于规范一个标准的库应该包含的目录结构，如应该包含帮助文档文件夹、资源文件夹、源码文件夹、项目文件等内容。

（2）函数定义规范：用于规范导出列表定义、函数定义、函数、类型、全局变量和常量等，可以通过 export 添加到模块的导出列表，函数定义需要给出函数声明、函数说明等。

（3）工程管理规范：用于规范函数库中的工程文件应该包含的信息，每个函数库包含一个项目文件 Project.toml，用于对函数库进行工程管理，其中包括函数的信息、函数库的依赖信息等。

（4）单元测试规范：用于规范函数单元测例的编写，推荐使用的测试工具。

详细开发规范请扫描封底二维码获取。

3.3.3 应用层函数库开发案例

以下示例将演示如何基于外部语言开发一个简单的 Julia 函数库 MyJuliaPkg，它调用了 Python 函数库 math 和 numpy，同时调用了 C++函数库 ArrayMaker.dll 的 GetSum 函数。相关代码详见 ExternApi。

假定已有一个用 C++开发的函数库 ArrayMaker.dll，该函数库里面有一个求和函数，声明如下。

```
//求和
extern "C" __declspec(dllexport) double GetSum(double x, double y);
```

Julia 函数库 MyJuliaPkg 的文件结构如图 3-31 所示。

MyJuliaPkg.jl 表示函数库入口文件；julia_call_python.jl 提供了一个绘制正弦曲线的函数，调用了 Python 的 math 库和 numpy 库；julia_call_cpp.jl 调用了 ArrayMaker.dll 的求和函数 GetSum；test.jl 表示测试代码文件；Project.toml 表示 Julia 项目文件。

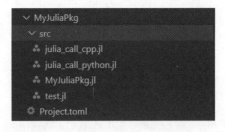

图 3-31　MyJuliaPkg 的文件结构

（1）函数库入口文件。

MyJuliaPkg.jl 为函数库入口文件，详细内容如下。

```
module MyJuliaPkg
include("julia_call_python.jl")
include("julia_call_cpp.jl")
end # module
```

（2）Julia 调用 Python 示例。

julia_call_python.jl 主要调用 Python 的 math 库和 numpy 库，详细内容如下。

```
using PyCall
using TyPlot
function sin_plot()
    # case 1
    math = pyimport("math")
    v = math.sin(pi / 2)
    println("v = $v")# v = 1.0
    # case 2
    # @pyimport numpy as np
    np = pyimport("numpy")
    x = np.linspace(0, 2π, 1000)
    y = np.sin(x)
    plot(x, y)
end
```

（3）Julia 调用动态库示例。

julia_call_cpp.jl 主要调用了 ArrayMaker.dll 的求和函数 GetSum，详细内容如下。

```
using Libdl
function GetSum()
    # 加载库
    lib_path = "C:/Users/Public/TongYuan/.julia/cpp/ArrayMaker.dll"
    lib = Libdl.dlopen(lib_path)
    # 获取调用函数的符号
    GetSum = Libdl.dlsym(lib, :GetSum)
    # 调用函数
    c = @ccall $GetSum(2::Cdouble, 3::Cdouble)::Cdouble
    println(c)
    # 关闭 dll
```

```
        Libdl.dlclose(lib)
end
```

（4）测试示例。

test.jl 为测试代码文件，详细内容如下。

```
include("julia_call_python.jl")
include("julia_call_cpp.jl")
# 先调用 Python/numpy 计算插值点，再调用 Julia 图形库绘制正弦曲线
sin_plot()
# 调用 C++函数库的求和函数(ArrayMaker.dll， GetSum)
GetSum()
```

（5）Julia 项目文件示例。

Project.toml 为 Julia 项目文件，详细内容如下。

```
name = "MyJuliaPkg"
uuid = "8e2b15ea-4923-405f-b30f-05690db47a5f"
authors = ["zhangxincheng <zhangxincheng03@163.com>"]
version = "0.1.0"
```

本 章 小 结

本章重点介绍了 MWORKS 中面向科学计算的二次开发。首先从 Julia 语言概述、优势、安装与运行、Julia REPL 的四种模式等方面对 MWORKS 中科学计算环境 MWORKS.Syslab 所采用的高性能科学计算语言 Julia 进行了简介。然后，从原理、流程、案例等方面，分别对面向科学计算的内核层二次开发和应用层二次开发进行了系统介绍。通过本章的学习，读者可以掌握 MWORKS 中面向科学计算的二次开发规范与流程，具备独立进行二次开发等能力。

习　题　3

1. 简述 Julia 与其他两种主流科学计算语言 Matlab 和 Python 相比的特点与优势。
2. 简述内核层二次开发规范与流程。
3. 简述应用层二次开发规范与流程。
4. 基于 Julia 语言开发一个用于注册和登录验证的函数库。

第4章
面向系统建模的二次开发

MWORKS.Sysplorer 是 MWORKS 的系统建模仿真环境，完全支持多领域统一建模规范 Modelica，支持层次化、对象化的建模方式，支持物理建模、框图建模和状态机建模等多种建模方式，提供嵌入代码生成功能，支持设计仿真和实现的一体化，是数字化时代国际领先的建模仿真通用软件。

在 2.2 节，我们已经学习了 MWORKS 平台二次开发。本章将进一步深入研究 MWORKS 平台二次开发架构中的面向系统建模的二次开发。面向系统建模的二次开发提供了多层次的支持：首先是内核层，它允许用户替换和扩展模型求解算法，包括底层的 ODE 初值问题求解算法、线性系统求解算法、非线性系统求解算法等核心模型求解算法的替换；其次是应用层，支持系统建模的模型库开发，扩展内置模型库未包含的模型，并将其以模型库的形式整合到系统建模环境中；应用层还支持 APP 的扩展开发，使用户能够针对特定领域问题去开发定制的应用程序。

无论是内核层的模型求解算法替换还是应用层的模型库开发、APP 开发，都需要使用 Modelica。因此，本章在 4.1 节对科学计算环境 MWORKS.Sysplorer 所采用的建模语言 Modelica 进行简要介绍，包括 Modelica 概述、发展历程、工作原理、技术特点等。基于这个基础，4.2 节和 4.3 节将从案例、规范等不同角度全面介绍内核层二次开发和应用层二次开发。这将帮助读者更好地理解和学习 Modelica 和面向系统建模的二次开发。

通过本章学习，读者可以了解（或掌握）：
❖ 系统仿真语言 Modelica 的发展历程、功能与技术特点；
❖ 基于内核层接口的二次开发规范；
❖ 基于应用层接口的二次开发规范。

4.1 系统建模语言Modelica简介

Modelica 是一种开源的、面向对象的建模语言，用于大型、复杂和异构的物理系统的建模。在使用过程中，模型是通过原理图的方式来描述的，也称为对象图，如图 4-1 所示。

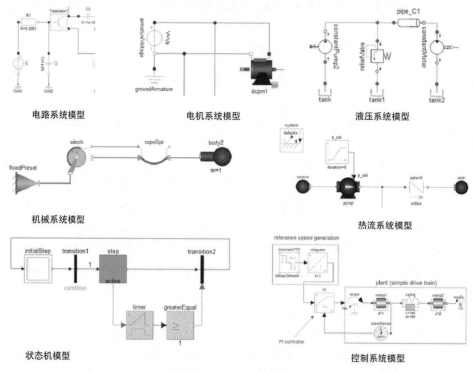

电路系统模型　　　　　　　　　电机系统模型　　　　　　　　液压系统模型

机械系统模型　　　　　　　　　　　　　　　　　热流系统模型

状态机模型　　　　　　　　　　　　　　　　控制系统模型

图 4-1　Modelica 模型示例

Modelica 模型由连接的部件组成，如电阻器或液压缸。组件具有连接口（也称端口），用于描述连接特性，如电引脚或输入信号。通过连接口之间的连接线，用户可以构建物理系统模型。在元件内部，通常由另一个物理系统模型定义，或者由 Modelica 语法中基于等式的模型描述定义。

4.1.1　Modelica 概述

Modelica 是一种高级的陈述式语言，用于描述事物的数学特性。它可以用微分、代数和离散方程来表示不同领域的系统，如机械、电子、液压、控制等，可以轻松地描述不同类型的工程组件（如弹簧、电阻、离合器等）的工作特性。此外，这些组件又可以方便地组合成子系统、系统，甚至架构模型。Modelica 由非营利的国际仿真组织 Modelica 协会开发和维护，其目标是提供一种统一的建模标准和模型交换规则。Modelica 已经在多个工业领域得到了广泛应用，如航空航天、汽车、电力等。

Modelica 可以基于图形化、模块化的拖拽式建模方式，很好地将仿真模型的架构和系统设计的原理图一一对应，模型表达十分直观，大大提高了建模的效率、降低了建模的难度；另一方面，就单个组件模型呈现方式来看，Modelica 建模工具可提供文本、图标、组件和说明四大类视图的显示方式，并且能够实现视图之间的一键式切换和实时动态更新。

图 4-2 为使用 Modelica 实现简单齿轮模型。图 4-3 为使用 Modelica 实现直流电源模型。

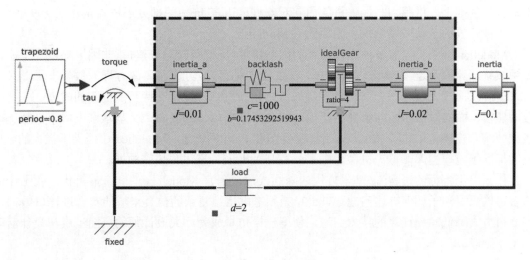

图 4-2　使用 Modelica 实现简单齿轮模型

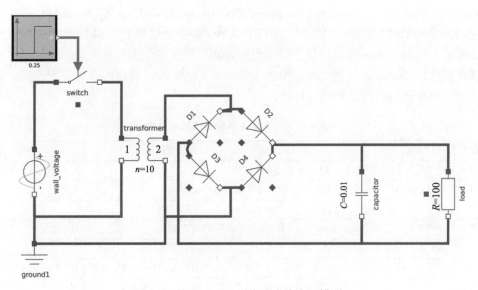

图 4-3　使用 Modelica 实现直流电源模型

4.1.2　Modelica 发展历程

1978 年，瑞典的 Elmqvist 设计了第一个面向对象的物理建模语言 Dymola。Dymola 深受第一个面向对象语言 Simula 影响，引入了"类"的概念，并针对物理系统的特殊性作了"方程"的扩展。Dymola 采用符号公式操作和图论相结合的方法，将 DAE 问题转化为 ODE 问题，通过求解 ODE 问题实现系统仿真。到 20 世纪 90 年代，随着计算机技术与工程技术的发展，涌现了一系列面向对象和基于方程的物理建模语言，如 ASCEND、Omola、gPROMS、

ObjectMath、Smile、NMF、U.L.M.、SIDOPS+等。上述众多建模语言各有优缺点，互不兼容，为此，欧洲仿真机构 EUROSIM 于 1996 年组织了瑞典、德国、法国等 6 个国家建模与仿真专业的 14 位专家，开始致力于物理系统建模语言的标准化工作，针对多专业物理建模的下一代技术展开研究。通过国际开放合作，在归纳和统一先前多种面向对象基于方程的数学建模语言的基础上，借鉴当时最先进的面向对象程序语言 Java 的部分语法要素，于 1997 年设计了一种开放的全新多领域统一建模语言 Modelica。

Modelica 继承了先前多种建模语言的优秀特性，支持面向对象建模、非因果陈述式建模、多领域统一建模及连续–离散混合建模，以微分方程、代数方程和离散方程为数学表示形式。Modelica 从原理上统一了先前各种多领域统一建模机制，直接支持基于框图的建模、基于函数的建模、面向对象和面向组件的建模，通过基于端口与连接的广义基尔霍夫网络机制支持多领域统一建模，并且以库的形式支持键合图和 Petri 网表示。Modelica 还提供了强大的、开放的标准领域模型库，覆盖机械、电子、控制、电磁、流体、热等领域。

作为"工程师的语言"，基于方程的陈述式建模语言 Modelica 的一个显著优点就是让使用者可以只专注于如何陈述问题（What），无须考虑错综复杂的仿真求解的实现过程（How），因此可大大降低建模计算的技术门槛，使得建模仿真成为广大设计师的桌面工具和设计活动的基本手段。

Modelica 自 1997 年诞生以来，发展迅速，语言规范和标准库更新了系列版本，主要包括 Modelica 语言规范（Modelica Language Specification，MLS）和 Modelica 标准领域库（Modelica Standard Library，MSL），由 Modelica 协会负责维护，其发展历史如表 4-1 和表 4-2 所示，在 Modelica 授权协议下可以自由使用。经过二十多年的发展，凭借语言本身的许多优良特性，Modelica 已然成熟，得到了业界的广泛认可，其应用研究发展迅猛，已经成为事实上的复杂物理系统建模语言标准。

表 4-1　Modelica 语言规范发展历史

MLS 版本	发布时间	主要更新
MLS1.0	1997 年 9 月	首个版本，支持连续动态系统建模
MLS1.1	1998 年 12 月	增加支持离散系统建模的语言要素（pre、when）
MLS1.2	1999 年 6 月	增加 C 和 Fortran 接口、inner/outer 机制，精炼事件处理语义
MLS1.3	1999 年 12 月	改进 inner/outer 连接、保护元素、数组表达式等语义
MLS1.4	2000 年 12 月	移除使用前声明规则，精炼包概念和 when 子句定义
MLS2.0	2002 年 7 月	增加模型初始化、位置与命名混合参数的函数、记录构造函数、枚举支持，标准化图形显示
MLS2.1	2004 年 3 月	增加用于三维机械系统建模的超定连接器支持，加强子模型重声明、数组和枚举下标支持
MLS2.2	2005 年 2 月	增加信号总线建模的可扩展连接器、条件组件声明、函数中动态大小数组支持
MLS3.0	2007 年 9 月	重写语言规范，精炼类型系统和图形显示，修正语言错误，增加平衡模型概念，更好地支持模型错误检测
MLS3.1	2009 年 5 月	增加处理流体双向流的对流连接器、操作符重载、模型部件到可执行环境映射（用于嵌入式系统）
MLS3.2	2010 年 3 月	支持同伦方法初始化、函数作为函数输入形参、Unicode 编码、模型访问控制，改进对象库
MLS3.3	2012 年 5 月	同步时钟与同步状态机，时序、控制器与通信建模，提出外部对象的概念和语法规则
MLS3.4	2017 年 4 月	标准库版本切换、枚举型与整型转换，同步时钟状态初始化，新增注解语法描述
MLS3.5	2021 年 2 月	优化外部函数使用，阐明了时钟运算符在函数中不可调用，函数可能不包含时钟变量，并且不矢量化，定义分层时钟周期 InState 和 TimeInState

表 4-2　Modelica 标准领域库发展历史

MSL 版本	发布时间	基于 MLS 版本	模型数目	函数数目
MSL 1.6	2004 年 6 月	MLS 2.1	290	40
MSL 2.1	2004 年 11 月	MLS 2.1	580	200
MSL 2.2	2005 年 4 月	MLS 2.2	640	540
MSL 2.2.1	2006 年 3 月	MLS 2.2	690	510
MSL 2.2.2	2007 年 8 月	MLS 2.2	740	540
MSL 3.0	2008 年 2 月	MLS 3.0	777	549
MSL 3.0.1	2009 年 1 月	MLS 3.0	781	553
MSL 3.1	2009 年 8 月	MLS 3.1	922	615
MSL 3.2	2010 年 10 月	MLS 3.2	1280	910
MSL 3.2.1	2013 年 8 月	MLS 3.2.2	1360	1280
MSL 3.2.3	2013 年 8 月	MLS 3.2.2	1288	1227
MSL 4.0	2017 年 4 月	MLS 3.4	1417	1219

4.1.3　Modelica 工作原理

（1）面向对象。

Modelica 以类为中心组织和封装数据，强调陈述式描述和模型的重用，通过面向对象的方法定义组件与接口，并支持采用分层机制、组件连接机制和继承机制构建模型。Modelica 模型实质上是一种陈述式的数学描述，这种陈述式的面向对象方式相比于一般的面向对象程序设计语言而言更加抽象，因为它可以省略许多实现细节，例如不需要编写代码实现组件之间的数据传输。如图 4-4 所示的简单电路的 Modelica 模型详细描述如下。

```
model Circuit "电路"
    SineVoltage VS（V=220）;
    Resistor R1（R=5）;
    Resistor R2（R=10）;
    Capacitor C1（C=0.2）;
    Inductor La（L=0.1）;
    Ground G1;
equation
    connect（R1.p,VS.p）;
    connect（VS.n,G1.p）;
    connect（La.n,G1.p）;
    connect（R1.n,La.p）;
    connect（C1.n,G1.p）;
    connect（R1.n,R2.p）;
    connect（R2.n,C1.p）;
end Circuit;
```

上述模型代码很好地体现 Modelica 的面向对象建模思想的三种模型组织方式。其中，层次化建模方式体现为：将系统层模型和组件层模型分开描述，上述模型代码只给出了系统层模型的描述代码。系统模型 Circuit 中的连接语句，如 connect（R1.p,VS.p），体现了组件连接形式的模型组织方式。从电路模型的电容组件模型 Capacitor 的描述代码中可知，Capacitor 从基类 TwoPin 派生而来，这体现了继承方式的模型组织方式。

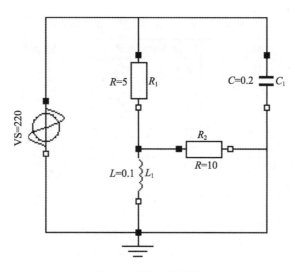

图 4-4　简单电路模型

（2）基于方程。

Modelica 可通过微分代数方程的形式来描述组件本构关系，仍以电容组件为例，电容方程直接以数学形式描述于组件内部。

```
model TwoPin    "双端口元件"
   SI.Voltage v;
   SI.Current i;
   PositivePin p;
   NegativePin n;
equation
   v = p.v - n.v;
   0 = p.i + n.i;
   i = p.i;
end TwoPin;
model Capacitor "理想电容"
   extends TwoPin;
   parameter Real Capacitance  （start=1）；
equation
   i = C*der（v）;
end Capacitor;
```

众所周知，方程具有陈述式非因果特性。由于声明方程时没有限定方程的求解方向，因此方程具有比赋值语句更大的灵活性和更强的功能。方程可以依据数据环境的需要用于求解不同的变量，这一特性大幅提升了 Modelica 模型的重用性。方程的求解方向最终由数值求解器根据方程系统的数据流环境自动确定。这意味着用户不必在建模时将自然形式的方程转化为因果赋值形式，这极大地减轻了建模工作量，尤其是对复杂系统建模，同时也可以避免因公式的转化推导而引起的错误。

（3）基于连接。

Modelica 提供了功能强大的软件组件模型，其具有与硬件组件系统同等的灵活性和重用性。基于方程的 Modelica 类是模型得以提高重用性的关键。组件/子系统通过连接机制建立外部约束并进行数据交互，如图 4-5 所示。

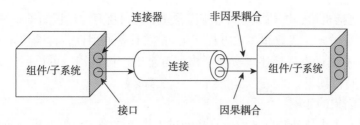

图 4-5　组件/子系统连接示意图

在 Modelica 中，组件的接口称为连接器，建立在组件连接器上的耦合关系称为连接。如果连接表达的因果耦合关系（具有方向性），则称其为因果连接；如果连接表达的是非因果耦合关系（无方向性），则称其为非因果连接。

Modelica 通过接口连接机制描述组件间/子系统间的耦合关系，并基于广义基尔霍夫定律自动生成对应的方程约束。如前述的 connect（R1.p,VS.p）表示电阻一端与电源正极相连，等价为如下方程约束。

```
R1.p.i+VS.p.i=0;
R1.p.v = VS.p.v;
```

（4）连续离散混合。

Modelica 通过条件表达式/条件子句与 when 子句两种语法结构，以及 sample（）、pre（）、change（）等内置事件函数支持离散系统建模。条件表达式/条件子句用于描述不连续性和条件模型，支持模型分段连续的表示；when 子句用于表达当条件由假转真时只在间断点有效的行为。

飞行器在行星着陆过程中的 Modelica 模型如图 4-6 所示，其反推力在着陆过程中发生离散变化，飞行器所受重力、反推力和距地高度之间相互耦合，构成连续离散混合系统。

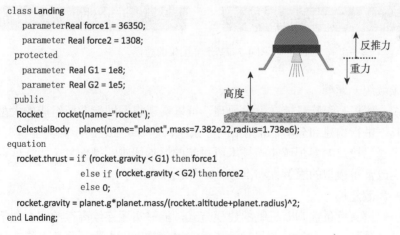

```
class Landing
    parameter Real force1 = 36350;
    parameter Real force2 = 1308;
  protected
    parameter Real G1 = 1e8;
    parameter Real G2 = 1e5;
  public
    Rocket    rocket(name="rocket");
    CelestialBody   planet(name="planet",mass=7.382e22,radius=1.738e6);
  equation
    rocket.thrust = if (rocket.gravity < G1) then force1
                    else if (rocket.gravity < G2) then force2
                    else 0;
    rocket.gravity = planet.g*planet.mass/(rocket.altitude+planet.radius)^2;
end Landing;
```

图 4-6　飞行器着陆过程中的 Modelica 模型

4.1.4　Modelica 技术特点

Modelica 作为一种开放的、面向对象的、以方程为基础的语言，适用于大规模复杂异构

物理系统建模，包括机械、电子、电力、液压、热流、控制及面向过程的子系统模型。Modelica
模型的数学描述是微分、代数和离散方程（组）。它具备通用性、标准化及开放性的特点，
采用面向对象技术进行模型描述，实现了模型可重用、可重构、可扩展的先进构架体系。
Modelica 的技术特点如下。

（1）基于非因果的建模。

开发者根据各个组件的数学理论，直接通过方程形式来实现模型代码的编写，无须人为
进行组件连接关系的解耦、推导整个复杂系统算法的求解序列，可以大大降低对模型开发人
员的技术要求，并在应用过程中有效地避免整个系统模型重构的问题，更为直观地反映系统
物理拓扑结构，如图 4-7 所示。

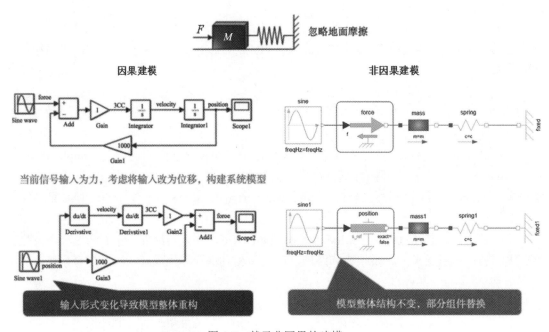

图 4-7　基于非因果的建模

（2）多领域统一建模。

多领域统一建模基于能量流守恒的原理，可以实现将不同专业所组成的大型系统模型在
同一软件工具下进行构建和分析，避免不同分系统、不同专业之间不同类型模型的复杂解耦，
有效地克服了基于接口的多领域建模技术所引起的解耦困难、操作复杂、求解误差相对较大
的问题，进而改善了模型的求解性和准确性，如图 4-8 所示。

（3）连续离散建模。

连续离散建模支持条件判断机制的建模方式，能够实现连续离散的混合建模，可以很好
地处理系统仿真过程中的事件，尤其对于核反应堆、热工、水力等复杂系统在运行过程中的
状态变化，可较好地模拟设备在不同控制时序下的动态运行过程，如图 4-9 所示。

（4）面向对象建模。

面向对象建模采用封装、继承、多态和抽象等面向对象的思想，实现了模型基于模块化、
层次化的设计、开发和应用，可以使得所开发的模型具有极强的重用性和扩展性，方便用户

后续的使用、修改和完善，如图 4-10 所示。

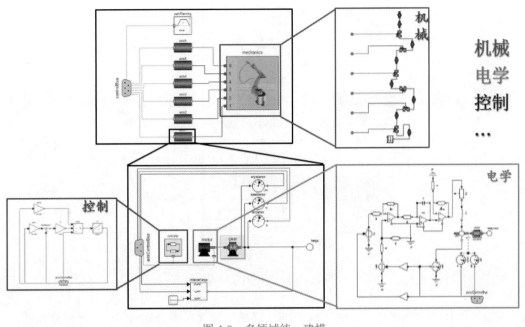

图 4-8　多领域统一建模

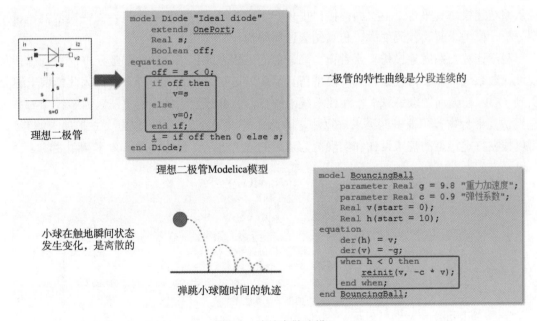

图 4-9　连续离散建模

4.2　内核层二次开发

内核层是系统建模仿真平台的最底层，负责仿真模型的编译运行，主要由模型求解算法

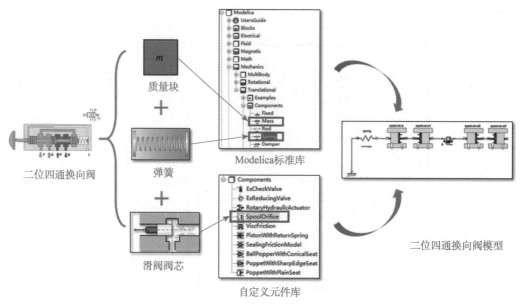

图 4-10　面向对象建模

库及系统建模仿真内核组成，如图 4-11 所示。内核层定义了一套接口规范，包括底层算法接口和上层内核接口。底层算法接口对模型求解算法的接口进行规约，符合算法接口标准即可接入系统建模仿真平台；上层内核接口提供一组内核原子应用程序接口，支持模型编译、模型分析、模型求解、代码生成、仿真结果读写等操作。

　　科学计算与系统建模仿真平台模型翻译后的方程系统包括 ODE（常微分方程）初值问题、线性代数系统、非线性代数系统。模型仿真需要对这些方程系统进行求解，因此模型求解会用到 ODE 初值问题求解算法、线性系统求解算法、非线性系统求解算法。科学计算与系统建模仿真平台内置了很多这类求解算法，除此之外，平台支持用户自定义并扩展求解算法，可以根据特定模型的需求设计和实现更为适合的求解方法，以提高求解效率和精度。

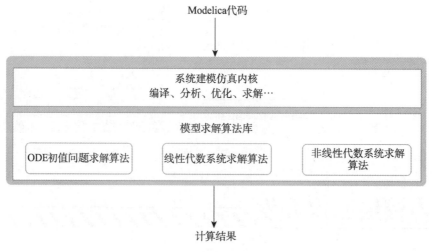

图 4-11　内核处理流程

4.2.1　内核层二次开发案例

当需要针对特定模型设计特殊的求解算法时，可以通过自定义求解算法的方式让平台调用自己设计的求解算法。自定义扩展求解算法主要流程如图4-12所示。

算法函数实现：根据提供的接口函数规范对求解算法进行编写。

算法注册：将这些算法函数通过算法注册接口集成到应用层的求解器中。

算法使用：将算法编写、注册完成后可在软件中使用。

现在假设我们需要自定义一个ODE初值问题的求解算法，采用显式欧拉（Euler）积分算法进行替换并求解。欧拉积分算法简单易懂，可作为其他高阶数值方法的基础。

首先，需要了解ODE初值问题求解算法的基本形式。

模型的ODE初值问题通用形式为

$$M\dot{y} = f(t, y)$$
$$y(t_0) = y_0$$

其中，t是自变量，y是因变量，$\dot{y}$表示$\dfrac{\mathrm{d}y}{\mathrm{d}t}$。$M$是变换矩阵，大多数情况下是单位矩阵。

图 4-12　自定义扩展求解算法主要流程

另外，一些求解算法还将右端表示为两部分。例如

$$M\dot{y} = f^{E}(t, y) + f^{I}(t, y)$$
$$y(t_0) = y_0$$

其中，$f^{E}(t, y)$表示非刚性（nonstiff）部分，使用显式方法求解；$f^{I}(t, y)$表示刚性（stiff）部分，使用隐式方法求解。

显式问题为

$$\dot{y} = f(t, y)$$

隐式问题为

$$f(t, y, \dot{y}) = 0$$

本节中，初值问题的算法也称为积分算法，正在运行的积分算法对象称为积分器。

根据模型求解器算法替换流程，具体实现方法如下。

1. 算法函数实现

由于积分算法与求解算法的计算过程不同，因此，针对不同的算法，用户需要提供不同的接口函数，此案例主要展示积分算法的主要接口函数及使用。

（1）创建C文件并引入头文件。

该案例中，创建一个my_euler.c文件，并引入接口函数头文件，如图4-13所示。

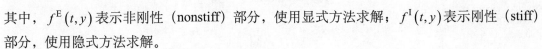

```
#include "mo_types.h"
#include "mws_ivp_solver.h"
```

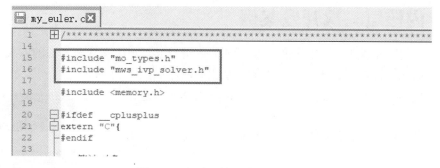

图 4-13　创建文件并引入头文件

以下接口均在该 C 文件中进行编写。

（2）数据结构定义。

数据结构用来保存求解器传入的工具函数、计算函数、自定义用户数据等，以及算法内部使用的数据。算法的数据结构在规范中没有任何规定或限制。

```
/* 算法对象 */
typedef struct
{
    MwsIVPUtilFcns      m_utils;
    void*               m_userData;
} MyEuler;
/* 求解问题的数据，用数据内存分配和释放函数 */
typedef struct
{
    MoReal *m_preY;
    MoReal *m_curY;

    MoReal m_curTime;
    MoReal m_initialStep;
} MyEulerProblemData;
/* 求解问题对象 */
typedef struct
{
    MoSize             m_nStates;
    MwsIVPOptions      m_opt;
    MwsIVPCallback     m_callback;
    void*              m_userData;
    MyEulerProblemData* m_data;
    MyEuler* m_solverWork;
} MyEulerProblem;
```

（3）编写积分算法对象创建函数。

函数形式如下。

```
typedef MwsIVPSolverObj   (*MwsIVPSolverCreatePtr)（MwsIVPUtilFcns* util_fcns, void* user_data）;
```

输入解释如下。

① util_fcns：工具函数（由求解器提供，算法函数中可调用）；

② user_data：用户数据（求解器内部数据，传递给工具函数 util_fcns，自定义算法无须关心其内容）。

返回为积分算法对象（自定义算法内部数据，求解器不关心其内容），作为其他算法函数的第一个参数。

my_euler.c 文件中的示例如下。

```
MwsIVPSolverObj myEulerCreate（MwsIVPUtilFcns* util_fcns, void* user_data）
{
    MyEuler* sw =（MyEuler*）util_fcns->m_allocMemory（user_data, 1, sizeof（MyEuler））;
    if（sw）
    {
        memset（sw, 0, sizeof（*sw））;
        sw->m_utils = *util_fcns;
        sw->m_userData = user_data;
    }
    return sw;
}
```

（4）编写求解问题对象创建函数。

函数形式如下。

```
typedef MwsIVPObj （*MwsIVPCreatePtr）（ MwsIVPSolverObj solver, MwsSize n, MwsIVPCallback* call_back,
MwsIVPOptions* opt, void* ivp_user_data）;
```

输入解释如下。

① solver：积分算法对象；

② n：问题规模，即状态变量数量；

③ call_back：计算函数；

④ opt：积分器选项；

⑤ ivp_user_data：用户数据（求解器内部数据，传递给回调函数 call_back，算法无须关心）。

返回为问题对象（自定义算法内部数据，求解器不关心其内容），作为其他算函数的第二个参数。

my_euler.c 文件中的示例如下。

```
MwsIVPObj myEulerProblemCreate（MwsIVPSolverObj solver, MwsSize n, MwsIVPCallback* call_back, MwsIVPOptions* opt, void*
ivp_user_data）
{
    MyEuler* sw =（MyEuler*）solver;
    MyEulerProblem* spw =（MyEulerProblem*）sw->m_utils.m_allocMemory（sw->m_userData, 1, sizeof（MyEulerProblem））;
    if（spw）
    {
        MyEulerProblemData* ds =（MyEulerProblemData*）sw->m_utils.m_allocDataMemory（sw->m_userData, 1, sizeof
（MyEulerProblemData））;
        if（ds == mwsNullPtr）
        {
            sw->m_utils.m_freeMemory（sw->m_userData, spw）;
            return mwsNullPtr;
        }
        memset（spw, 0, sizeof（*spw））;
        memset（ds, 0, sizeof（*ds））;
        spw->m_callback = *call_back;
        spw->m_userData = ivp_user_data;
        spw->m_nStates = n;
        spw->m_data = ds;
        spw->m_solverWork = sw;
        spw->m_data->m_curTime = 0;
        spw->m_data->m_initialStep = 0.002;
        if（spw->m_nStates > 0）
        {
            spw->m_data->m_preY =（MoReal *）sw->m_utils.m_allocDataMemory（sw->m_userData, 1, n*sizeof（MoReal））;
```

```
            spw->m_data->m_curY = （MoReal *）sw->m_utils.m_allocDataMemory（sw->m_userData, 1, n*sizeof（MoReal））;
            if （!spw->m_data->m_preY || !spw->m_data->m_curY）
            {
                myEulerProblemDestroy（sw, spw）;
                spw = MWnullptr;
            }
            else
            {
                MoSize index;
                for （index=0; index<n; ++index）
                {
                    spw->m_data->m_preY[index] = 0;
                    spw->m_data->m_curY[index] = 0;
                }
            }
        }
    }
    return spw;
}
```

（5）编写积分算法初始化函数。

函数形式如下。

```
typedef MwsInteger （*MwsIVPInitPtr）（MwsIVPSolverObj solver, MwsIVPObj ivp, MwsReal t0, const MwsReal* y0, const MwsReal*
yp0, MwsBoolean is_reinit, void* reserve）;
```

输入解释如下。

① solver：积分算法对象；

② ivp：问题对象；

③ t0：起始时间；

④ y0：y 的初始值（必定不为空）；

⑤ yp0：y'的初始值（DAE）；

⑥ is_reinit：是否重新初始化（重启）；

⑦ reserve：保留参数，暂不使用。

返回为状态，取 MwsIVPStatus 的值。

my_euler.c 文件中的示例如下。

```
MwsInteger myEulerInit（MwsIVPSolverObj solver, MwsIVPObj ivp, MwsReal t0, const MwsReal* y0,
    const MwsReal* yp0, MwsBoolean is_reinit, void* reserve）
{
    /* nothing to do */
    return MWS_IVP_SUCCESS;
}
```

（6）编写求解函数。

函数形式如下。

```
typedef MwsInteger （*MwsIVPSolvePtr）（MwsIVPSolverObj solver, MwsIVPObj ivp, MwsReal step_size, MwsReal t, MwsReal tout,
MwsReal* tret, MwsReal* yret, MwsReal* ypret, void* reserve）;
```

输入解释如下。

① solver：积分算法对象；

② ivp：问题对象；

③ step_size：步长（定步长/初始化积分步长）；

④ t：当前时间；

⑤ tout：期望的输出时间；

⑥ reserve：保留参数，暂不使用。

输出解释如下。

① tret：求解实际达到的时间；

② yret：y 的结果值；

③ ypret：y'的结果值（DAE）。

返回为状态，取 MwsIVPStatus 的值。

my_euler.c 文件中的示例如下。

```
MwsInteger myEulerSolve（MwsIVPSolverObj solver, MwsIVPObj ivp, MwsReal step_size, MwsReal t, MwsReal tout, MwsReal* tret,
MwsReal* yret, MwsReal* ypret, void* reserve）
{
    MyEuler* sw = （MyEuler*）solver;
    MyEulerProblem* spw = （MyEulerProblem*）ivp;
    MoSize index = 0;
    MoSize nState = spw->m_nStates;
    MoReal* preY = spw->m_data->m_preY;
    MoReal* curY = spw->m_data->m_curY;
    spw->m_data->m_curTime = t;
    spw->m_data->m_initialStep = step_size;       for （index = 0; index<nState; ++index）
    {
        preY[index] = yret[index];
        yret[index] += spw->m_data->m_initialStep * ypret[index];
        curY[index] = yret[index];
    }
    /* 更新当前积分时间 */
    *tret = tout;
    return MWS_IVP_SUCCESS;
}
```

（7）编写插值函数。

函数形式如下。

```
typedef MwsInteger （*MwsIVPInterpolatePtr）（MwsIVPSolverObj solver, MwsIVPObj ivp, MwsReal tout, MwsReal* yret, void*
reserve）;
```

输入解释如下。

① solver：积分算法对象；

② ivp：问题对象；

③ tout：期望的输出时间；

④ reserve：保留参数，暂不使用。

输出解释如下。

yret：y 的结果值。

返回为状态，取 MwsIVPStatus 的值。

my_euler.c 文件中的示例如下。

```
MwsInteger myEulerInterpolate（MwsIVPSolverObj solver, MwsIVPObj ivp, MwsReal tout, MwsReal* yret, void* reserve）
{
    /*线性插值*/
    MyEuler* sw = （MyEuler*）solver;
```

```
MyEulerProblem* spw = （MyEulerProblem*）ivp;
MoSize nStates = spw->m_nStates;
MoSize index;
for （index=0; index<nStates; ++index）
{
    /* 线性插值:
                f（x2）-f（x1）
        L（x） =--------------- * （x - x1）+f（x1）
                x2-x1
    */
    yret[index] = （spw->m_data->m_curY[index] - spw->m_data->m_preY[index]）* （
        tout - spw->m_data->m_curTime + spw->m_data->m_initialStep）/ spw->m_data->m_initialStep + spw->m_data->m_
preY[index];
}
return MWS_IVP_SUCCESS;
}
```

（8）编写求解问题对象销毁函数。

函数形式如下。

```
typedef void  （*MwsIVPDestroyPtr）（MwsIVPSolverObj solver, MwsIVPObj ivp）;
```

输入解释如下。

① solver：积分算法对象；

② ivp：问题对象。

my_euler.c 文件中的示例如下。

```
void myEulerProblemDestroy（MwsIVPSolverObj solver, MwsIVPObj ivp）
{
    MyEuler* sw =（MyEuler*）solver;
    MyEulerProblem* spw =（MyEulerProblem*）ivp;
    if （spw）
    {
        if （spw->m_data->m_preY）
        {
            （*sw->m_utils.m_freeDataMemory）（sw->m_userData, spw->m_data->m_preY）;
        }
        if （spw->m_data->m_curY）
        {
            （*sw->m_utils.m_freeDataMemory）（sw->m_userData, spw->m_data->m_curY）;
        }
        if （spw->m_data）
        {
            （*sw->m_utils.m_freeDataMemory）（sw->m_userData, spw->m_data）;
        }
        （*sw->m_utils.m_freeMemory）（sw->m_userData, spw）;
    }
}
```

（9）编写积分算法对象销毁函数。

函数形式如下。

```
typedef void  （*MwsIVPSolverDestroyPtr）（MwsIVPSolverObj solver）;
```

输入解释如下。

solver：积分算法对象。

my_euler.c 文件中的示例如下。

```
void myEulerDestroy（MwsIVPSolverObj solver）
{
    MyEuler* sw =（MyEuler*）solver;
    if （sw)
    {
        (*sw->m_utils.m_freeMemory)（sw->m_userData, sw）;
    }
}
```

2. 算法注册

要在软件中使用上述自定义算法，需要将算法注册到求解器。

注册文件为【MWORKS 安装目录】/simulator/src/mws_user_algo.c。下面以 myeuler 积分算法为例，介绍算法注册方法。

（1）新建 mws_user_alog.c 文件。

新建 mws_user_alog.c 文件，因为后面要对 MWORKS 安装目录下的该文件进行替换，因此文件名不能改变。

引入包括科学计算平台提供的标准头文件和自定义的 my_euler.c 头文件，如图 4-14 所示。

```
#include "mws_ivp_solver.h"
#include "mws_ls_solver.h"
#include "mws_nls_solver.h"
#include "my_euler.c"
```

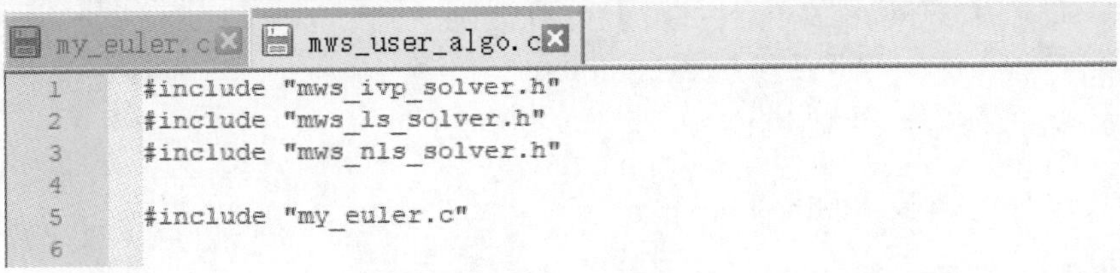

```
my_euler.c    mws_user_algo.c
1    #include "mws_ivp_solver.h"
2    #include "mws_ls_solver.h"
3    #include "mws_nls_solver.h"
4
5    #include "my_euler.c"
6
```

图 4-14　新建 mws_user_algo.c 文件

（2）注册函数介绍。

算法注册文件中，共有 4 个函数。

① 线性/非线性系统求解算法注册函数。

```
void MwsRegisterUserAlgorithm1（void* mdl_data）;
```

② 积分算法注册函数。

```
void MwsRegisterUserAlgorithm2（void* sim_data）;
```

③ 线性/非线性系统求解算法注销函数。

```
void MwsUnregisterUserAlgorithm1（void* mdl_data）;
```

④ 积分算法注销函数。

```
void MwsUnregisterUserAlgorithm2（void* sim_data）;
```

（3）注册模板参考。

注册模板如下，可在注册模板的基础上进行修改。

```c
#include "mws_ivp_solver.h"
#include "mws_ls_solver.h"
#include "mws_nls_solver.h"
#include "xxxxxx"    /* 自定义算法头文件 */
void MwsRegisterUserAlgorithm1（void* mdl_data）
{
    /* Register user defined LS and NLS algorithm. */
    //线性
    MwsLSSolverProp ls_prop;
    MwsLSSolverFcns ls_fcns;
    ls_prop.m_name = "myls";                      /* 名称（不区分大小写），保证唯一 */
    ls_prop.m_desc = "myls";               /* 算法描述 */
    ls_fcns.m_createPtr = &myLsCreate;        /* 创建算法对象函数指针 */
    ls_fcns.m_createPBPtr = &myLsCreatePB;    /* 创建问题对象函数指针 */
    ls_fcns.m_solvePtr = &myLsSolve;          /* 求解函数指针 */
    ls_fcns.m_destroyPBPtr = &myLsDestroyPB;  /* 销毁问题对象函数指针 */
    ls_fcns.m_destroyPtr = &myLsDestroy;      /* 销毁算法对象函数指针 */
    imdlRegisterLSSolver（mdl_data, &ls_prop, &ls_fcns）;
    //非线性
    MwsNLSSolverProp nls_prop;
    MwsNLSSolverFcns nls_fcns;
    nls_prop.m_name = "mynls";                    /* 名称（不区分大小写），保证唯一 */
    nls_prop.m_desc = "mynls";               /* 算法描述 */
    nls_fcns.m_createPtr = &myNlsCreate;      /* 创建算法对象函数指针 */
    nls_fcns.m_createPBPtr = &myNlsCreatePB;  /* 创建问题对象函数指针 */
    nls_fcns.m_solvePtr = &myNlsSolve;        /* 求解函数指针 */
    nls_fcns.m_destroyPBPtr = &myNlsDestroyPB; /* 销毁问题对象函数指针 */
    nls_fcns.m_destroyPtr = &myNlsDestroy;       /* 销毁算法对象函数指针 */
    imdlRegisterNLSSolver（mdl_data, nls_prop, nls_fcns）;
}
void MwsRegisterUserAlgorithm2（void* sim_data）
{
    /* Register user defined IVP algorithm. */
    //积分
    MwsIVPSolverProp ivp_prop;
    MwsIVPSolverFcns ivp_fcns;
    ivp_prop.m_name = "myeuler";                       /* 名称（不区分大小写），保证唯一 */
    ivp_prop.m_desc = "MYEULER";                       /* 算法描述 */
    ivp_prop.m_fixedStep = moTrue;                     /* 是否为定步长，moTrue 或 moFalse */
    ivp_prop.m_ivpType = MWS_IVP_ODE;                  /* 积分算法类型，ODE 为 MWS_IVP_ODE，DAE 为 MWS_
IVP_DAE */
    ivp_fcns.m_createPtr = &myEulerCreate;             /* 创建算法对象函数指针 */
    ivp_fcns.m_createPBPtr = &myEulerProblemCreate;    /* 创建问题对象函数指针 */
    ivp_fcns.m_destroyPBPtr = &myEulerProblemDestroy;  /* 销毁问题对象函数指针 */
    ivp_fcns.m_destroyPtr = &myEulerDestroy;           /* 销毁算法对象函数指针 */
    ivp_fcns.m_initPtr = &myEulerInit;                 /* 初始化函数指针 */
    ivp_fcns.m_interpolatePtr = &myEulerInterpolate;   /* 插值函数指针 */
    ivp_fcns.m_solvePtr = &myEulerSolve;               /* 求解函数指针 */
    isimRegisterIVPSolver（sim_data, &ivp_prop, &ivp_fcns）;
}
void MwsUnregisterUserAlgorithm1（void* mdl_data）
{
    /* Unregister user defined LS and NLS algorithm. */
    imdlUnregisterLSSolver（mdl_data, "myls"）;
    imdlUnregisterNLSSolver（mdl_data. "mynls"）;
}
void MwsUnregisterUserAlgorithm2（void* sim_data）
{
```

```
    /* Unregister user defined IVP algorithm. */
    isimUnregisterIVPSolver（sim_data, "myeuler"）;
}
```

其中，包含语句#include "xxxxxx"、注册函数中赋值号"="右边的部分以及注销函数中的算法名是允许定制的。

为了保证自定义算法注册成功，需要满足以下条件。

① 除了包含语句#include "xxxxxx"与注册函数中赋值号"="右边的部分，其他部分不允许修改。

② 算法名字不能重复，且不能与内置算法相同。

③ 注销函数中的算法名需要与注册函数中的相同。

（4）自定义算法注册函数。

以 myeuler 算法为例，赋值语句 ivp_fcns.m_createPtr=&myEulerCreate 表示注册创建算法对象函数，myEulerCreate 表示创建算法对象函数名（见 4.2.2 节），以此类推，则 myeuler 算法的注册文件最终内容如下。

```
#include "mws_ivp_solver.h"
#include "mws_ls_solver.h"
#include "mws_nls_solver.h"
#include "my_euler.c"
void MwsRegisterUserAlgorithm1（void* mdl_data）
{
    /* Register user defined LS and NLS algorithm. */
}
void MwsRegisterUserAlgorithm2（void* sim_data）
{
    /* Register user defined IVP algorithm. */
    MwsIVPSolverProp ivp_prop;
    MwsIVPSolverFcns ivp_fcns;
    ivp_prop.m_name = "myeuler";
    ivp_prop.m_desc = "MYEULER";
    ivp_prop.m_fixedStep = moTrue;
    ivp_prop.m_ivpType = MWS_IVP_ODE;
    ivp_fcns.m_createPtr = &myEulerCreate;
    ivp_fcns.m_createPBPtr = &myEulerProblemCreate;
    ivp_fcns.m_destroyPBPtr = &myEulerProblemDestroy;
    ivp_fcns.m_destroyPtr = &myEulerDestroy;
    ivp_fcns.m_initPtr = &myEulerInit;
    ivp_fcns.m_interpolatePtr = &myEulerInterpolate;
    ivp_fcns.m_solvePtr = &myEulerSolve;
    isimRegisterIVPSolver（sim_data, &ivp_prop, &ivp_fcns）;
}
void MwsUnregisterUserAlgorithm1（void* mdl_data）
{
    /* Unregister user defined LS and NLS algorithm. */
}
void MwsUnregisterUserAlgorithm2（void* sim_data）
{
    /* Unregister user defined IVP algorithm. */
    isimUnregisterIVPSolver（sim_data, "myeuler"）;
}
```

（5）替换注册文件。

将修改好的注册文件移动到安装目录下的 simulator/src 下，并覆盖 mws_user_algo.c 文件，如图 4-15 所示。

图 4-15　替换 mws_user_algo.c 文件

3. 算法使用

将算法编写、注册完成后可在软件中使用,使用自定义算法时需要在软件中做三个工作:新建模型、链接算法、设置自定义算法。

(1) 新建模型。

在 MWORKS 上新建 ExternInteAlgo 模型,如图 4-16 所示。

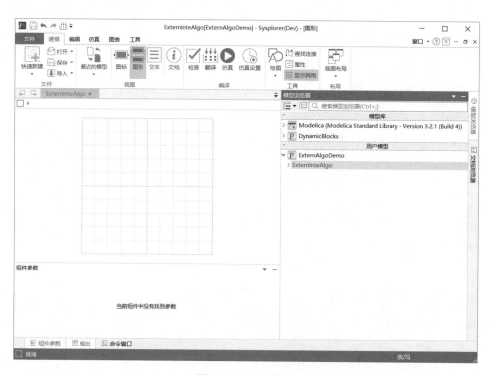

图 4-16　新建模型

将编写的积分算法接口文件 my_euler.c 放置在与该模型相同的目录下,如图 4-17 所示。

(2) 链接算法。

链接算法的第一步是编写外部函数,其作用是将算法头文件目录写进包含目录。外部函数的写法如图 4-18 所示。

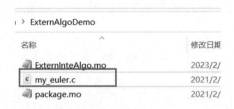

图 4-17 放置算法函数接口文件

```
1  model ExternInteAlgo
2    function MyDummya
3      external "C" annotation (Include = "void MyDummya(){}", IncludeDirectory = "modelica://ExternAlgoDemo/");
4    end MyDummya;
5
6    Real x(start = 1);
7  ⊞ annotation (experiment(StartTime = 0, StopTime = 1, NumberOfIntervals = 500, Algorithm = "myeuler", Tolerance = 0.0001, ....
8  initial algorithm
9    MyDummya();
10 equation
11   der(x) = cos(time);
12 end ExternInteAlgo;
```

图 4-18 外部函数的写法

其中，function 声明的函数名要与注解中 Include="void MyDummya（）{}"的函数名相同，IncludeDirectory 字段的值为头文件路径。

链接算法的第二步是在模型中调用外部函数，需要写在 initial algorithm 区域。外部函数调用如图 4-19 所示。

```
1  model ExternInteAlgo
2    function MyDummya
3      external "C" annotation (Include = "void MyDummya(){}", IncludeDirectory = "modelica://ExternAlgoDemo/");
4    end MyDummya;
5
6    Real x(start = 1);
7    annotation (experiment(StartTime = 0, StopTime = 1, NumberOfIntervals = 500, Algorithm = "myeuler", Tolerance = 0.0001, ....
8  initial algorithm
9    MyDummya();
10 equation
11   der(x) = cos(time);
12 end ExternInteAlgo;
```

图 4-19 外部函数调用

（3）设置自定义算法。

仿真前，切换到仿真标签页，单击"仿真设置"，在算法下拉框中选择"Custom"，或直接在菜单栏算法下拉框中选择"Custom"，如图 4-20 所示。

单击"确定"按钮。此时，若算法的编写、注册、链接都已完成，则会使用自定义算法进行求解，求解结果如图 4-21 所示。

4. 案例运行

打开案例目录，其中包含 5 个文件，如图 4-22 所示。

其中，ExternInteAlgo.mo 为模型文件；mws_user_algo.c 为算法注册文件；my_euler.c 为积分算法接口文件；package.mo 为模型包文件；说明.txt 为使用说明。

图 4-20　设置自定义算法

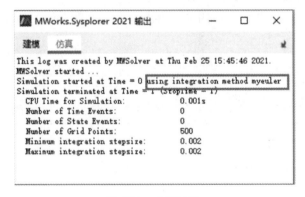

图 4-21　求解结果

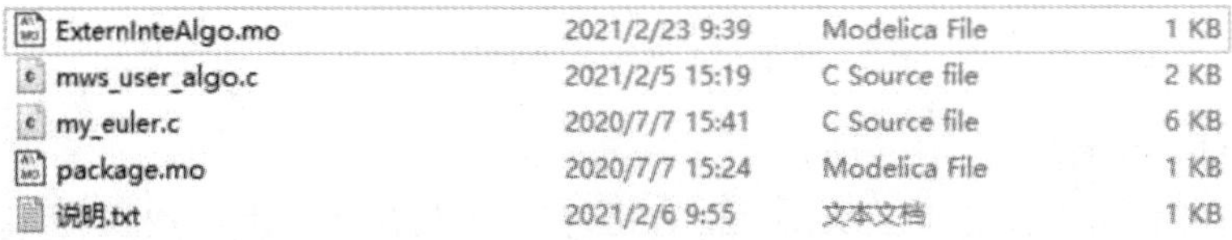

ExternInteAlgo.mo	2021/2/23 9:39	Modelica File	1 KB
mws_user_algo.c	2021/2/5 15:19	C Source file	2 KB
my_euler.c	2020/7/7 15:41	C Source file	6 KB
package.mo	2020/7/7 15:24	Modelica File	1 KB
说明.txt	2021/2/6 9:55	文本文档	1 KB

图 4-22　案例文件

按照以下步骤使用自定义算法。

（1）复制注册文件。

将 mws_user_algo.c 复制到安装目录下的 Simulator/Src 中覆盖相同文件。

翻译模型生成求解器时，会自动编译这个文件，将注册好的自定义算法生成到求解器中。算法的注册教程请参照算法注册部分。

（2）链接算法。

将 my_euler.c 复制到 Simulator/Src，或使用外部函数指定目录。

本例使用外部函数来实现该步骤，打开模型 ExternInteAlgo.mo，外部函数编写在 ExternInteAlgo.mo 模型中。

my_euler.c 文件为自定义算法的接口文件，包含了供求解器调用的自定义算法接口，如创建算法对象、求解等。接口文件的编写教程请参考算法编写部分。

（3）设置自定义算法。

仿真前，切换到仿真标签页，单击"仿真设置"，在算法下拉框中选择"Custom"，或直接在菜单栏算法下拉框中选择"Custom"，如图 4-20 所示。

单击"确定"按钮。此时，若算法的编写、注册、链接都已完成，则会使用自定义算法进行求解，求解结果如图 4-21 所示。

4.2.2　内核层模型求解算法开发规范

系统建模仿真平台模型求解在主控层的对外接口包括创建仿真实例、算法注册、模型仿真、销毁仿真实例。其中，算法注册用于集成算法层扩展的求解算法。

模型仿真在主控层分为初始化、单步计算和仿真结束三个步骤。单步计算循环执行，使仿真在时间轴上推进，直至满足仿真终止条件结束仿真，如图 4-23 所示。

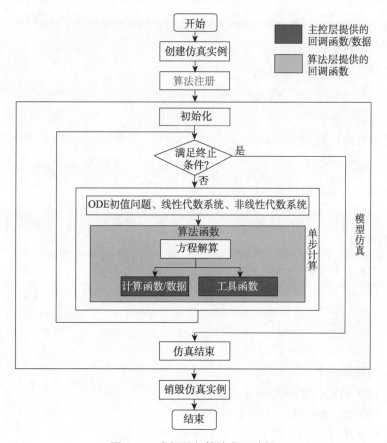

图 4-23　求解器与算法交互过程

ODE 初值问题、线性代数系统、非线性代数系统的算法函数在单步计算过程中被调用。当模型中有此类方程时，主控层调用算法层的算法函数对方程进行求解。算法层的算法函数在求解过程中，为获得方程的描述而调用主控层提供的计算函数（初值问题和非线性问题）或从主控层获取数据（线性问题）。

模型求解算法扩展的步骤是相同的。首先，按规范实现算法函数；然后在应用层将这些算法函数通过算法注册/设置接口集成到求解器。模型方程和算法函数一起构建出模型的求解器，用于对模型进行仿真。模型求解算法扩展过程如图 4-24 所示。

ODE 初值问题求解算法先注册到系统，每次仿真时在界面中选取指定名字的算法，即 ODE 初值问题求解算法注册后具备被选作求解算法的资格。线性代数系统和非线性代数系统的求解算法设置到系统，成为每次仿真时使用的算法。

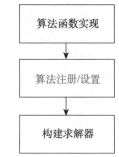

图 4-24　模型求解算法扩展过程

求解源文件 mws_user_algo.c 中有 MwsRegisterSolver 函数，在此函数体中需要规范进行算法注册和设置。以下展示此函数体中的部分规范，更为具体的函数规范请扫描封底二维码获取。

1. 数据结构

数据结构由规范定义，算法扩展时可直接使用。

（1）积分算法对象。

积分算法对象的代码如下。

```
typedef void* MwsIVPSolverObj;
```

（2）求解问题对象。

求解问题对象的代码如下。

```
typedef void* MwsIVPObj;
```

（3）积分算法函数返回状态的代码如下。

```
typedef enum
{
    MWS_IVP_SUCCESS = 0,
    MWS_IVP_WARNING = 1,
    MWS_IVP_TSTOP_RETURN,
    MWS_IVP_MEM_FAIL,
    MWS_IVP_FAIL,
    MWS_IVP_INVALID_INPUT,
    MWS_IVP_RHSFN_FAIL,
    MWS_IVP_RESFN_FAIL,
}MwsIVPStatus;
```

相关的代码解释如下。

① MWS_IVP_SUCCESS = 0 表示成功；

② MWS_IVP_WARNING = 1 表示有警告；

③ MWS_IVP_TSTOP_RETURN 表示到达终止时间而返回；

④ MWS_IVP_MEM_FAIL 表示内存分配失败；

⑤ MWS_IVP_FAIL 表示失败（原因未知）；

⑥ MWS_IVP_INVALID_INPUT 表示输入无效；

⑦ MWS_IVP_RHSFN_FAIL 表示 ODE 通用形式中右端函数出错；

⑧ MWS_IVP_RESFN_FAIL 表示 DAE 残余函数出错。

（4）积分算法属性的代码如下。

```
typedef struct
{
    MwsReal        initialStepSize;
    MwsReal*       relativeTolerance;
    MwsReal*       absoluteTolerance;
    MwsBoolean     scalarTolerance;
}MwsIVPExperiment;
```

相关的代码解释如下。

① nitialStepSize 表示初始积分步长；

② relativeTolerance 表示相对误差；

③ absoluteTolerance 表示绝对误差；

④ scalarTolerance 表示是否为标量误差。

（5）积分算法选项的代码如下。

```
typedef struct MwsIVPOptions
{
    MwsBoolean m_stopTimeDefined;
    MwsReal m_stopTime;
    MwsBoolean m_toleranceDefined;
    MwsReal* m_relativeTolerance;
    MwsReal* m_absoluteTolerance;
    MwsBoolean m_maxStepSizeDefined;
    MwsReal m_maxStepSize;
}MwsIVPOptions;
```

相关的代码解释如下。

① m_stopTimeDefined 表示终止时间是否定义；

② m_stopTime 表示终止时间；

③ m_toleranceDefined 表示容许误差是否定义；

④ m_relativeTolerance 表示相对容许误差，数组；

⑤ m_absoluteTolerance 表示绝对容许误差，数组；

⑥ m_maxStepSizeDefined 表示最大步长是否定义；

⑦ m_maxStepSize 表示最大步长。

（6）积分算法求解问题类型的代码如下。

```
typedef enum
{
    MWS_IVP_ODE,
    MWS_IVP_DAE,
}MwsIVPType;
```

相关的代码解释如下。

① MWS_IVP_ODE 表示 ODE 问题；

② MWS_IVP_DAE 表示 DAE 问题。

（7）积分算法使用的接口函数的代码如下。

```
typedef struct MwsIVPSolverFcns
{
    MwsIVPSolverCreatePtr        m_createPtr;
    MwsIVPCreatePtr             m_createPBPtr;
    MwsIVPInitPtr               m_initPtr;
    MwsIVPSolvePtr              m_solvePtr;
    MwsIVPInterpolatePtr        m_interpolatePtr;
    MwsIVPDestroyPtr            m_destroyPBPtr;
    MwsIVPSolverDestroyPtr      m_destroyPtr;
}MwsIVPSolverFcns;
```

相关的代码解释如下。

① m_createPtr 表示对象创建的函数指针；

② m_createPBPtr 表示问题对象创建的函数指针；

③ m_initPtr 表示初始化的函数指针；

④ m_solvePtr 表示求解的函数指针；

⑤ m_interpolatePtr 表示插值的函数指针；

⑥ m_destroyPBPtr 表示问题对象销毁的函数指针；

⑦ m_destroyPtr 表示对象销毁的函数指针。

（8）积分算法使用的工具函数的代码如下。

```
typedef struct
{
    void   (*m_logger)（void* user_data, MwsInteger error_code, MwsString where, MwsString msg）;

    void*  (*m_allocMemory)（void* user_data, MwsSize nobj, MwsSize size）;

    void   (*m_freeMemory)（void* user_data, void* p）;

    void*  (*m_allocDataMemory)（void* user_data, MwsSize nobj, MwsSize size）;

    void   (*m_freeDataMemory)（void* user_data, void* p）;
}MwsIVPUtilFcns;
```

相关的代码解释如下。

① m_logger 表示内存分配函数；

② m_freeMemory 表示内存释放函数；

③ m_allocDataMemory 表示数据内存分配函数；

④ m_freeDataMemory 表示数据内存释放函数。

（9）积分算法使用的回调函数的代码如下。

```
typedef struct
{
    MwsIVPRshFcnPtr          m_rshFunction;
    MwsIVPResFcnPtr          m_resFunction;
    MwsIVPJacFcnPtr          m_jacFunction;
    MwsIVPStepFinishedPtr    m_stepFinished;
}MwsIVPCallback;
```

相关的代码解释如下。

① m_rshFunction 表示 ODE 右端函数；

② m_resFunction 表示 DAE 残余函数（与 m_rshFunction 互斥）；

③ m_jacFunction 表示 Jacobian 计算函数；

④ m_stepFinished 表示积分步完成回调函数。

（10）积分算法使用的回调函数的代码如下。

```
typedef struct
{
    MwsIVPRshFcnPtr          m_rshFunction;
    MwsIVPResFcnPtr          m_resFunction;
    MwsIVPJacFcnPtr          m_jacFunction;
    MwsIVPStepFinishedPtr    m_stepFinished;
}MwsIVPCallback;
```

相关的代码解释如下。

① m_rshFunction 表示 ODE 右端函数；

② m_resFunction 表示 DAE 残余函数（与 m_rshFunction 互斥）；

③ m_jacFunction 表示 Jacobian 计算函数；

④ m_stepFinished 表示积分步完成回调函数。

2. 算法注册接口

注册接口通常在 mws_user_algo.c 文件中调用，对实现的算法对象进行注册。

（1）注册积分算法的代码如下。

```
MoBoolean isimRegisterIVPSolver（void* sim_data, const MwsIVPSolverProp* prop, const MwsIVPSolverFcns* fcns）;
```

相关的代码解释如下。

① [in] sim_data 表示单步层数据；

② [in] prop 表示求解器属性；

③ [in] fcns 表示求解器接口函数。

（2）移除注册的积分算法的代码如下。

```
MoBoolean isimUnregisterIVPSolver（void* sim_data, MwsString name）;
```

相关的代码解释如下。

① [in] sim_data 表示单步层数据；

② [in] name 表示积分算法名字。

4.3 应用层二次开发

系统建模仿真环境中的模型库由一系列模块组成，模块是构建系统模型的主要元素。系统建模仿真环境内置模型库提供了机械、电气、流体、控制、热、磁等多学科基本模块，如果内置库未提供合适的模块，系统建模仿真环境允许用户开发新的模块并以模型库的方式集成到系统建模仿真环境中，从而扩展系统建模仿真环境功能。

Modelica 模型库开发一般以工程产品建模仿真为对象，因此需要在进行工程系统需求分析的基础上组织需建立的模型库，Modelica 模型库建模流程如图 4-25 所示。主要包括需求分析、架构设计、接口设计、模型开发等步骤，并经过相应的测试，保证 Modelica 模型库的正确性及通用性。同时，若在已有模型库、模型接口上开发模型或在已有部分基础模型的基础上开发更高阶的模型，可以通过模型和接口的调用省略部分开发流程，以简化开发过程的复杂性。

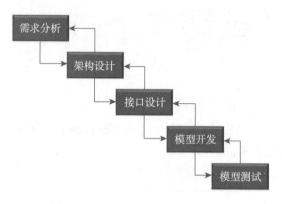

图 4-25 Modelica 模型库建模流程

4.3.1 模型库开发案例

本模型库开发案例将对一个完整的模型库进行开发，展示了从需求分析到模型测试的模型库开发完整流程，搭建工程机械中较为常用的液压组件库。

1. 需求分析

液压组件库的需求目标是基于业务需求、架构需求、功能需求、性能需求、接口需求、运行环境需求和非功能性需求等多个方面，确保实现一个高效、可靠且易于使用的液压组件库。从业务需求来看，旨在满足各种液压系统的需求，提供可靠且高效的液压组件。从架构需求来看，需要具备模块化、可扩展和可重用的设计架构，以便开发人员可以方便地进行定位和使用。从功能需求来看，需要提供液压泵、液压缸、液压控制阀等一系列液压组件，并确保它们的功能正常且稳定。从性能需求来看，需要确保液压组件的性能满足系统要求，包括求解精度和效率等。从接口需求来看，需要定义液压组件之间的接口规范，确保组件的相互兼容和无缝集成。从运行环境需求来看，需要在规定的软件和硬件环境下稳定运行。最后，从非功能性需求来看，需要具备良好的稳定性、兼容性、可扩展性和易用性，以提高系统的稳定性和用户体验。

2. 架构设计

液压组件库考虑能够满足用户更快捷的定位和使用要求，并根据液压设备功能进行划分。模型的架构目录设计如表 4-3 所示，主要提供了复杂液压系统构成所需的零部件模型，包括泵源、液压阀（压力控制阀、流量控制阀、方向控制阀）、执行机构（液压马达和液压缸）、液压管路、液压辅件、液压管阻（接头、孔口与管路、滑动轴承）、边界源和传感器等。

表 4-3　模型的架构目录设计

名称			描述
UsersGuide	用户指南		提供模型库概述、联系方式、版本说明等介绍文档
Examples	典型实例		提供液压组件模型库的经典应用案例，方便用户快速入门
Pumps	泵源库	定量泵库	提供了单向、双向和双向外排等定量泵
		变量泵库	提供了单向、双向和双向外排等变量泵
		专用泵库	提供了调压、容积、离心、齿轮、柱塞和射流等专用泵
Valves	液压阀库	压力控制阀库	提供了多种溢流阀、多种减压阀和平衡阀以及超中心阀等
		流量控制阀库	提供了多种节流阀、多种缝隙、局部压力补偿器、流量控制阀、球阀和蝶阀等
		方向控制阀库	提供了不同种类换向阀、不同种类单向阀、梭阀和双压阀等
Actuators	执行机构库	液压马达库	提供了单向、双向和双向外排等定量泵以及单向、双向和双向外排等变量泵
		液压缸库	提供了多种双作用液压缸和单作用液压缸
PipeLines	液压管路库		提供了多种集中参数管道和多种分布式管道模型
Resisitances	液压管阻库	接头库	提供了各种类型管接头，如弯管、三通、异径管等
		孔口与管路库	提供了离心管路、孔口和液压槽衬套模型等
		滑动轴承库	提供了各种滑动轴承等
Auxiliaries	液压辅件库		提供辅助元件，如气体式蓄能器、弹簧式蓄能器、过滤器、其他容积等
Sources	边界源库		提供常用的压力边界、流量边界、油箱和零流量源
Sensors	传感器库		提供检测压力、流量等传感器

构建步骤如下。

（1）新建模型库。

单击"快速新建"→"package"新建模型库，如图 4-26 所示。

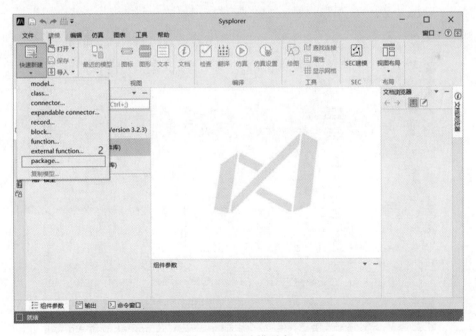

图 4-26　新建模型库

（2）模型库配置。

在弹出对话框对应位置填入模型名"Hydraulics"、类别"package"、描述"液压组件模型库"，其他默认，单击"确定"按钮，创建液压组件空模型库，如图 4-27 所示。

图 4-27　模型库设置

（3）新建子模型库。

在液压组件空模型库创建新模型，鼠标右键单击"Hydraulics"弹出对话框，单击"在Hydraulics（液压组件模型库）中新建模型"，如图 4-28 所示。

图 4-28　新建子模型库

（4）子模型库配置。

在弹出对话框对应位置填入模型名"UsersGuide"、类别"package"、描述"用户指南"，勾选"保持到父模型所在文件"，其他为默认，单击"确定"按钮，创建用户指南空模型子库，如图4-29所示。

图4-29　子模型库配置

（5）建立完整模型库。

按照步骤（3）~（4），依次建立（3）中的架构列表，最终建立完成，如图4-30所示。

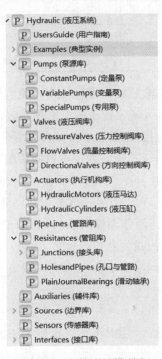

图4-30　完整液压模型库

3. 接口设计

液压组件库涉及液压接口、机械平动接口、机械转动接口和控制接口四大类，液压组件库接口中包含的变量如表 4-4 所示。

表 4-4 液压组件库接口中包含的变量

接口类型	接口变量	单位
液压接口	压力 p	bar
	流量 q	l/min
机械平动接口	位移 s	m
	力 F	N
机械转动接口	转矩 τ	N/m
	转角 φ	degC
控制接口	输入 u	/
	输出 y	/

（1）液压接口。

液压接口通过连线连接不同的模型，用于在不同模型之间传递物理量信息，接口变量分为势变量与流变量。

在液压接口中定义了压力和接口体积流量两种变量，其具体信息如表 4-5 所示。

表 4-5 液压接口变量

接口	变量	范围/单位	数据维度	数据类型	描述
Port	p	bar	[1]	Real	接口压力
	q	L/min	[1]	Real	接口体积流量

图 4-31 液压接口图标

液压接口图标使用蓝色圆圈（通常位于模型左侧）和蓝色圆环（通常位于模型右侧）表示，如图 4-31 所示。

接口 port_A 和 port_B 是相同的液压接口，其区别仅为名称和图标不同。为使构建的模型与实际组件流体流向相同，并且方便计算和使用，规定流体一般由 port_A 接口流入，从 port_B 接口流出，对于流变量，规定流入组件为正，流出为负。例如，对于节流孔这类具有局部压损的液压模型，当接口 port_A 的压力大于接口 port_B 的压力时，液体由接口 port_A 流向接口 port_B，流入接口 port_A 的流量为正值，流出接口 port_B 的流量为负值；反之，当接口 port_B 的压力大于接口 port_A 的压力时，液体由接口 port_B 流向接口 port_A，流入接口 port_B 的流量为正值，流出接口 port_A 的流量为负值。

（2）机械平动接口。

一维机械平动接口用于和连线一起创建一维机械平动模型之间的势变量与流变量的连接关系。接口中定义一个势变量 s 和一个流变量 f，如表 4-6 所示。

表 4-6　一维机械平动接口变量

接口名称	变量名称	单位	数据类型	描述
flange	s	m	Real	位移
	f	N	Real	力

一维机械平动接口图标使用绿色的方块（通常位于模型左侧）、白色的方块（通常位于模型右侧）和绿色带灰边的方块（通常为外壳用）表示，如图 4-32 所示。

接口 flange_a 和 flange_b 是相同的一维机械平动接口，其区别仅为名称和图标不同，support 通常表示为外壳或固定端接口。为使构建的模型具有和工程使用相符的正负方向，便于理解使用，规定 flange_a 位于模型左侧，flange_b 位于模型右侧，正方向表示从模型左侧 flange_a 接口指向

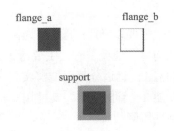

图 4-32　一维机械平动接口图标

模型右侧 flange_b 接口。例如，对于弹簧阻尼这类具有拉伸压缩性质（compliance）的物理模型，当该弹性模型被拉伸时，产生阻碍变形的力，模型左侧接口 flange_a 的力为负值，右侧接口 flange_b 的力为正值，此时该弹性模型左右侧接口力的正负值与工程上的理解是相同的，即当弹簧受拉时，左侧受力为负值，右侧受力为正值。反之，当弹簧受压时，其左侧接口力为正值，受力沿正方向，右侧接口力为负值，即受力沿负方向。

（3）机械转动接口。

一维机械转动接口用于和连线一起创建一维机械转动模型之间的势变量与流变量的连接关系。接口中定义一个势变量 φ 和一个流变量 τ，如表 4-7 所示。

表 4-7　一维机械转动接口变量

接口名称	变量名称	单位	数据类型	描述
flange	φ	rad	Real	角度
	τ	N.m	Real	力矩

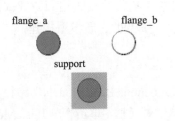

图 4-33　一维机械转动接口图标

一维机械转动接口图标使用深灰色的圆（通常位于模型左侧）、白色的圆（通常位于模型右侧）和深灰色带灰边的圆（通常为外壳用）表示，如图 4-33 所示。

接口 flange_a 和 flange_b 是相同的一维机械转动接口，其区别仅为名称和图标，support 通常表示为外壳或固定端接口。为使构建的模型具有和工程使用相符的正负方向，便于理解使用，规定 flange_a 位于模型左侧，flange_b 位于模型右侧，正方向表示从模型左侧 flange_a 接口指向模型右侧 flange_b 接口。例如，对于弹簧阻尼这类

具有拉伸压缩性质（compliant）的物理模型，当该弹性模型被拉伸时，模型左侧接口 flange_a 的力矩为负值，右侧接口 flange_b 的力矩为正值，此时该弹性模型左右侧接口力矩的正负值与工程上理解是相同的，即当弹簧受拉时，左侧受力矩为负值，右侧受力矩为正值。反之，当弹簧受压时，其左侧接口力矩为正值，受力矩沿正方向，右侧接口力矩为负值，即受力矩沿负方向。

4. 模型开发

这里主要以 90°三通模型为例，描述模型开发步骤。

在构建三通模型时，主要考虑其以下两点功能：

功能 1：管道分流，能够实现主管道到分支管道的流量分配；

功能 2：管阻压降，支持用户根据实际构型设置各流向摩擦系数、直径、临界雷诺数等，实现不同压降效果。

其对应的物理原理如下。

（1）节流孔的流量系数 C_q 计算如下，为摩擦系数的函数。

$$Cq_s = \frac{1}{\sqrt{k_s - 0.5 \cdot k_m}}$$

$$Cq_m = \frac{1}{\sqrt{0.5 \cdot k_m}}$$

注：s 和 m 分别代表主路和支路。

（2）节流孔的体积流量为

$$q = Cq \cdot A \cdot \sqrt{\frac{2 \cdot |\mathrm{dp}|}{\rho}}$$

其中，dp 为节流孔前后压力差。

（3）中间节点容腔压力计算公式为

$$\frac{\mathrm{d}(p_n)}{\mathrm{d}t} = \mathrm{beta} \cdot \frac{q_A + q_B + q_C}{\mathrm{volume}}$$

根据物理原理进行模型构建，首先建立基础模型主管节流孔，并按照相同方式依次建立分支管道节流孔和三接口液压容积模型，最终进行封装，完成 90°三通模型构建，具体步骤如下。

（1）新建主管节流孔模型。

在已创建的液压组件库下找到"Hydraulic.Resistances.Junctions.BasicModels"路径下的子模型库，并创建新模型，鼠标右键单击"BasicModels"弹出对话框，单击"在 BasicModels（基础组件）中新建模型"，如图 4-34 所示。

在弹出对话框对应位置填入模型名"OrificeM"、类别"model"、描述"主管节流孔模型"，勾选"保持到父模型所在文件"，其他为默认，单击"确定"按钮，创建主管节流孔空模型，如图 4-35 所示。

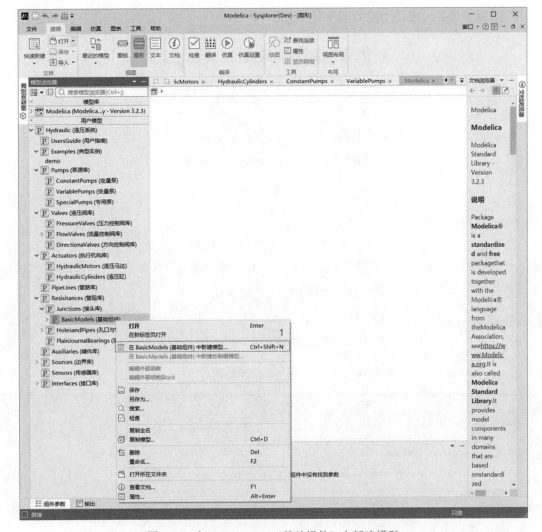

图 4-34　在 BasicModels（基础组件）中新建模型

图 4-35　创建主管节流孔空模型

至此模型创建完成，结构如图 4-36 所示。

图 4-36　模型创建完成

（2）编写模型文本。

在完成主管节流孔空模型创建后，需要根据以下步骤进行代码编写。单击"文本"按钮，进入文本视图，对主管节流孔模型按照继承类语句、模型参数、模型变量、模型接口和模型方程等规范顺序进行对应代码写入，如图 4-37 所示。

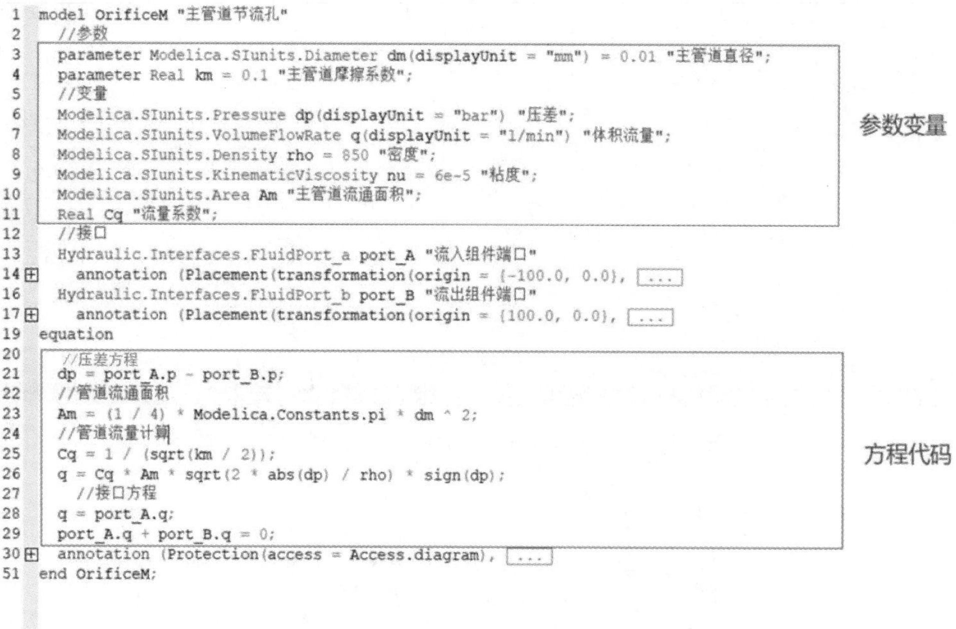

```
1   model OrificeM "主管道节流孔"
2     //参数
3     parameter Modelica.SIunits.Diameter dm(displayUnit = "mm") = 0.01 "主管道直径";
4     parameter Real km = 0.1 "主管道摩擦系数";
5     //变量
6     Modelica.SIunits.Pressure dp(displayUnit = "bar") "压差";
7     Modelica.SIunits.VolumeFlowRate q(displayUnit = "l/min") "体积流量";
8     Modelica.SIunits.Density rho = 850 "密度";
9     Modelica.SIunits.KinematicViscosity nu = 6e-5 "粘度";
10    Modelica.SIunits.Area Am "主管道流通面积";
11    Real Cq "流量系数";
12    //接口
13    Hydraulic.Interfaces.FluidPort_a port_A "流入组件端口"
14      annotation (Placement(transformation(origin = {-100.0, 0.0}, [...])
16    Hydraulic.Interfaces.FluidPort_b port_B "流出组件端口"
17      annotation (Placement(transformation(origin = {100.0, 0.0}, [...])
19  equation
20    //压差方程
21    dp = port_A.p - port_B.p;
22    //管道流通面积
23    Am = (1 / 4) * Modelica.Constants.pi * dm ^ 2;
24    //管道流量计算
25    Cq = 1 / (sqrt(km / 2));
26    q = Cq * Am * sqrt(2 * abs(dp) / rho) * sign(dp);
27    //接口方程
28    q = port_A.q;
29    port_A.q + port_B.q = 0;
30      annotation (Protection(access = Access.diagram), [...])
51  end OrificeM;
```

参数变量

方程代码

图 4-37　模型代码编写

（3）图标设计。

在模型代码编写完成后，需要为模型绘制图标，编写文档浏览器。单击"图标"按钮，进入图标视图，并打开"编辑"页面，采用绘图工具或导入图片的方式为模型绘制图标，如图 4-38 所示。

（4）参数面板设计。

按模型所需要调整的参数设计参数面板，参数面板设计代码测试如图 4-39 所示，所设计的参数框如图 4-40 所示。

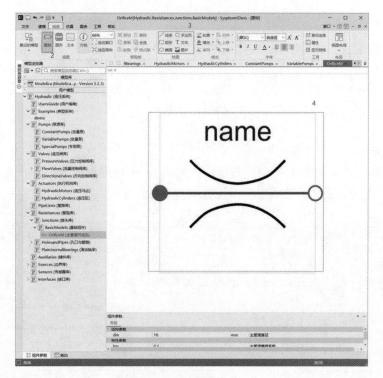

图 4-38　图标设计

```
1   model OrificeM "主管道节流孔"
2     //参数
3     parameter Modelica.SIunits.Diameter dm(displayUnit = "mm") = 0.01 "主管道直径"
4     annotation (Dialog(tab = "常规", group = "结构参数"));
5     parameter Real km = 0.1 "主管道摩擦系数"
6     annotation (Dialog(tab = "常规", group = "特性参数"));
7     //变量
8     Modelica.SIunits.Pressure dp(displayUnit = "bar") "压差";
9     Modelica.SIunits.VolumeFlowRate q(displayUnit = "l/min") "体积流量";
10    Modelica.SIunits.Density rho = 850 "密度";
11    Modelica.SIunits.KinematicViscosity nu = 6e-5 "粘度";
12    Modelica.SIunits.Area Am "主管道流通面积";
13    Real Cq "流量系数";
14    //接口
15    Interfaces.FluidPort_a port_A "流入组件端口"
16⊞     annotation (Placement(transformation(origin = {-100.0, 0.0}, ⎕⎕⎕
18    Interfaces.FluidPort_b port_B "流出组件端口"
19⊞     annotation (Placement(transformation(origin = {100.0, 0.0}, ⎕⎕⎕
21  equation
22    //压差方程
23    dp = port_A.p - port_B.p;
24    //管道流通面积
25    Am = FlowArea(dm);
26    //管道流量计算
27    Cq = 1 / (sqrt(km / 2));
28    q = Cq * Am * sqrt(2 * abs(dp) / rho) * sign(dp);
29      //接口方程
30    q = port_A.q;
31    port_A.q + port_B.q = 0;
32⊞  annotation (Protection(access=Access.diagram), Icon(coordinateSystem(extent={{-100.0, -100.0},
115 end OrificeM;
```

图 4-39　参数面板设计代码测试

组件参数			
常规			
结构参数			
dm	10	mm	主管道直径
特性参数			
km	0.1		主管道摩擦系数

图 4-40　参数框

（5）说明添加。

编写文档浏览器：打开文档浏览器单击"编辑"，进行模型说明编写，方便进行模型使用，如图 4-41 所示。至此，完成主管节流孔模型开发。

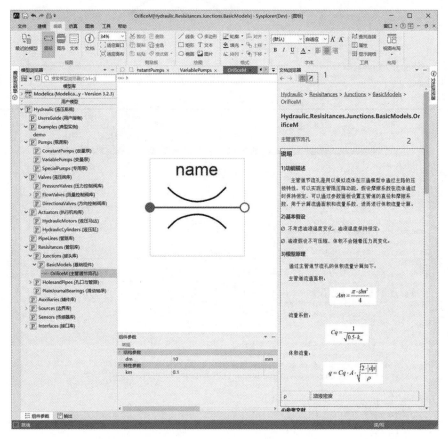

图 4-41　文档浏览器编写

（6）优化处理。

体积流量公式为

$$q = Cq \cdot A \cdot \sqrt{\frac{2 \cdot |\mathrm{dp}|}{\rho}}$$

计算时，公式中 q 始终为正值，但是由于压差 dp 的正负导致模型具有正反流量之分，因此需要根据压差 dp 正负进行判断选择正确流向，一般可直接加 sign 函数进行正负判断，此 sign 函数内部已考虑事件处理，无须再加事件避免函数 noEvent，以及公式中开根号一般采用 regRoot 函数或 regRoot2 函数代替 sqrt 函数，保证 *x*=0 处导数有限且光滑。公式优化处理代码如图 4-42 所示，所用代码如下。

```
q := Cq * A * regRoot（2 * abs（dp）/ rho）* sign（dp）;
```

```
 1  model OrificeM "主管节流孔"
 2    //参数
 3    parameter Modelica.SIunits.Diameter dm(displayUnit = "mm") = 0.01 "主管道直径"
 4    annotation (Dialog(tab = "常规", group = "结构参数"));
 5    parameter Real km = 0.1 "主管道摩擦系数"
 6    annotation (Dialog(tab = "常规", group = "特性参数"));
 7    //变量
 8    Modelica.SIunits.Pressure dp(displayUnit = "bar") "压差";
 9    Modelica.SIunits.VolumeFlowRate q(displayUnit = "l/min") "体积流量";
10    Modelica.SIunits.Density rho = 850 "密度";
11    Modelica.SIunits.KinematicViscosity nu = 6e-5 "粘度";
12    Modelica.SIunits.Area Am "主管道流通面积";
13    Real Cq "流量系数";
14    //接口
15    Interfaces.FluidPort_a port_A "流入组件端口"
16⊞     annotation (Placement(transformation(origin = {-100.0, 0.0},  ... )
18    Interfaces.FluidPort_b port_B "流出组件端口"
19⊞     annotation (Placement(transformation(origin = {100.0, 0.0},  ... )
21  equation
22    //压差方程
23    dp = port_A.p - port_B.p;
24    //管道流通面积
25    Am = FlowArea(dm);
26    //管道流量计算
27    Cq = 1 / (sqrt(km / 2));
28    q = Cq * Am * Modelica.Fluid.Utilities.regRoot(2 * abs(dp) / rho) * sign(dp);
29    //接口方程
30    q = port_A.q;
31    port_A.q + port_B.q = 0;
32⊞   annotation (Protection(access=Access.diagram), Icon(coordinateSystem(extent={{-100.0, -100.0}, {100.0, 100.0}},
115 end OrificeM;
```

图 4-42 公式优化处理代码

（7）其他子模型开发。

上述步骤完成了构建三通模型的主管节流孔模型的开发，按照上述步骤依次完成分支管道节流孔和三接口液压容积模型的开发，如图 4-43 所示。

图 4-43 其他子模型开发

（8）模型封装。

最终将完成的主管节流孔、分支管道节流孔和三接口液压容积进行封装，组合成完整的三通模型，如图 4-44 所示。

具体步骤如下。

① 在已创建的液压组件库下找到"Hydraulic.Resisitances.Junctions"路径下的子模型库，并创建新模型，鼠标右键单击"Junctions"弹出对话框，单击"在 Junctions（接头库）中新

建模型"，如图 4-45 所示。

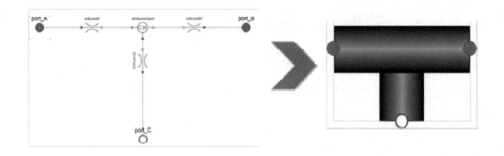

图 4-44　三通模型的封装

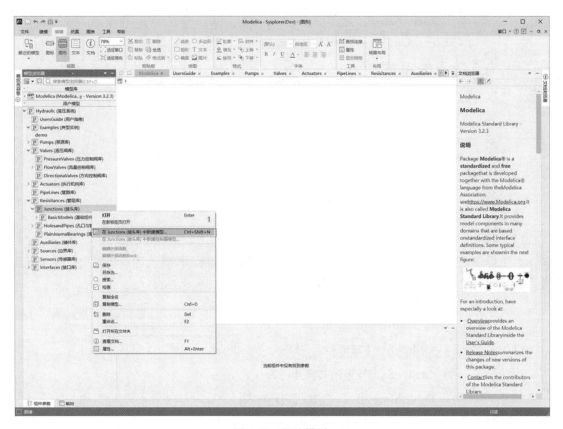

图 4-45　新建模型

②　在弹出对话框对应位置填入模型名"Tjunction90deg"、类别"model"、描述"90°三通模型"，勾选"保持到父模型所在文件"，其他为默认，单击"确定"按钮，创建 90°三通模型空模型，如图 4-46 所示。

③　在完成 90°三通模型空模型创建后，需要根据以下步骤进行模型组建和代码编写。单击"图形"按钮，进入图形视图，在图形视图中依次拖拽 2 个"OrificeM"主管节流孔、1个"OrificeS"分支管道节流孔、1 个"OilVolume3ports"三接口液压容积等基础模型，创建

90°三通模型接口，最后进行合理布局和连线，完成建立 90°三通模型所必需的模型构建，如图 4-47 所示。

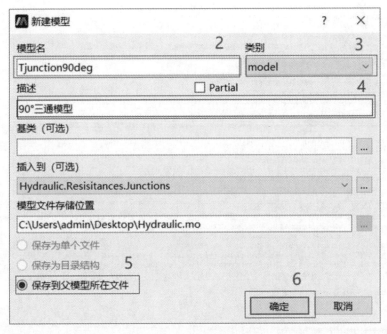

图 4-46　新建模型设置

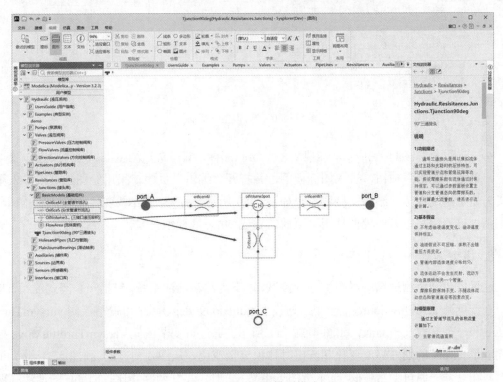

图 4-47　90°三通模型搭建

单击"文本"按钮，进入文本视图，对 90°三通模型补充模型参数代码，并将模型参数对应填入上述基础模型的参数面板内，完成 90°三通模型的组建和代码编写，如图 4-48 所示。

```
1   model Tjunction90deg "90°三通接头"
2      //参数
3      parameter Modelica.SIunits.Pressure p_init = 0 "管道内部初始压力"
4         annotation (Dialog(group = 初始化"));
5      parameter Modelica.SIunits.Diameter dm(displayUnit = "mm") = 0.01 "主管道直径"
6         annotation (Dialog(group = "结构参数"));
7      parameter Modelica.SIunits.Diameter ds(displayUnit = "mm") = 0.01 "管道分支直径"
8         annotation (Dialog(group = "结构参数"));
9      parameter Real km = 0.1 "主管道摩擦系数"
10        annotation (Dialog(group = "摩擦系数"));
11     parameter Real ks = 1.2 "管道分支摩擦系数"
12        annotation (Dialog(group = "摩擦系数"));
13     parameter Real Rec = 1000 "临界雷诺数"
14        annotation (Dialog(group = "流体参数"));
15     final parameter Modelica.SIunits.Volume vol = 0.25 * Modelica.Constants.pi * dm * dm * ds;
16     //实例化
17     Interfaces.FluidPort_a port_B "流入组件端口"
18 ⊞       annotation (Placement(transformation(origin = {100.0, 0.0},    ...
20     Interfaces.FluidPort_b port_C "流入组件端口"
21 ⊞       annotation (Placement(transformation(origin = {0.0, -100.0},    ...
23     Interfaces.FluidPort_a port_A "流入组件端口"
24 ⊞       annotation (Placement(transformation(origin = {-100.0, 0.0},    ...
26
27     BasicModels.OrificeM orificemM(dm = dm, km = km)
28 ⊞       annotation (Placement(transformation(origin = {-49.99999999999999, 4.440892098500626e-16},    ...
30     BasicModels.OrificeM orificemM1(dm = dm, km = km)
31 ⊞       annotation (Placement(transformation(origin = {49.99999999999999, 0.0},    ...
33     BasicModels.OrificeS OrificemS(ds = ds, km = km, ks = ks)
34 ⊞       annotation (Placement(transformation(origin = {0.02163701657458189, -30.0},    ...
37     BasicModels.OilVolume3port oilVolume3port(volume = vol, pVolume(start = p_init))
38        annotation (Placement(transformation(extent = {{-10.0, -10.0}, {10.0, 10.0}})));
39  equation
40     connect(orificemM1.port_A, port_B)
41 ⊞       annotation (Line(origin = {80.0, 0.0},    ...
44     connect(OrificemS.port_A, port_C)
45 ⊞       annotation (Line(origin = {0.0, -67.0},    ...
48     connect(orificemM.port_A, port_A)
49 ⊞       annotation (Line(origin = {-74.0, 0.0},    ...
52     annotation (Icon(coordinateSystem(extent={{-100.0, -100.0}, {100.0, 100.0}}, grid={2.0, 2.0}}, graphics={Rectanc
166    connect(orificemM.port_B, oilVolume3port.port_A)
167 ⊞      annotation (Line(origin = {-25.0, 0.0},    ...
170    connect(OrificemS.port_B, oilVolume3port.port_C)
171 ⊞      annotation (Line(origin = {0.0, -15.0},    ...
174    connect(oilVolume3port.port_B, orificemM1.port_B)
175 ⊞      annotation (Line(origin = {25.0, 0.0},    ...
178  end Tjunction90deg;
```

图 4-48　90°三通模型代码编写

④ 在模型代码编写完成后，需要为模型绘制图标，编写文档浏览器。绘制图标如图 4-49 所示，单击"图标"按钮，进入图标视图，并打开"编辑"页面，采用绘图工具或导入图片方式为模型绘制图标。编写文档浏览器如图 4-50 所示，打开文档浏览器，单击"编辑"，进行文档浏览器编写，方便模型使用。至此，完成 90°三通模型开发。

5. 模型测试

这里搭建一个测试系统对模型进行测试，以下为油箱泄油系统，包括一个闭式油箱 hTank、一个零流量源 zeroFlowSource、一个三通模型 tjunction90deg、两个可变节流阀 varsymThrottleValve 和一个开式油箱 tank，如图 4-51（a）所示。通过可变节流阀 varsymThrottleValve 控制闭式油箱 hTank 的油液高度变化和流出时体积流量变化，从图 4-51（b）和图 4-51（c）可以看出，在只开一路可变节流阀 varsymThrottleValve 时，与开两路相比，hTank 的油液高度变化更平缓，流出时体积流量更小。

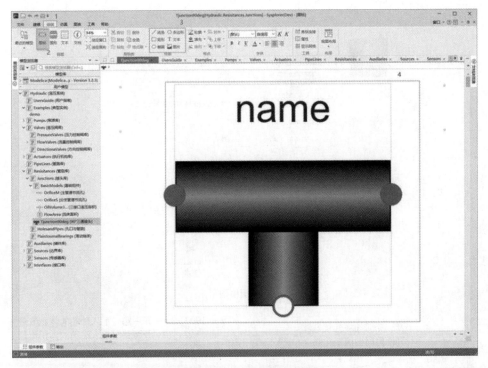

图 4-49 90°三通模型图标绘制

图 4-50 90°三通模型文档浏览器编写

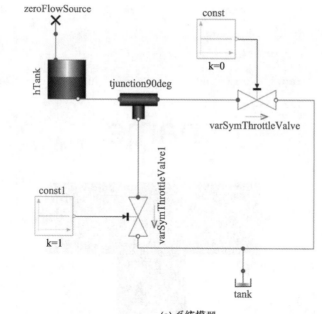

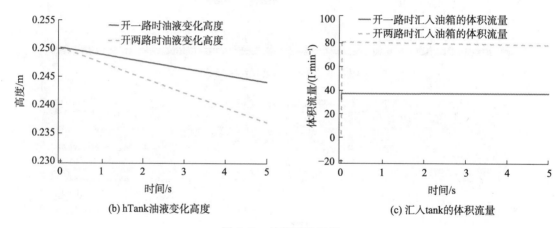

(a) 系统模型

(b) hTank油液变化高度

(c) 汇入tank的体积流量

图4-51　油箱泄油系统

4.3.2　应用层模型库开发流程

应用层模型库开发流程主要包括需求分析、架构设计、接口设计、模型开发和模型测试，此外，模型开发后可以进行模型库的发布。

1. 需求分析

模型是系统的抽象，保留主要的功能，忽略次要的功能。哪些是主要的功能、哪些是次要的功能取决于仿真目的。仿真目的是指想要通过仿真做出关于系统的何种决策或得出何种结论。模型与系统的行为特性间的对比精度多高才能满足要求与仿真目的有关，而且是难以确定的。因此，在进行系统仿真的最初阶段就必须对仿真需求进行客观详细的分析，主要包括以下方面。

（1）业务需求：主要分析客户对模型库系统高层次的目标要求；

（2）架构需求：主要分析模型库层次化结构、可扩展性、重用性和可维护性等方面要求；

（3）功能需求：开发人员必须实现的模型功能；

（4）性能需求：模型的精度要求和求解效率要求；

（5）内外部接口需求：模型与模型之间或与外部系统的交互方式和接口规范的要求；

（6）运行环境需求：模型库或系统运行所需的硬件、软件等环境方面的要求；

（7）非功能性需求：模型库在稳定性、兼容性、可扩展性、易用性以及发布等方面的要求。

2. 架构设计

（1）架构设计原则。

模型库结构是影响模型层次化结构、扩展性、重用性和可维护性等的重要因素之一。模型库结构设计要遵循最优化的原则，一般需要考虑以下特性。

① 层次化结构。

对于大型系统，模型复杂度是需要重点考虑的因素。模型过于复杂，会导致一系列问题：仿真时间太长、数值计算不稳定、低水平模型细节导致结果处理困难、开发周期长、成本高等。层次化模型库结构提供的封装和分粒度构建的方法，可以降低大型系统的复杂度，模型库结构能够反映系统分解建模的方法和拓扑关系。

② 扩展性。

模型库对扩展性的要求随其用途等变化。一些模型库将大量定义完善的数学模型描述按照用户习惯构建成通用组件，这些组件可以通过"穿衣服"搭建特定的系统，也可以与其他模型库联合使用，用户不用再去开发新的组件。而一些模型库的应用范围非常广泛，建模时考虑的因素和研究的问题不同，所需的模型也不同，即使再大的模型库，也不可能包含所有的组件模型，这类模型库必须具备合理的用户扩展性。模型库结构为扩展性的设计提供了强大、灵活和易懂的方式。

③ 重用性。

"重用"是面向对象的建模语言的最大特点之一。Modelica 作为面向对象的建模语言，提供继承（Extends）、变型（Modification）和重声明（Redeclaration）等机制，能够方便地支持模型重用。继承是对已有类型的重用，结合变型与重声明，实现对基类的定制与扩展。

（2）架构实现。

Modelica 在设计时吸收了一些当时比较先进的编程语言的优点，如 Java、Python。它借鉴 Java 包的概念设计了受限类 package，用于表示模型库。package 只可以包含类和常量的声明，与 Java 类似，Modelica 以文件系统目录的形式储存 package。在 Modelica 中，模型库路径被称为 MODELICAPATH，以文件系统目录形式保存的模型库被称为外部类（External Representation of Classes）。

在 Modelica 中，外部类有下列两种不同形式，分别为结构化实体（Streuturedentities）和非结构化实体（Non-structuredentities）。

如果文件夹目录下有名为 package.mo 的文件，则该文件夹被 Modelica 编译器识别为一个结构化实体，并为其自动生成一个 package 类，文件夹的名字就是 package 类的名字。文件夹目录下所有模型文件（.mo 文件）都将作为这个 package 类的子类。相对于结构化实体，非结构化实体则以单独的.mo 文件存在。

结构化实体与非结构化实体相结合就构成了一个完整的库组织结构，能够清晰地表达模型库中存在于不同作用域的基础领域模型与可重用组件。MWORKS 提供了三种模型存储方式，如图 4-52 所示，对于顶层的 package 类的模型可以选择"保存为目录结构"（结构化实体）或"保存为单个文件"（非结构化）的存储方式，其他类型只能选择"保存为单个文件"；对于嵌套模型可以选择"保存到父模型所在文件"。在进行模型库创建时，需要合理选择组织模型库结构的方式。

图 4-52　Modelica 模型库创建

对于基于 Modelica 开发的模型库而言，良好的结构不仅可以方便创建者管理，也可以方便使用者查找。一般组件库按照功能进行划分，一般包含如下几类。

① UsersGuide：用户指南，包括模型库概述、适配性说明、联系方式、版本说明、二次开发模板；

② Examples：典型示例；

③ Components：各类功能组件库，此库可以根据情况进行展开；

④ Sources：激励或边界库；

⑤ Sensors：传感器库；

⑥ Interfaces：接口库。

3. 接口设计

不同组件通过连接机制互相连接在一起，保证组件之间的通信，维护连接之间的约束。Modelica 提供了两类连接器：因果连接器和非因果连接器。

（1）因果连接器。

因果连接器又称信号流连接器，控制、状态、数字电路用的都是因果连接器。表 4-8 列出了常见控制领域的因果连接器接口变量。

表 4-8　常见控制领域的因果连接器接口变量

输入接口	输出接口
RealInput（浮点型输入）	RealOutput（浮点型输出）
BooleanInput（布尔型输入）	BooleanOutput（布尔型输出）
IntegerInput（整型输入）	IntegerOutput（整型输出）
RealVectorInput（浮点型向量输入）	IntegerVectorInput（整型向量输入）
BooleanVectorInput（布尔型向量输入）	

（2）非因果连接器–势变量与流变量。

众多物理领域的系统之所以能够利用 Modelica 进行建模、仿真及优化，是因为 Modelica 采用统一的数学方程描述任意领域的模型行为，并且物理领域保证系统模型元件之间的连接都满足广义基尔霍夫定律，即在元件连接处满足势变量相等、流变量求和为零，表 4-9 列出了常见基本物理领域的接口势变量与流变量定义。

表 4-9　常见基本物理领域的接口势变量与流变量定义

领域	势变量	流变量
电学	电压（Voltage）	电流（Current）
一维平动	位移（Position）	力（Force）
一维转动	角度（Angle）	转矩（Torque）
三维多体	位置（postion）/姿态矩阵（orientation）	力（cut-force）/扭矩（cut-torque）
流体	压强（Pressure）	质量流量（Mass flow）
电磁	磁动势（Magnetic potential）	磁通（Magnetic flux rate）
液压	压强（Pressure）	体积流量（Volume flow）
热力学	温度（Temperature）	热流（Heat flow）
化学	化学势（Chemical potential）	质点流量（Particle flow）
气体	压强（Pressure）	质量流量（Mass flow）

连接模型的连接器是模型库的一个重要基础，连接器的定义是可重用模型库设计的关键步骤。连接器设计的关键在于连接器内含变量的合理抽象和选择，连接器内变量选择的方式有多种，分为根据模型间交互所需的信息选择变量、根据建模平台的要求选择变量、根据领域对象自然选择变量。

对于一个多领域物理系统，其各领域子系统之所以能关联在一起，是因为各领域子系统之间具有能量转化与传递关系，或者信号传递关系。基于此，Modelica 可以将实际物理系统的能量转化器件抽象映射为一个表示能量转化的模型元件，即能量转化器。能量转化器（如标准库中 Modelica.Electrical.Analog.Basic.EMF 组件或液发模型库中的涡轮泵模型）具有多种类型的接口，进而可以在统一建模环境下描述不同领域子系统的物理规律和现象，实现完全意义上的多领域统一建模。

4. 模型开发

组件模型是物理系统基本要素，每个组件可以具有参数、变量、行为和端口。参数表示固定特性，变量表示可变物理属性，行为阐释物理本构，端口用于外部连接。组件变量与端口变量之间存在约束方程。

每个组件的生成都是通过 Modelica 代码实现的，因此，基于 Modelica 进行相关组件开发及系统仿真，最为关键的步骤就是组件代码的编写，模型开发步骤如图 4-53 所示。

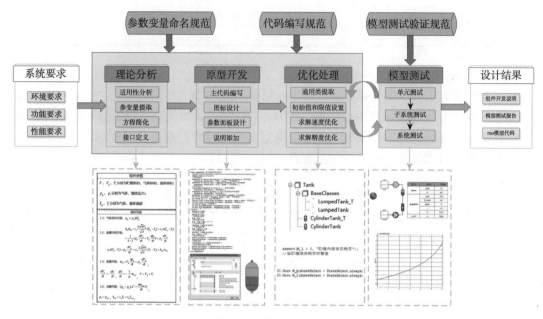

图 4-53　模型开发步骤

（1）理论分析。

每个组件具有参数、变量、行为和接口。组件参数表示物理元件相对固定的特性，如管道部件的管径和管长、机械部件的质量和惯性等。组件变量用于描述元件的物理属性，如管道部件的压力流量、机械部件的位置与受力等。组件行为是指元件的物理本构或约束关系，如质量守恒定律、机械牛顿定律等。组件行为采用方程描述，具体的方程包括代数方程、常微分方程或偏微分方程。代数方程一般表示代数约束；常微分方程一般表示与时间相关的动态过程；偏微分方程一般表示与时间和空间相关或以场形式存在的动态过程。

每个组件建模所需要的参数、变量及方程基本来源于相关组件的数学原理。可以根据需求查找相关资料，理解其工作原理，学会用数学方程（可以是已有的经过验证的数学原理，也可以是经过自己推导并简化的数学方程）来描述物理元件的行为。

（2）原型开发。

① 模型创建。

MWORKS 支持层次化模型库开发，一般可以用鼠标右键单击所需建立下层模型的 package，单击"编辑"→"新建嵌套类"来创建所需模型，同时加上相应的类注释。

建立的所有类别（package、model、function）都需要相应的注释，一般类注释普遍采用下面的形式，用""""进行注释。

package Hydraulics "液压组件模型库"

```
        model OrificeM "主管节流孔模型"
        ……
        end OrificeM;
        function FlowArea "通流面积函数"
        ……
        end FlowArea;
end LiquidRocketEngine;
```

② 主代码编写。

第一步为量纲定义。

Modelica 标准库（Modelica.SIunits）中比较全面地定义了国际单位制（SI），一般不需要再在自建模型库中定义新的单位制，但是有些工程上常常使用的或符合用户使用习惯的单位没有被预定义，那么就需要进行单位的显示设置。

单位的显示一般分为两个方面，一是参数框上的单位显示，二是后处理界面的曲线数据的单位显示。MWORKS 提供对显示单位（displayUnit）的支持，模型库创建者完全可以按照需要建立不同显示单位的量纲，但必须符合国际单位制。

所添加量纲的定义一般存放在指定的模型子库中，一般名为 Types 或 SI，尽量与标准库的 SIunits 区分开。

```
type AbsolutePressure = Pressure （min = 0, displayUnit = "MPa"）；
```

第二步为参数、变量定义。

在完整的建模理论查找完成之后，在所创建的模型类中进行参数、变量的定义（其中包括工质的相关定义，一般建议将工质的定义与普通参数、变量定义隔开），并且定义的每个参数、变量都要注释其含义，以增强代码的可读性，注释语尽量简明扼要，一般用 "" 进行注释。

```
//参数
parameter Modelica.SIunits.Diameter dm（displayUnit = "mm"） = 0.01 "主管道直径";
parameter Real km = 0.1 "主管道摩擦系数";
//变量
Modelica.SIunits.Pressure dp（displayUnit = "bar"） "压差";
Modelica.SIunits.VolumeFlowRate q（displayUnit = "l/min"） "体积流量";
Modelica.SIunits.Density rho = 850 "密度";
Modelica.SIunits.KinematicViscosity nu = 6e-5 "黏度";
Modelica.SIunits.Area Am "主管道流通面积";
Real Cq "流量系数";
```

第三步为编写方程和算法。

定义完整的参数、变量之后，就可以在模型类创建方程区域进行方程和算法的编写，一般通过理论查找的方程都可以通过定义的参变量在方程区域直接进行编写，但要注意方程导数的转换等特殊情况的处理，同时尽可能简化方程，以降低求解难度。算法一般在函数中使用较多，其编写与方程类似，但注意需要在算法区域编写。

在模型代码的方程区域，某一个方程的含义或某一部分方程的含义都要注释清楚，一般用 "//" 进行注释。

```
equation
  //压差方程
  dp = port_A.p - port_B.p;
```

```
//管道流通面积
Am = FlowArea（dm）；
//管道流量计算
Cq = 1 / （sqrt（km / 2））；
q = Cq * Am * sqrt（2 * abs（dp）/ rho）* sign（dp）；
   //接口方程
q = port_A.q;
port_A.q + port_B.q = 0;
```

同理，在模型代码的算法区域，某一个算法的含义或某一部分算法的含义都要注释清楚，一般用"//"进行注释。

```
function FlowArea "流通面积"
input Real x;
output Real y;
algorithm
y=（1 / 4）*Modelica.Constants.pi*x^2;
   end FlowArea;
```

③ 图标设计。

图标设计对于模型库而言是必不可少的一部分，关系到整个模型库的风格和外观，图标的设计工具有很多，如 Microsoft Office Visio 绘图、Adobe PhotoShop 等，但一般通过其他软件制作的图标或网上直接下载的图片，加载到 MWORKS 中后其清晰度会降低，因此如果不追求图标的华丽，还是建议利用 MWORKS 自带的画图工具建立图标。

多数情况下，组件图标的默认显示大小固定，如图 4-54 所示，一般都以 100×100 大小处理，并且保持"组件缩放系数"不变，以防止在拖动过程中出现组件图标的破损。

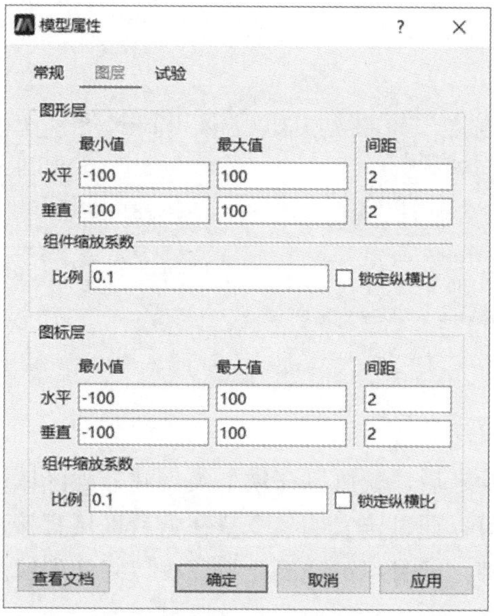

图 4-54　模型属性

④ 参数面板设计。

参数定义完成后，需要进行相应的参数框显示设置，不同类别的参数一般分 Tab 或 Group 进行显示，通过 annotation 的注解语句实现，具体代码格式示例如下。

```
parameter Modelica.SIunits.Diameter dm（displayUnit = "mm"）  = 0.01  "主管道直径"
annotation  （Dialog（tab = "常规", group = "结构参数"））；
parameter Real km = 0.1 "主管道摩擦系数"
annotation  （Dialog（tab = "常规", group = "特性参数"））；
```

所生成的参数框如图 4-55 所示。

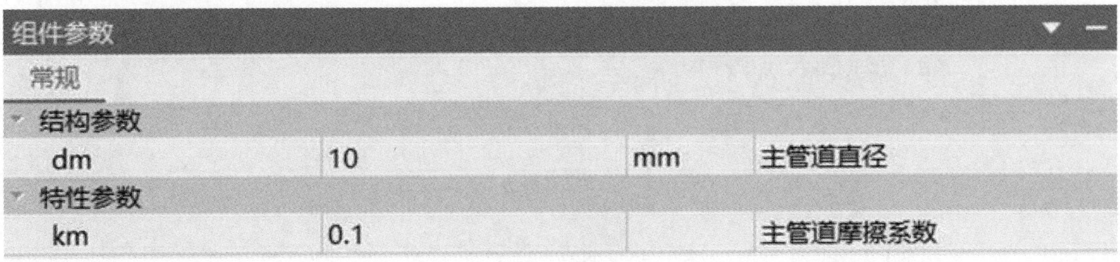

组件参数			▼ —
常规			
结构参数			
dm	10	mm	主管道直径
特性参数			
km	0.1		主管道摩擦系数

图 4-55 参数框

⑤ 说明添加。

建立一个模型库，除了需要在模型库中添加相应的 UsersGuide 说明库及组件说明视图，还需要撰写模型库相关的用户文档，主要文档包括组件开发说明和模型库测试报告。

组件开发说明较为详细地讲述模型组件的信息，一般在模型组件开发前创建，并在组件开发过程中不断修改和完善，如图 4-56 所示。组件开发说明格式不唯一，但主要内容要包括功能描述（简介、原理图、实际功能）、基本假设、模型原理、参考文献、主要参变量、接口信息、其他说明（模型存在问题、使用注意事项等）。

模型库测试报告在模型测试过程中创建并完成，主要描述组件的测试内容（组件功能）、测试方式（单元测试、子系统测试、系统测试）、测试结果及结果分析等，保证模型的正确性。

（3）优化处理。

① 组件重用性。

（a）抽象与继承。定义抽象类型并继承使用，是实现模型重用的一种重要手段。例如，许多电子元件都具有一个共性，即都具有两个端口。根据这一共性，我们可以定义一个抽象的元器件类型 OnePort，具有两个端口 p 与 n，还具有一个物理量 v 用于表示这个组件两端的电势差。

采用继承机制建立的模型更加简洁。通过对基类数据及算法的重用，避免不必要的代码重复。如果要修改共有的特性，只需修改基类 OnePort 即可。Modelica 标准库中就大量使用了继承机制。如果需要对一系列物理组件进行建模，而这些组件之间又具备诸多共同特性，就可以应用抽象与继承建立可重用的模型。

（b）重声明。除了继承与变型，Modelica 还提供了另外一种重用机制——重声明。相比继承机制的代码重用、变型机制的参数化功能，重声明机制能够有效地支持衍生设计。

重声明语句以"redeclare"前缀予以标识。变型中的 redeclare 结构使用另一个声明替换变型元素中局部类或组件的声明。重声明既可以针对组件，也可以针对类型。无论哪种方式，都使得类型作为模型的参数，从而让抽象模型更具柔性。

1)功能描述

主管道节流孔是用以模拟流体在三通模型中通过主路的压损特性，可以实现主管阻压降功能，假设摩擦系数在流体通过时保持恒定，可以通过参数面板设置主管道的直径和摩擦系数，用于计算流通面积和流量系数，进而进行体积流量计算。

2)基本假设

Ø 不考虑油液温度变化，油液温度保持恒定；

Ø 油液假设不可压缩，体积不会随着压力而变化；

3)模型原理

通过主管道节流孔的体积流量计算如下：

主管道流通面积：

$$Am = \frac{\pi \cdot dm^2}{4}$$

流量系数：

$$Cq = \frac{1}{\sqrt{0.5 \cdot k_m}}$$

体积流量：

$$q = Cq \cdot A \cdot \sqrt{\frac{2 \cdot |dp|}{\rho}}$$

ρ	油液密度

4)参考文献

[1] I.E. Idelchik, Handbook of Hydraulic Resistance, 3rd edition, Begell House.

5)主要参变量

• 参数

tab参数	group参数	参数名称	默认值	单位	参数描述
常规	结构参数	dm	10	mm	主管道直径
	特性参数	km	0.1	/	主管道摩擦系数

• 变量

变量类型	变量名称	单位	类型	描述
结果变量	q	l/min	Real	体积流量
	Am	m2	Real	主管道流通面积
	Cq	/	Real	流量系数
中间变量(隐藏处理)	dp	bar	Real	压差

6)接口信息

接口	变量	范围/单位	数据维度	数据类型	描述
port_A	p	bar	[1]	Real	接口压力
	q	l/min	[1]	Real	接口流量
port_B	p	bar	[1]	Real	接口压力
	q	l/min	[1]	Real	接口流量

7)其他说明

体积流量需要转换为0压下体积流量，相应的容性件会把接收到的0压下体积流量重新转换为容性件当前压力下的体积流量

图 4-56　模型说明图框

```
model HeatExchanger
    replaceable parameter GeometryRecord geometry;
    replaceable input Real u[2];
end HeatExchanger;

HeatExchanger heatExchanger（
redeclare parameter GeoHorizontal geometry;
redeclare input Modelica.SIunits.Angle u[2];
```

inner/outer 作为 Modelica 的高级特征之一，提供了一种外层变量或外层类型的引用机制。在元素前面使用"inner"前缀进行修饰，定义了一个被引用的外层元素；在元素前面使用"outer"前缀进行修饰，该元素引用相匹配的外层 inner 元素。对于一个 outer 元素，至少应存在一个相应的 inner 元素声明。inner/outer 相当于定义了一个全局接口或变量，可以在嵌套的所有实例层次中被访问。

② 组件初始化。

Modelica 描述动态模型时，本质上就是描述模型状态是如何随时间变化的。当启动一次仿真时，状态需要被初始化。从数学角度而言，对于常微分方程和微分代数方程需要设定初始值，即初始条件。

（a）设置初始条件。在定义变量时直接为其设定初始值。属性 start 用于为变量设定初始值，属性 fixed 用于设定初始值的性质。当属性 fixed 为 true 时，表示该初始值是既定初始值，必须得到满足，即变量的初始值必须等于由 start 指定的值。当属性 fixed 为 false 或默认值时，表示该初始值是备选初始值，可以不满足。备选初始值有两个方面的作用：第一，在求解初值时，若初值系统缺少约束条件，取备选初始值进行补充；第二，在求解非连续系统时，将该值当作变量的迭代起始值。

```
model Sample1
    parameter Real x0=1.2;
    Real x（start=x0,fixed=true）;
equation
    der（x）=2*x-1;
end Sample1;
```

定义初始方程或初始算法。在模型的 initial equation 部分定义的方程属于初始方程。初始方程是一种初始约束条件，表达初始时刻变量和变量导数之间的数值约束关系，常用于为变量导数设定初始条件。此外，还可以通过定义初始算法（initial algorithm）来给定初始约束条件。

```
model Sample2
    Real x;
    initial equation
    der（x）=0;
equation
    der（x）=2*x-1;
end Sample2;
```

（b）确定初始条件个数。对于以状态空间形式表示的常微分方程系统（ODE），有 $dx/dt = f(x, t)$，其初值系统有 $2 \times \dim(x)$ 个未知量 $x(t_0)$ 和 $dx/dt(t_0)$，但模型方程只有 $\dim(x)$ 个，因此还需要 $\dim(x)$ 个初始条件。

对于微分代数方程 DAE，初始条件个数的确定要比 ODE 复杂。例如，对于方程 $0=g(dx/dt, x, y, t)$，其中 $x(t)$ 是状态变量，$y(t)$ 是代数变量，方程共有 $\dim(g)=\dim(x)+\dim(y)$ 个原始方程，

其初值系统有 $2×\dim(x)+\dim(y)$ 个变量，因而也必须有 $2×\dim(x)+\dim(y)$ 个方程。这意味着用户可以指定 $\dim(x)$ 个初始条件，但 DAE 系统可能是高指标的，其中可能包含隐含初始条件，因此用户给定的初始条件通常必须少于 $\dim(x)$ 个。

如果一个模型规模较大，而且是高指标的，那么让用户确定需要给定多少个初始条件是很困难的。为此，如果用户指定的初始条件太多，MWORKS 将输出错误信息，根据提示信息，用户可以移除某些初始条件。

避免初始条件过多的一个有效方法是，将具有 start 属性的变量的 fixed 属性设置为 false，这时 MWORKS 根据需要自动选择备选初始条件并实现相容初始条件求解；如果缺少初始条件，MWORKS 自动选择状态变量的 start 值补充初始条件。

③ 组件健壮性。

建立模型时需要注意模型的健壮性，因为模型在使用过程中可能会遇到极端问题和误用问题。一般提高模型健壮性的方法有两种，第一种是限位（保证某些参数、变量在设置和求解过程中的正确性，如气液容积的非负性、绝对压力的非负性、管道长度的非负性等），可使用 Min/Max、assert 等关键字或其他限位方式（限位函数、限位组件、If 限位语句）对模型进行限位；第二种是使用 final 关键字等限制模型参数被修改或变型。

④ 组件仿真效率。

（a）尽量使用 equation。如果没有特殊的目的，请尽量使用 equation。因为在 algorithm 块中，变量可能被赋值多次，使得工具无法对其进行符号分析，提高仿真效率。例如，无法得到求解雅可比矩阵的函数。

（b）避免不必要的事件。事件会中断积分算法，从而影响仿真速度，因此，避免不必要的事件可以较大地提高仿真速度。

```
der（x）= noEvent（if y<0 then 0 else y^2）；
```

（c）合适的积分算法。积分算法有自己的适用范围，因此需要根据模型的特点采用合适的算法，例如，模型是刚性的，就需要采用求解刚性问题的积分算法。

（d）合适的误差。误差越小仿真时间越长，结果越可靠，误差越大仿真速度越快，结果越不可靠。可以使用不同的误差仿真，比较它们的结果，确定合适的误差。

（e）为函数提供雅可比函数。对于隐式方程组，分析器使用符号推导，得到求解雅可比矩阵的函数，避免数据求解。由于分析器不能推导用户自定义函数，因此如果用户为自定义函数提供导数函数，可以提高仿真效率。

```
model JacobianExample
Real x,y;
function f
    input Real x;
    output Real y;
    annotation （derivative=f_Jac）；
    algorithm
    y := sin（x）+cos（x）+x;
end f;
function f_Jac
    input Real x;
    input Real dx;
    output Real dy;
    algorithm
    dy := dx *（cos（x）-sin（x）+1）；
end f_Jac;
```

```
equation
    der（y） = 2.0;
    y = f（x）;
end JacobianExample;
```

（f）变量消除。分析器会进行符号处理，消除别名变量，因此，用户手动消除别名变量对仿真速度没有影响，而且容易使代码变得不直观。除非有证据表明消除变量对仿真速度有影响，否则不建议手动消除别名变量。

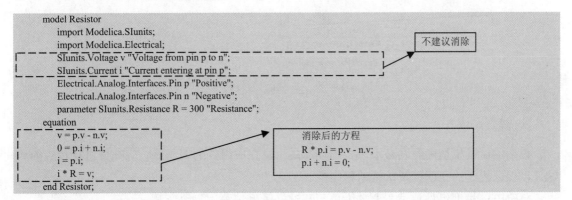

```
model Resistor
    import Modelica.SIunits;
    import Modelica.Electrical;
    SIunits.Voltage v "Voltage from pin p to n";          不建议消除
    SIunits.Current i "Current entering at pin p";
    Electrical.Analog.Interfaces.Pin p "Positive";
    Electrical.Analog.Interfaces.Pin n "Negative";
    parameter SIunits.Resistance R = 300 "Resistance";
equation
    v = p.v - n.v;                          消除后的方程
    0 = p.i + n.i;                          R * p.i = p.v - n.v;
    i = p.i;                                p.i + n.i = 0;
    i * R = v;
end Resistor;
```

（4）模型封装。

模型封装在一定程度上可以说是模型分解的逆过程，一般层次化模型中的底层模型包含模型活动和功能的所有细节，较高层次的模型隐藏了相关细节，依赖于底层模型实现。一般模型的封装主要有两种形式：连接封装和重用封装。

① 连接封装。

如图 4-57 所示，三通模型一般由主管节流孔、分支管道节流孔和节点容腔组成，将这些现有的底层模型相互连接，就可以封装形成三通模型，进行整体使用。

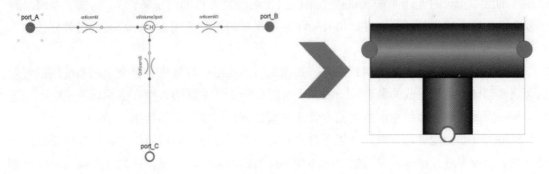

图 4-57　三通模型的封装

② 重用封装。

在基于功能的组件分解所形成的功能仿真模型的层次结构中，模型组合是通过上层模型对下层模型的模型调用和变型实现的。如图 4-58 所示，动态管道中一般包含传热模块、流动模块、结构模块等，将这些模块合理地组合封装起来就形成了较为全面的动态管道模型，可以作为一个整体供系统使用。

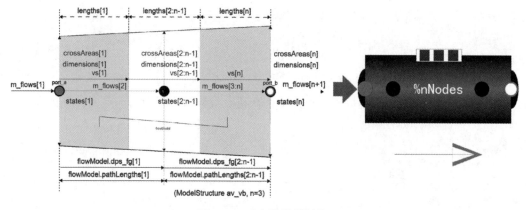

图 4-58 动态管道的封装

5. 模型测试

模型测试是模型库开发必不可少的环节之一，完成组件的编码后，应充分进行相应的测试，以保证模型的正确性及求解的稳定性。

Modelica 模型组件测试主要分为单元测试、子系统测试、系统测试。

（1）单元测试。

单元测试较为简单，主要测试模型的可求解性，通过信号源等简单组件向测试模型输入一定的信号，保证测试模型在编码上的正确性，一般按照理论方程建立的模型，在变量数和方程数相等的前提下，单元测试都是可以通过的，即使测试模型的某些变量在求解上有数值跳变，单元测试的求解也并不困难。

（2）子系统测试。

子系统测试相比于单元测试要复杂些，其不再是测试一个组件的正确性，而是在单元测试的基础上（保证每个子系统测试模型编码的正确性及方程的可求解性），测试子系统求解（多个组件组合求解）的稳定性，再针对不同子系统的不稳定因素进行相应的组件修改。

（3）系统测试。

系统测试，相比于子系统测试而言，其测试所用的组件数较多且更全面，系统测试可能包含众多领域，是子系统的集合，一般在子系统中能正常求解的模型在多领域系统中不一定能求解，因此组件在系统中求解的稳定性才是真正评判模型优良的标准。

Modelica 模型组件测试要注意以下几点：必须保证在模型测试所用的其他组件正确的情况下对被测模型进行测试；尽可能考虑各种不同的输入条件，使模型在允许的输入条件下都是正确的；对被测模型的参数修改尽可能全面，防止模型参数设定较极端而导致求解失败；设定合适的积分算法及求解精度（误差），积分算法有自己的适用范围，因此需要根据模型的特点，采用合适的算法及求解精度进行测试，例如，若模型是刚性的，则需要采用求解刚性问题的积分算法，并适当减小求解误差。

6. 模型库发布

Modelica 模型库作为一种具有知识产权的工业软件，在开发过程中要耗费大量的资源，其中涵盖丰富的专业知识与经验，甚至涉及开发者独有的且不希望公开的核心数据。MWORKS 支持对 Modelica 模型库进行有效的加密保护，在允许正常使用的同时隐藏必要的模型细节。

（1）模型发布。

为确保在模型正常使用的同时隐藏必要的模型细节，MWORKS.Sysplorer 新增模型发布功能，对模型进行加密并发布为.mef 文件，支持多种粒度、多种层次的模型保护级别，对模型使用、代码浏览、代码复制等显示和操作场景进行必要的控制，如图 4-59 所示。通过菜单栏"文件"→"发布模型"可以打开模型发布窗口。

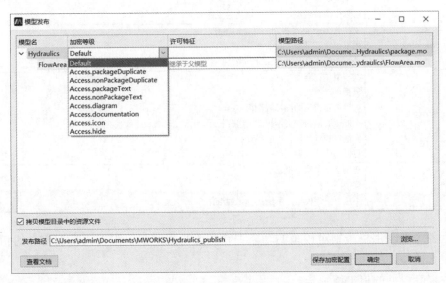

图 4-59　模型发布窗口

（2）模型的保护级别。

根据模型库开发者对加密模型隐藏信息的不同要求，MWORKS.Sysplorer 提供了 8 个不同等级的模型保护级别（由上往下加密等级逐步增加），如表 4-10 所示，开发者可以从中指定一个作为模型的保护级别。

表 4-10　模型保护级别表

保护级别	功能限制	备注
Access.packageDuplicate	对于任意类型的模型（含 package 类型），可以复制模型，也可另存； 除以上功能限制外，其他功能不限制	不区分 package 类型
Access.nonPackageDuplicate	对于非 package 类型的模型，可以复制模型，也可另存； 对于 package 类型的模型，不能复制模型，且不能另存； 对于非 package 类型的模型，可以查看模型的所有内容，包括模型文本视图内容； 对于 package 类型的模型，可以查看模型的所有内容，除了模型文本视图内容； 除以上功能限制外，其他功能不限制	区分模型是否 为 package 类 型
Access.packageText	对于任意类型的模型（含 package 类型），可以查看模型的文本视图内容； 可以查看模型的组件视图、图标视图、Documentation 内容； 不能复制模型，且不能另存； 除以上功能限制外，其他功能不限制	不区分 package 类型

保护级别	功能限制	备注
Access.nonPackageText	对于非 package 类型的模型，可以查看模型的文本视图内容； 对于 package 类型的模型，不能查看模型的文本视图内容； 可以查看模型的组件视图、图标视图、Documentation 内容； 不能复制模型，且不能另存； 不能保存为独立模型； 除以上功能限制外，其他功能不限制	区分模型是否为 package 类型
Access.diagram	支持 Access.documentation 级别所支持的所有功能； 可以查看模型的组件视图、图标视图、Documentation 内容； 不能查看模型的文本视图内容； 不能复制模型，且不能另存； 可以引用该模型，可以实例化为组件	
Access.documentation	支持 Access.icon 级别所支持的所有功能； 可以查看模型 Documentation 内容； 其他功能限制与 Access.icon 级别一致	
Access.icon	在模型浏览器上显示； 模型可以打开； 可以查看模型的图标视图内容； 不能查看模型的文本视图、组件视图、Documentation 内容； 不能复制模型，且不能另存； 可以引用该模型，可以实例化为组件	
Access.hide	在模型浏览器上不显示； 模型不能打开； 不能引用该模型，不能实例化为组件	仅在模型库内部使用

以上各个加密保护级别对模型的功能进行许可与限制，仅限于该模型自身的相关功能，不包含嵌套模型。

（3）嵌套模型的保护级别。

嵌套模型的功能限制由嵌套模型自身的加密保护级别确定。

举例：在模型库 ExampleLib 中插入一个模型 TextModel，将模型 TextModel 的保护级别设置为 Access.packageText；在 TextModel 中插入一个嵌套模型 InfoModel，将嵌套模型 InfoModel 的保护级别设置为 Access.documentation。

```
model TextModel
  annotation （Protection（access = Access.packageText））；
  model InfoModel "nested model"
   annotation （Protection（access = Access.documentation））；
  end InfoModel；
end TextModel；
```

模型库加密以后，父级模型 TextModel 可以查看文本视图的内容，嵌套模型 InfoModel 则只能查看 Documentation、图标视图的内容，不能查看文本视图、组件视图的内容。同时，在查看父级模型 TextModel 的文本视图时，看不到嵌套模型 InfoModel 的 Modelica 文本视图。

发布模型时会自动修正父模型与子模型的加密配置冲突。父模型不得高于子模型的加密等级。有一个特殊现象，对于加密保护级别为 Access.hide 的模型，其下包含的嵌套模型对保护级别的设置是无效的，不论其下的嵌套模型设置何种保护级别，模型的保护级别始终是 Access.hide。

（4）拷贝模型目录中的资源文件。

结构化模型时勾选该选项，发布后会将用户选择的资源文件一起拷贝到发布目录中。非结构化模型的该功能置灰。

（5）保存加密配置。

保存加密配置到原模型，加密配置信息写入当前模型注解中。选择"None"加密等级时不保存加密配置到原模型。

切换到文本视图可以看到模型的保护属性，通过修改模型注解中的保护属性也可以设置加密级别。

```
annotation（Protection（access=Access.xxxx））；
```

4.3.3 模型库开发规范

在复杂模型的开发过程中，常会出现多人合作情况。为了保证不同使用者开发的模型库具备统一的质量、稳定性和可读性，需要制定统一的规范对建模过程进行约束。模型库开发规范主要包括内部库开发规范和外部库封装规范。

内部库开发规范包括以下内容。

（1）模型库组织结构规范：规定了模型库的文件夹结构，以及各文件的作用，确保模型库的整体结构清晰且易于维护。

（2）模型编码规范：定义了模型的命名规范、模型行为和方程编写规范、代码结构规范、注释规范等，确保模型代码的可读性、可维护性和一致性。

（3）模型图形布局规范：提供了模型图形化表示的规范，包括模块的排列方式、连线的表示方法等，使得模型图形直观且易于理解。

（4）模型用户指南编写规范：规定了编写模型用户指南的格式、内容结构和语言风格，使用户能够快速了解并正确使用模型库中的模块。

（5）模型工程化实践规范：指导模型库开发过程中的工程化实践，包括如何改善模型健壮性、提高仿真效率等，以确保模型库的质量和稳定性。

（6）模型测试规范：定义了模型测试大纲和模型测试流程，以保证模型能够被充分测试。

（7）模型库版本管理规范：规定了模型库版本号的命名规范、版本升级规范，以便对模型库进行版本管理和追踪

外部函数封装规范包括以下内容。

（1）C/C++语言及链接库封装规范：讲解了如何将 C 语言开发的函数和链接库封装为Modelica 函数，包括外部函数机制、Modelica URI、注解填写等内容。

（2）Julia 函数库集成封装规范:讲解了如何将 Julia 中的 Function 和 Object 封装集成到Modelica 模型中，包括 Syslab Function 开发规范、Syslab Object 开发规范。

本节以模型的编码规范作为示例进行模型库开发规范的介绍。模型的编码规范主要包括命名规范、模型行为和方程规范、代码结构规范、注释规范、参数及参数框设计规范、接口定义规范。其余详细的规范请扫描封底二维码获取。

1. 命名规范

命名需要在减少命名冲突的基础上增强模型代码的可读性。

减少命名冲突：建模过程中需要定义的参数、变量及系统自带的标识符和关键字之间应避免命名冲突。例如，A 常用于表示面积、截面积等，因此在整个模型库中应该尽量减少将字母 A 用于其他含义的变量命名。

增强模型代码的可读性：对参数和变量的命名，除了可以使用户方便地进行方程代码的书写，实现物理模型的行为，还需要使用户快速理解该参数、变量的含义或作用，更快地理解整个模型，因此参数、变量的命名最好与其定义相对应，例如，长度的命名常常用单词 length 或大写字母 L 表示。

命名规则如下。

（1）类命名。

对于一个或多个单词全拼组成的类名，每个单词首字母应大写，如 Exampe、ExanplePackeg、PartialModel 等。

对于存在大写简写元素的类，为避免引起歧义，每个独立元素之间用下划线连接，如 AD_Conversion（数模转换器）等。

对于类的实例化。首字母应小写，其他遵循以上原则，如 example、examplePackage 等。

（2）参数或变量命名。

变量的名字应尽量显示出变量的含义。

对于一个单词的参数或变量名，一般均采用小写字母，如 height、area 等。

对于多个单词组成的参数或变量名，每个单词之间用下划线隔开，如 angles_start、real_time 等。

对于只有一个字母的参数或变量名，其命名需根据实际情况确定，如 T（温度）、I（转动惯量）、t（时间）等。

（3）连接器命名。

对于标准库（Modelica3.2 标准库及以上版本）中已存在的连接器，可直接继承使用，无须再另行定义，如电气 Pin；机械 Flange_a、Flange_b 等。

对于需新定义的连接器及变量命名，需遵循类命名、参数和变量命名规则。

（4）常用航空术语命名规范。

航空领域有自己的专业术语与缩写，如表 4-11 所示，收集此类名词并合理运用到 Modelica 建模中，可以避免命名过于冗长，使 Modelica 模型库更为专业化，参见《航空专业英语缩写索引》《英汉航空航天工程词典》及相关设计规范文档，具体可以根据项目研发制定统一的命名规范。

表 4-11　常用符号命名规范

缩写	解释	全称
APU	辅助动力装置	Auxiliary Power Unit
ATS	自动油门系统	Autothrottle System
EEC	发动机电子控制器	Electronic Engine Control
EGT	排气温度	Exhaust Gas Temperature
……	……	……

2. 模型行为和方程规范

对于一个物理系统而言，各组成部分内部及各组成部分之间的物理关系本身并没有因果性，因此，模型应当是对模型行为的自然描述，无须考虑计算顺序。这种基于方程的建模方式称为陈述式建模，又称为非因果建模，与之相对的是过程式建模或因果性建模。

Modelica 是基于方程的建模语言，在上述的类型定义中可以看到，中间有明确的行为区域用方程来描述模型行为，作为对陈述式建模的补充，Modelica 同时支持过程式建模方法。

陈述式建模的特点之一是通过方程而非赋值来描述模型行为。Modelica 支持陈述式、过程式混合建模，分别以 equation 和 algorithm 描述方程和赋值。区别在于，equation 定义的方程组间的求解顺序将由软件推断确定，而 algorithm 定义的则按照定义顺序进行求解。示例如下。

陈述式建模	过程式建模
model BasedOnEquation	model BaseOnAlgorithm
Real x;	Real x;
Real y;	Real y;
Real z;	Real z;
equation	algorithm
x + y + z = 1;	z := -time / 2;
x + 2 * z = y;	y := （1 - z - time）/ 2;
x - y = time;	x := 1 - y - z;
end BasedOnEquation;	end BaseOnAlgorithm;

陈述式建模的最大优点是，用户建模时只专注于物理问题的陈述即可，而无须考虑物理问题错综复杂的求解过程，因而建模更加简单，所建模型更加健壮。

对于一个物理系统而言，其各组成部分内部及各组成部分之间的物理关系本身就是非因果的，这与 Modelica 倡导的陈述式建模理念是完全吻合的。

3. 代码结构规范

为了实现模型库编码风格的统一，模型库创建过程中应遵循如下的 Modelica 模型编码顺序。

第一部分：继承类语句，如 import、extend、outer；

第二部分：模型参数，parameter；

第三部分：模型变量；

第四部分：模型接口；

第五部分：初始方程，initial equation；

第六部分：方程和算法，equation、algorithm。

具体代码结构示例如下。

```
model FixedDoubleActingCylinder "缸体固定式双作用液压缸"

//第一部分：继承类语句，如 import、extend、outer 等；
extends Utilities.Icons.FixedDoubleActingCylinder2;
extends Components.BasicModels.TwoPortsCylinder_piston;

//第二部分：模型参数，parameter；
parameter SI.Diameter D = 0.05 "活塞直径"
```

```
        annotation （Dialog（tab = "结构参数",group = "基本参数"））；
parameter SI.Diameter d = 0.024 "活塞杆直径"
        annotation （Dialog（tab = "结构参数",group = "基本参数"））；
        ……

//第三部分：模型变量；
SI.Length s（start = initialPosition） "活塞位移";
SI.Velocity v "活塞运动速度";
SI.Acceleration a "活塞运动加速度";
……

//第四部分：模型接口；
Modelica.Mechanics.Translational.Interfaces.Flange_a flange_a 固体接口
        annotation （…）
        ……

//第五部分：初始方程，initial equation；
initial equation
   v = 0"活塞初始速度";

//第六部分：方程和算法，equation、algorithm；
equation
        //速度、加速度方程
        v = der（s）；
        a = der（v）；
        //左右腔等效容积
        effVolume_L = activeArea_L * s + deadVolume；
        effVolume_R = activeArea_R *（L - s）+ deadVolume；
        ……

end FixedDoubleActingCylinder；
```

4. 注释规范

建立的所有类别（package、model、function）都需要相应的注释，一般类注释普遍采用下面的形式，用“"""”进行注释。

```
package AeroEngine_HyMo"航空发动机液压元部件模型库"
        model Pipe "管道"
        ……
        end Pipe;
        function ReynoldsNumber "雷诺数函数"
        ……
        end ReynoldsNumber;
end AeroEngine_HyMo;
```

（1）参数、变量注释。

定义的每个参数、变量都要注释含义，增强代码的可读性，注释语尽量简明扼要，一般用“"""”进行注释。

```
parameter SI.Length L = 1 "管道长度";
parameter SI.Diameter d = 0.02 "管道内径";
SI.Area A = d ^ 2 * Constants.pi / 4 "管截面积";
SI.Volume V = L * A "管道容积";
```

（2）方程注释。

在模型代码的方程区域，某个方程的含义或某一部分方程的含义都要注释清楚，一般用

"//" 进行注释。

```
Equation
//流量方程
m_flow = sign（dp） * A * Cq * sqrt（2 * rho * noEvent（abs（dp）））;
```

5. 参数及参数框设计规范

参数定义。

参数框中的参数显示都是按照"先定义先显示"的原则，包括 Tab/Group 的显示，所以参数框的显示最好按照参数的"重要程度"进行区别显示。进行参数分类显示时一般遵循这样几点原则：参数少，分 Group；参数多，分 Tab；重要共性参数（介质）单独分开，Tab/Group统一。参数的一般分类包括工质参数、结构参数、初始条件（变量初始化及初始参数）等。

参数框设计代码示例如下。

```
parameter SI.Diameter D = 0.05 "活塞直径"
    annotation  （Dialog（tab = "结构参数", group = "基本参数"））;
parameter SI.Diameter d = 0.024 "活塞杆直径"
    annotation  （Dialog（tab = "结构参数", group = "基本参数"））;
parameter SI.Mass m = 0.5 "活塞质量"
    annotation  （Dialog（tab = "结构参数", group = "基本参数"））;
parameter SI.Length L = 2 "活塞行程"
    annotation  （Dialog（tab = "结构参数", group = "基本参数"））;
parameter SI.TranslationalDampingConstant c = 2000 "活塞运动阻尼"
    annotation  （Dialog（tab = "结构参数", group = "基本参数"））;
parameter SI.Volume deadVolume = 1e-6 "死区容积"
    annotation  （Dialog（tab = "限位参数"））;
parameter SI.TranslationalSpringConstant c_c = 1e8 "接触刚度"
    annotation  （Dialog（tab = "限位参数"））;
parameter SI.TranslationalDampingConstant d_c = 1e6 "接触阻尼"
    annotation  （Dialog（tab = "限位参数"））;
parameter SI.Distance initialPosition = 0 "活塞初始位置"
    annotation  （Dialog（tab = "初始参数"））;
```

参数框显示结果如图 4-60 所示。

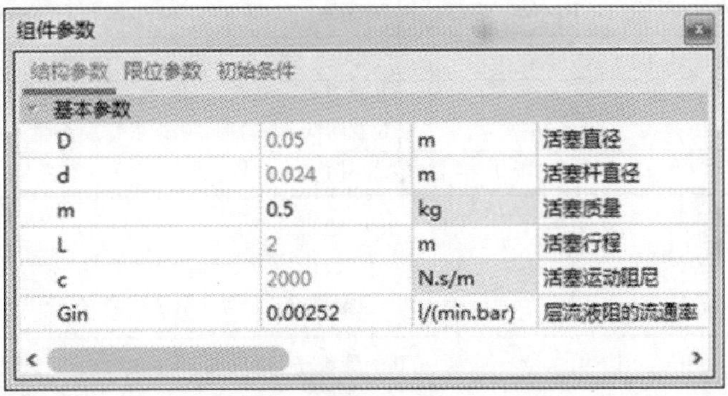

组件参数			
结构参数 限位参数 初始条件			
▼ 基本参数			
D	0.05	m	活塞直径
d	0.024	m	活塞杆直径
m	0.5	kg	活塞质量
L	2	m	活塞行程
c	2000	N.s/m	活塞运动阻尼
Gin	0.00252	l/(min.bar)	层流液阻的流通率

图 4-60　参数框显示结果

6. 接口定义规范

为避免在系统模型集成阶段由接口引起的问题，在系统分析设计初期就需要将接口和各系统间的连接方式定义清晰。

接口定义内容包括模型输入/输出变量的数据类型、名称、量纲、必要的描述信息，接口定义示例如表 4-12 所示。

表 4-12　接口定义示例

接口	数据类型	名称	量纲	描述	必要的描述信息
输入	Real[1,1]	H	m	飞行高度	高度表接口
	Real[1,1]	Ma	1	飞行马赫数	空速表接口
	Real[1,1]	TLADeg	deg	油门杆角度	
	……	……	……	……	……
输出	Real[1,1]	qm_f	kg/s	燃油流量	
	……	……	……	……	……

针对特定行业的接口主要包含机械特性接口、电特性接口、热特性接口、信息特性接口和流体特性接口等，如表 4-13~表 4-22 所示。

（1）机械特性接口。

表 4-13　模型输入接口

	flow 变量	flow 变量	势变量	势变量
变量类型	Force	Torque	Position	Frames.Orientation
变量名称	f[3]	t[3]	r_0[3]	R
描述	剪切力	剪切力矩	从世界坐标系原点到连接点的位置向量（相对世界坐标系）	将世界坐标系转到连接点的方向向量
功能	机械多体接口，描述了剪切力、剪切力矩和两个方向向量			

表 4-14　模型输出接口

	flow 变量	flow 变量	势变量	势变量
变量类型	Force	Torque	Position	Frames.Orientation
变量名称	f[3]	t[3]	r_0[3]	R
描述	剪切力	剪切力矩	从世界坐标系原点到连接点的位置向量（相对世界坐标系）	将世界坐标系转到连接点的方向向量
功能	机械多体接口，描述了剪切力、剪切力矩和两个方向向量			

（2）电特性接口。

表 4-15　模型输入接口

	flow 变量	势变量
变量类型	Current	Voltage
变量名称	i	v
描述	电流	电压
功能	用于基本模型中电流和电压的传递	

表 4-16　模型输出接口

	flow 变量	势变量
变量类型	Current	Voltage
变量名称	i	v
描述	电流	电压
功能	用于基本模型中电流和电压的传递	

（3）热特性接口。

表 4-17　模型输入接口

	flow 变量	势变量
变量类型	HeatFlowRate	Temperature
变量名称	Q_flow	T
描述	接口热流量	接口温度
功能	用于基本模型中热流量和温度的传递	

表 4-18　模型输出接口

	flow 变 Equation Chapter （Next） Section 1 量	势变量
变量类型	HeatFlowRate	Temperature
变量名称	Q_flow	T
描述	接口热流量	接口温度
功能	用于基本模型中热流量和温度的传递	

（4）信息特性接口。

表 4-19　模型输入接口

	变量类型	变量名称	描述	功能
RealInput	Real	input	实型信号输入接口	实型数据传递
RealOutput	Real	output	型信号输出接口	
IntegerInput	Integer	input	整型信号输入接口	整型数据传递
IntegerOutput	Integer	output	整型信号输出接口	
BooleanInput	Boolean	input	布尔型信号输入接口	布尔型数据传递
BooleanOutput	Boolean	output	布尔型信号输出接口	

表 4-20　模型输出接口

	变量类型	变量名称	描述	功能
RealInput	Real	input	实型信号输入接口	实型数据传递
RealOutput	Real	output	型信号输出接口	
IntegerInput	Integer	input	整型信号输入接口	整型数据传递
IntegerOutput	Integer	output	整型信号输出接口	
BooleanInput	Boolean	input	布尔型信号输入接口	布尔型数据传递
BooleanOutput	Boolean	output	布尔型信号输出接口	

（5）流体特性接口。

表 4-21　模型输入接口

	flow 变量	势变量	**Stream 变量**	**Stream 变量**
变量类型	VolumeFlowRate	AbsolutePressure	SpecificEnthalpy	MassFraction
变量名称	w	p	h	Xi
描述	接口质量流	接口压力	接口比焓	接口组分质量分数
功能	一维流体接口，用于基本模型中流动工质的质量流、压力、比焓和组分的传递			

表 4-22　模型输出接口

	flow 变量	势变量	**Stream 变量**	**Stream 变量**
变量类型	VolumeFlowRate	AbsolutePressure	SpecificEnthalpy	MassFraction
变量名称	w	p	h	Xi
描述	接口质量流	接口压力	接口比焓	接口组分质量分数
功能	一维流体接口，用于基本模型中流动工质的质量流、压力、比焓和组分的传递			

本 章 小 结

　　本章重点介绍了 MWORKS 中面向系统建模的二次开发。首先从 Modolica 概述、发展历程、工作原理、技术特点等方面对 MWORKS 平台中系统建模软件 MWORKS.Sysplorer 所采用的系统建模语言 Modolica 进行了介绍。然后，从开发案例和规范等方面，分别对面向系统建模的内核层二次开发和应用层二次开发进行了系统介绍。通过本章的学习，读者可以掌握 MWORKS 中面向系统建模的二次开发运行流程，具备独立进行二次开发等能力。

习 题 4

1. 简述 Modelica 的特点。
2. 简述内核层求解算法的种类及其数学表达形式。
3. 简述应用层模型库的开发规范。
4. 基于内核层算法开发流程开发 ODE 初值问题求解算法并注册运行。
5. 基于 Modelica 在液压库中开发单出杆双作用液压缸模型并发布。
6. 基于 Modelica 在机械库中开发丝杠模型并发布。
7. 基于 Modelica 在电器库中开发继电器模型并发布。

第 5 章
带用户界面的应用开发

用户界面是计算机和用户之间进行交互和信息交换的媒介，目的是使得用户能够方便且高效地完成与计算机的通信。高质量的用户界面是应用软件成功的重要因素，因此越来越多的软件开始提供用户界面。带用户界面的应用程序可以满足面向特定场景的专业需求，如控制系统的设计与分析应用。该类程序通常依赖函数库或模型库，并具备 GUI 实现交互入口，可以通过专业算法调用底层函数。

本章将介绍如何在 MWORKS 科学计算环境 MWORKS.Syslab 和系统建模仿真平台 MWORKS.Sysplorer 中开发带用户界面的应用程序（APP），以支持面向特定场景的专业应用。APP 作为专业工具，需要在 MWORKS.Syslab 和 MWORKS.Sysplorer 平台计算能力的基础上，构建面向特定应用的专业计算能力。本章首先在 5.1 节介绍几种常用的用户界面开发工具，在 5.2 节和 5.3 节分别介绍 MWORKS 科学计算环境和系统建模环境中的 APP 开发和运行，并通过实际案例介绍如何编制带用户界面的应用程序。

通过本章学习，读者可以了解（或掌握）：
❖ 常用的用户界面开发工具；
❖ 科学计算环境 APP 的开发和运行；
❖ 系统建模环境 APP 的开发和运行；
❖ APP 开发案例——曲线拟合工具、车辆仿真。

5.1 用户界面开发工具概述 ////////////

用户界面的开发是软件开发中的关键环节，通常情况下，开发人员需要自己编写各类 UI 组件、布局、通信函数等，以满足特定的开发需求。随着移动互联网的高速发展，涌现了许多 APP 用户界面开发工具，可以有效地帮助开发人员解放生产力，优化产品性能和用户体验，从而保证为最终用户提供更具价值和更高质量的软件产品。本节将对目前几种通用的语言平台中使用较为广泛的用户界面开发工具进行概述。

5.1.1　C++用户界面开发

Qt 是一个跨平台的 C++应用程序开发框架，被广泛应用于开发 GUI 程序，使用标准的 C++和特殊的代码生成扩展。通过语言绑定，其他的编程语言也可以使用 Qt。Qt 是自由且开源的软件，在 GNU 宽通用公共许可证（LGPL）条款下发布，所有版本都支持广泛的编译器，包括 GCC 的 C++编译器和 Visual Studio。Qt 是目前最先进、最完整的跨平台 C++开发工具，它完全实现了一次编写，所有平台无差别运行，包括 Linux、Mac、Windows、Symbian 等，且无须修改源代码。该软件会自动根据平台的不同，表现平台特有的图形界面风格。另外，Qt 还提供了几乎所有开发过程中需要用到的工具。经过多年发展，Qt 拥有完善的 C++图形库，并逐渐集成了数据库、OpenGL 库、多媒体库、网络、脚本库、XML 库、WebKit 库等，其核心库也集成了进程间通信、多线程等功能，极大地丰富了 Qt 开发大规模复杂跨平台应用程序的能力，真正意义上实现了其研发宗旨"Code Less; Create More; Deploy Anywhere"。Qt 已被应用于许多行业及数千家企业，支持数百万台设备。

5.1.2　HTML5/JavaScript 用户界面开发

DevExtreme 被广泛应用于 HTML5/JavaScript 的用户界面开发，它拥有高性能的 HTML5/JavaScript 小部件集合，用户可以利用现代 Web 开发堆栈（包括 React、Angular、ASP.NET Core、jQuery、Knockout 等），构建交互式的 Web 应用程序。从 Angular、Reac，到 ASP.NET Core、Vue，DevExtreme 包含了全面的高性能和响应式 UI 小部件集合，可在传统 Web 和下一代移动应用程序中使用。此外，该套件还附带功能齐全的数据网格、交互式图表小部件、数据编辑器等。该软件开发的 APP 界面较为精美，且自助操控功能强大。另外也提供了较多的示例和帮助文档，有利于开发者迅速上手，缩短开发周期并节约成本。但该产品并未开源，需要开发者授权，一个授权只允许一个工程师安装和使用，其开发的程序可以免费进行部署。

5.1.3　.NET 用户界面开发

Telerik DevCraft 是.NET 用户界面开发中常用的工具，它包含了一个完整的产品栈来支持开发者构建 Web、移动和桌面应用程序。此外，它可以使用 HTML 和每个.NET 平台的 UI

库，可以有效加快开发速度。Telerik DevCraft 提供十分完整的工具箱，用于构建目前和面向未来的业务应用程序，提供 UI for ASP.NET MVC、Kendo UI、UI for ASP.NET AJAX、UI for WPF、UI for Xamarin、Reporting 等众多控件。其中，UI for ASP.NET MVC 使用 ASP.NET MVC 的 UI 构建丰富且响应迅速的应用程序，该套件包含了 70 多个由 Kendo UI 提供支持的轻量级扩展，并支持构建现代 HTML5 站点和应用程序；Kendo UI 可以支持基于 jQuery、Angular、React 和 Vue 框架的 JavaScript 组件库来创建数据丰富的桌面、平板电脑和移动 Web 应用程序；UI for ASP.NET AJAX 使用市场上功能最齐全的 ASP.NET AJAX 套件，可以为任何浏览器和设备创建响应式和自适应 Web 应用程序；UI for WPF 包含了 120 多个 WPF UI 控件和 20 多个主题，可用于创建高性能、美观的桌面应用程序；Telerik UI for Xamarin 可以使用单个共享代码库在 C#中构建跨平台本机移动应用程序，并可以享受只有本机代码才能提供的高质量性能；Reporting 可以在 Visual Studio 或独立报表设计器中创建交互式、可重用、触摸友好的报表并设置样式，可以将它们交付到任何移动、Web 或桌面.NET 应用程序，能够支持 20 多种格式的打印。整体来看，Telerik DevCraft 提供了丰富的组件，可以有效地简化日常软件开发任务并缩短开发时间，开发高性能的应用程序。

5.1.4　Visual C++用户界面开发

BCG ControlBar（Business Components Gallery ControlBar）是 MFC 的一个扩展库，可以用来构建类似于 Microsoft Office、Microsoft Visual Studio（打印、用户定制工具栏、菜单等）和其他知名产品的高级用户界面，如日历、网格、编辑和甘特图等。它包含了 300 多个经过精心设计、测试和具有完备文档的 MFC 扩展类。BCG ControlBar Professional Edition 包含了许多高级的特性，如可分离的 tab 面板、面板的自动隐藏、新的停靠规则。另外，该软件还支持语法高亮和 IntelliSensed 样式的文本编辑器、Office 样式的日历、专业的 grid 控件等。BCGControlBar 控件能轻松地融入应用程序，节约大量的开发和调试时间。

5.2　科学计算环境APP的开发和运行

APP 是带用户交互界面的应用程序，提供面向特定场景的专业应用，如控制系统设计与分析应用。APP 通常依赖函数库或模型库，具备 GUI 实现交互入口，通过专业算法调用底层函数。本节主要介绍 MWORKS 的科学计算环境 MWORKS.Syslab 平台中 APP 的开发和运行。

5.2.1　开发运行模式

APP 作为专业工具，需要在 MWORKS.Syslab 平台计算能力的基础上，构建面向特定应用的专业计算能力。在 APP 运行过程中，主要通过 APP SDK 与 MWORKS.Syslab 平台交互。MWORKS.Syslab 平台提供了包括 Python、C++、JavaScript 等版本的多种 APP SDK，以支持多种图形应用开发平台，包括 PyQt、C++/Qt、JavaScript 等。此外，APP SDK 还提供了 APP 通信 API，可实现 APP 与 MWORKS.Syslab 平台之间的数据交互和功能调用，包括 APP 从 MWORKS.Syslab 工作空间中获取数据、APP 将数据写入 MWORKS.Syslab 工作空间、APP

调用 MWORKS.Syslab 执行科学计算等。

图 5-1 展示了 APP 各组件之间的关系。其中，APP 层负责开发 GUI 图形用户界面和 APP 的业务逻辑。用户可以使用主流的图形应用开发平台（PyQt、C++/Qt、JavaScript 等）来开发 APP，并通过使用 APP SDK 来实现与 MWORKS.Syslab 平台的集成和通信。APP SDK 层负责 APP 与 MWORKS.Syslab 平台之间的通信，实现了进程间通信的管道客户端，并提供了 APP 通信 API。MWORKS.Syslab 提供多款 APP SDK，包括 Python SDK、C++SDK、JavaScript SDK 等，便于用户快速开发。MWORKS.Syslab 平台层则包含 APP 通信与 APP 管理两个模块。APP 通信模块提供了 APP 管道服务，提供了查询变量列表、执行脚本等服务能力。APP 管理模块提供了对 APP 进行安装、卸载、启动、查询、禁用、激活等功能，实现对 APP 的全生命周期管理。

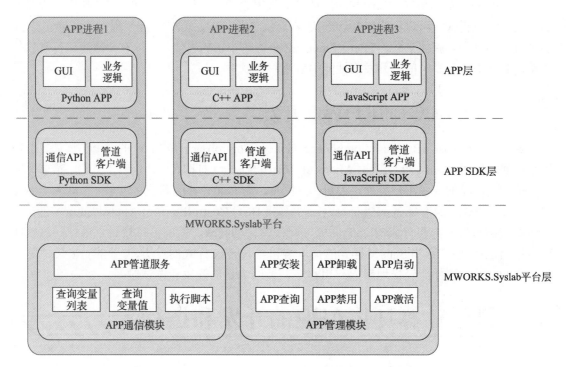

图 5-1　APP 组件关系图

图 5-2 展示了 APP 的运行时序图，整个运行过程主要包含以下三个部分。

（1）启动 APP。

① APP 注册安装到 MWORKS.Syslab 平台后，用户从 MWORKS.Syslab 平台启动 APP；

② 启动 APP 时 MWORKS.Syslab 平台先启动 APP 管道服务端；

③ MWORKS.Syslab 通过 cmd 命令方式启动 APP 进程，并将管道名以参数方式传递给 APP 进程；

④ APP 调用 APP SDK 在 APP 进程内启动 APP 管道客户端，与 MWORKS.Syslab 建立管道连接。

（2）APP 交互。

用户在 APP 的图形界面操作，以获取 MWORKS.Syslab 变量列表为例，APP 调用 APP SDK

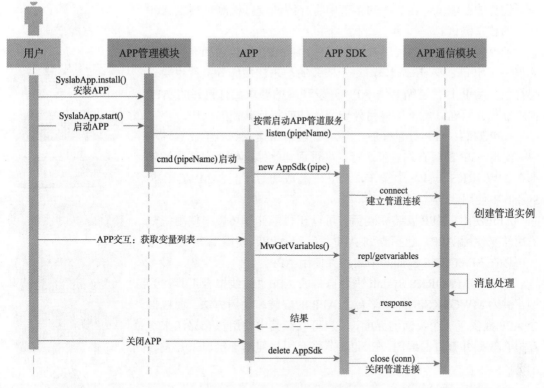

图 5-2　APP 运行时序图

的获取变量列表 API：MwGetVariables。

① APP SDK 向 MWORKS.Syslab 平台发送消息 repl/getvariables；

② MWORKS.Syslab 平台执行消息处理后，将结果发送给 APP SDK；

③ APP 获取到结果后，在图形界面将变量列表展示给用户。

（3）关闭 APP。

① 用户关闭 APP 程序；

② APP 删除 APP SDK 实例；

③ APP SDK 向 MWORKS.Syslab 平台发送 APP 关闭的通知，MWORKS.Syslab 关闭管道连接，同时关闭其他通信 I/O 资源。

5.2.2　开发运行流程

APP 的开发运行主要包括以下流程：APP 开发、APP 测试、APP 打包、APP 安装和 APP 使用，下面分别介绍每个流程。

APP 开发：基于 APP 应用开发环境，编写代码开发 GUI 图形用户界面，开发具体的业务逻辑，实现与科学计算环境的数据交互，调用科学计算环境的函数和算法。用户可以使用多种主流的图形应用开发平台（PyQt、C++/Qt、JavaScript 等）来开发 APP。APP 开发流程如图 5-3 所示。

APP 测试：APP 开发完成后的测试验证工作，包括开发者自测试和专业测试。本章侧重于开发者的自测试，在后面的章节中将介绍通过打桩测试实现 APP 功能的独立测试。

APP 打包：APP 的代码开发完成后，将 APP 打包成独立可运行的程序（如 exe 或 sh 脚本），对于依赖的动态链接库等文件也要一起打包。APP 打包遵循具体 APP 开发环境的要求，打包好的 APP 程序需独立可运行，不用再另外安装软件或执行其他的操作。

APP 安装：APP 打包好后，将 APP 安装和集成到科学计算环境中，实现 APP 的可查询、可运行、可管理。此外，APP 安装和卸载都在 MWORKS.Syslab 中操作，APP 安装成功后才能在 MWORKS.Syslab 中使用。

APP 使用：APP 安装成功后，可以在科学计算环境中使用统一的用法来使用 APP，包括查询 APP、启动 APP、使用 APP 等。用户可以在 MWORKS.Syslab 中启动并使用 APP。

下面以 MWORKS.Syslab 平台自带的 APP "曲线拟合工具" 为例，讲述 MWORKS.Syslab 平台上 APP 的安装和使用方法。曲线拟合 APP 提供了一个灵活的界面，用户可以在其中使用拟合算法来交互拟合数据并查看曲线图。在 5.2.3 节将介绍如何基于接口来开发该 APP。

（1）APP 环境初始化。

每次启动 MWORKS.Syslab 命令行窗口时，在使用 APP 前，需要在命令行窗口执行命令 init_syslabapp()，以初始化 APP 管理的上下文环境。示例如下。

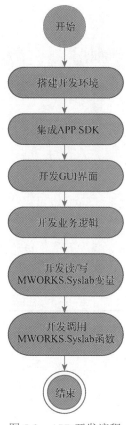

图 5-3　APP 开发流程

```
julia> init_syslabapp()
```

（2）APP 的安装。

以 MWORKS.Syslab 自带的 APP "曲线拟合工具" 为例，将示例程序<MWORKS.Syslab 安装路径>/Examples/10 AppDemos/cpp/dist/cftool-1.0-win64.zip 解压到同级目录，执行如下 Julia 代码安装 APP。

```
julia> cftool_info = SyslabApp.AppInfo("cftool",
    raw"$(SYSLAB_HOME)/Examples/10 AppDemos/cpp/dist/cftool-1.0-win64/CurveFitTool.exe",
    raw"$(SYSLAB_HOME)/Examples/10 AppDemos/cpp/dist/cftool-1.0-win64/cftool.jl",
    "1.0",
    "Tongyuan",
    "曲线拟合工具")

julia> SyslabApp.install(cftool_info)
true
```

以上 AppInfo 为 APP 的描述信息，具体属性描述如下。

参数 1：APP 名称，是 APP 的主键信息，必填项；

参数 2：APP 可执行文件路径，必填项；

参数 3：APP 启动脚本文件，可选项；

参数 4：APP 版本，可选项；

参数 5：APP 作者，可选项；

参数 6：APP 描述信息，可选项。

（3）APP 的启动。

此时，"曲线拟合工具"已经安装成功。接着可以使用命令 SyslabApp.start("cftool",x)
或 cftool(x)启动该 APP，其中，x 为多项式的指数，如下所示。

```
# 方法 1
julia> SyslabApp.start("cftool", 3)
true

# 方法 2
julia> cftool(3)
true
```

以上命令（二选一）执行成功后，将启动"曲线拟合工具"的图形界面，如图 5-4 所示。

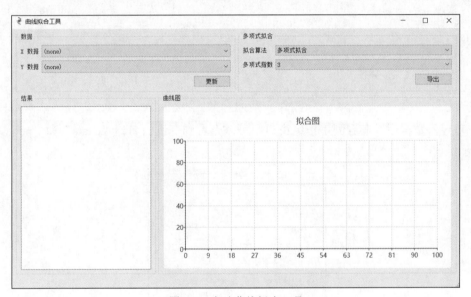

图 5-4　启动曲线拟合工具

（4）APP 与 MWORKS.Syslab 交互。

① 在 MWORKS.Syslab 中导入测试数据。

MWORKS.Syslab 的"曲线拟合工具"示例 APP 中提供了测试数据，位于<MWORKS.
Syslab 安装路径>\Examples\10 AppDemos\cpp\dist\cftool-1.0-win64\census.jl。该文件的源码如下。

```
cdate = collect(1790:10:1990)
pop = [
    3.9,
    5.3,
    7.2,
    9.6,
    12.9,
    17.1,
    23.1,
    31.4,
    38.6,
```

```
    50.2,
    62.9,
    76,
    92,
    105.7,
    122.8,
    131.7,
    150.7,
    179,
    205,
    226.5,
    248.7,
]
```

通过在 MWORKS.Syslab 命令行窗口执行导入数据的命令，可以实现测试数据的导入，示例如下。

```
julia> include(raw"<Syslab 安装路径>\Examples\10 AppDemos\cpp\dist\cftool-1.0-win64\census.jl")
21-element Vector{Float64}:
    3.9
    5.3
    7.2
    9.6
    12.9
    17.1
     ⋮
    226.5
    248.7
```

成功导入数据后，在右侧工作区窗口中可以查看到变量的名称"cdate"和"pop"，如图 5-5 所示。

图 5-5　测试数据

其中，"cdate"为采样时间的数组，"pop"为采样时间对应数据的数组。接下来的操作会使用到这两个数据。

② 从 MWORKS.Syslab 工作区获取数据。

在"曲线拟合工具"的图形界面中，在"数据"区域单击"更新"按钮，如图 5-6 所示。

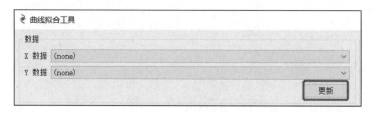

图 5-6　更新数据

更新完成后，在"X数据"和"Y数据"对应的下拉框中，分别选择数据"cdate"和"pop"，线图控件将动态绘制拟合曲线，如图5-7所示。

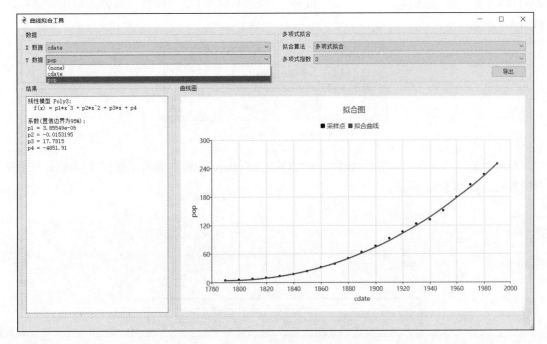

图5-7 动态绘制曲线

另外，也可以在"多项式拟合"区域，选择修改多项式指数，线图控件将动态绘制对应的新拟合曲线，如图5-8所示。

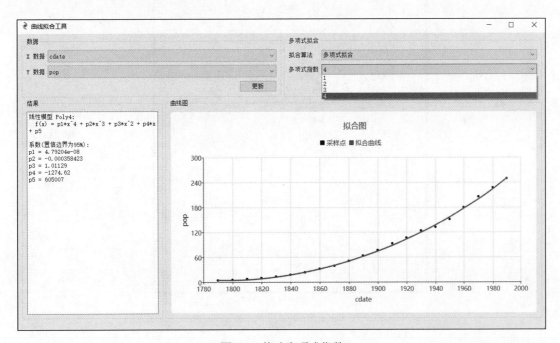

图5-8 修改多项式指数

③ 写数据到 MWORKS.Syslab 工作区。

多项式拟合计算的结果包括拟合曲线的纵坐标值和多项式系数，可以将这些结果写入 MWORKS.Syslab 工作区。在"多项式拟合"区域单击"导出"按钮，将弹出导出对话框，如图 5-9 所示。

图 5-9 导出数据

单击"确定"按钮，导出完成后，MWORKS.Syslab 平台右侧的工作区中将展示上述导出的数据，如图 5-10 所示。

名称	值
▶ ∨ ans	NamedTuple{(:p1, :p2, :p3, :p4), NTuple{4, Float64}}
▶ ⊞ cdate	Vector{Int64} with 21 elements
▼ ∨ coefficent	NamedTuple{(:p1, :p2, :p3, :p4), NTuple{4, Float64}}
n p1	3.85549e-6
n p2	-0.0153195
n p3	17.7815
n p4	-4851.91
▼ ⊞ out	Vector{Float64} with 21 elements
▼ ⊤ 1 ... 20	
n 1	4.26443
n 2	4.7847
n 3	6.405
n 4	9.14846
n 5	13.0382
n 6	18.0974
n 7	24.3492
n 8	31.8166
n 9	40.5229
n 10	50.4911
n 11	61.7444
n 12	74.306
n 13	88.1989
n 14	103.446
n 15	120.071
n 16	138.097
n 17	157.547
n 18	178.443
n 19	200.81
n 20	224.67
▶ ⊤ 21 ... 21	
▶ ⊞ pop	Vector{Float64} with 21 elements
n start_time	0x00009028c520b358

图 5-10 工作区导出的数据

此时，也可以在 MWORKS.Syslab 命令行窗口中，执行 plot()命令来绘制结果曲线图，示例如下。

```
julia> plot(cdate, pop, ".", cdate, out)
2-element Vector{PyCall.PyObject}:
 PyObject <matplotlib.lines.Line2D object at 0x00000000D1B966D0>
 PyObject <matplotlib.lines.Line2D object at 0x00000000D1B96A00>
```

MWORKS.Syslab 平台中绘制的结果曲线如图 5-11 所示。

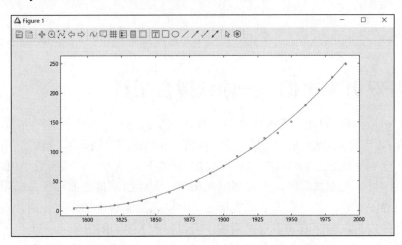

图 5-11　MWORKS.Syslab 中绘制的结果曲线

（5）APP 的卸载。

在 MWORKS.Syslab 平台的命令行窗口中，使用命令 SyslabApp.uninstall(name)来卸载 APP，参数"name"为安装 APP 时输入的参数 1：APP 名称。APP 被卸载后就无法使用了。示例如下。

```
julia> SyslabApp.uninstall("cftool")
true

julia> SyslabApp.start("cftool")
┌ Warning: cftool is not exist!
└ @ SyslabApp .\scripts\packages\SyslabApp\src\SyslabApp.jl:151
false

julia> SyslabApp.get_app("cftool")
┌ Warning: cftool is not exist!
└ @ SyslabApp .\scripts\packages\SyslabApp\src\SyslabApp.jl:181
false
```

（6）禁用 APP。

在 MWORKS.Syslab 平台的命令行窗口中，使用命令 SyslabApp.disable(name)来禁用指定名称的 APP，与卸载类似，该参数"name"为安装 APP 时输入的参数 1：APP 名称。APP 被禁用后无法再启动。示例如下。

```
julia> SyslabApp.disable("cftool")
true

julia> cftool(3)
┌ Warning: cftool is disabled!
```

（7）激活 APP。

在 MWORKS.Syslab 平台的命令行窗口中，使用命令 SyslabApp.enable(name)来激活被禁用的 APP。APP 被激活后就可以再次启动了。示例如下。

```
julia> SyslabApp.enable("cftool")
true

julia> cftool(3)
true
```

5.2.3　APP 开发案例——曲线拟合工具

本节以 C++版 APP 的开发为例，介绍 MWORKS.Syslab 平台中带用户界面的 APP 的开发流程。如 5.1.1 节所述，Qt 是一个跨平台的 C++应用程序开发框架，被广泛用于开发 GUI 程序。同样，在 MWORKS.Syslab 中也可以使用 Qt 来开发 APP。曲线拟合 APP 主要用于多项式曲线拟合，可导入测试数据，设置多项式指数，实时绘制拟合曲线，并显示多项式系数的值及置信边界。此外，可以修改多项式指数，并动态绘制对应的新拟合曲线及结果。拟合结果包括拟合曲线的纵坐标值和多项式系数，可以写入 MWORKS.Syslab 工作区，从而可以让用户在 MWORKS.Syslab 命令行窗口中，执行 plot()命令来绘制结果曲线图。该项目的地址在<MWORKS.Syslab 安装路径>\Examples\10 AppDemos\>。

1. APP 工程创建

在开发之前，首先需要配置如下开发环境：Visual Studio 2017、Qt 5.14.2 以及 Qt 插件 Qt Visual Studio Tool。然后新建 Qt 图形应用工程，具体操作流程如下。

在 Visual Studio 中，选择"新建项目"→"Qt"→"Qt Widgets APPlication"，单击"确定"按钮，创建新项目 CurveFitTool（曲线拟合工具），如图 5-12 所示。

图 5-12　新建 VS 工程

2. APP 开发

SyslabAppSdk 是负责与 MWORKS.Syslab 平台通信的 SDK，SyslabAppSdk 在路径 <MWORKS.Syslab 安装路径>\Examples\10 AppDemos\cpp 下可以找到。在开发之前，需要完成对 SyslabAppSdk 的依赖配置。

（1）UI 界面的开发。

项目 UI 界面的设计与开发基于 Qt，双击打开 .ui 界面即可在 Qt Designer 中完成界面设计，开发好的界面如图 5-13 所示。

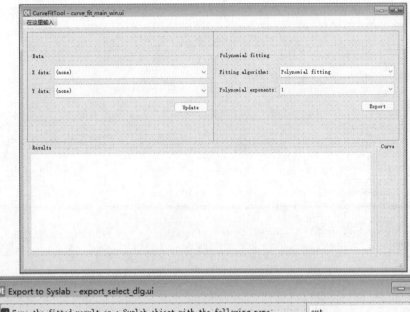

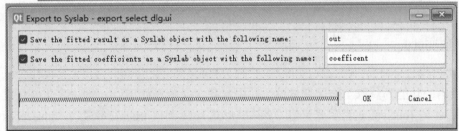

图 5-13　开发好的界面

其中，"Data"部分的数据需要从 MWORKS.Syslab 工作空间中获取，"Polynomial fitting"部分可将计算结果写入 MWORKS.Syslab 工作空间。

（2）基于接口开发 APP。

数据交互和相关运算功能主要通过 SyslabAppSdk 以及 MWORKS.Syslab 平台自带的函数提供的相关接口实现，也是 MWORKS.Syslab 平台开发 APP 的重要环节，本节对该 APP 开发涉及的核心功能的实现进行简要介绍。

① 获取变量列表：MwsGetVariables()，该函数在 SyslabAppSdk\syslab_app_sdk.cpp 文件中定义。

```
bool SyslabAppSdk::MwsGetVariables(bool show_modules, vector<VariableInfo>& variables)
```

该代码的功能为获取 MWORKS.Syslab 工作区变量列表，其中参数含义解释如下：[in]
show_modules 表示是否显示模块列表，一般为 false；[out]variables 表示变量名列表。返回值
true 表示成功，false 表示失败。

CurveFitTool 中调用该接口的示例代码如下。

```
void CurveFitMainWin::SlotUpdateSyslabVar()
{
    vector<VariableInfo> variables;
    if (mock)
    {
        VariableInfo var1 = VariableInfo("cdate", "Vector{Float64}");
        VariableInfo var2 = VariableInfo("pop", "Vector{Float64}");
        variables.push_back(var1);
        variables.push_back(var2);
    }
    else if (m_syslabSdk)
    {
        m_syslabSdk->MwsGetVariables(false, variables);
    }
    ui.comboBox_x->clear();
    ui.comboBox_y->clear();
    ui.comboBox_x->addItem(NONE);
    ui.comboBox_y->addItem(NONE);

    for (VariableInfo var : variables)
    {
        if (QString::fromStdString(var.GetType()).contains("Vector{Int64}")
            || QString::fromStdString(var.GetType()).contains("Vector{Float64}"))
        {
            ui.comboBox_x->addItem(QString::fromStdString(var.GetName()));
            ui.comboBox_y->addItem(QString::fromStdString(var.GetName()));
            Logger::record_log("var.GetType()" + var.GetName() + ":" + var.GetType());
        }
    }
}
```

② 获取变量值。

```
bool SyslabAppSdk::MwsGetValue(const string& var, string& value)
```

该代码的功能为获取工作区变量值。其中参数含义解释如下：[in] var 表示变量名，可以
为子变量 a、b；[out]value 表示变量值（字符串形式）。返回值 true 表示成功，false 表示失败。

CurveFitTool 中调用该接口的示例代码如下。

```
void CurveFitMainWin::SlotUpdateXData(QString var)
{
    //其他代码
    string value;
    if (mock)
    {
        value = GetMockData(var);
    }
    else if (m_syslabSdk)
    {
        m_syslabSdk->MwsGetValue(var.toStdString(), value);
    }
    //其他代码
}
```

③ 曲线拟合计算。

该部分主要通过调用 MWORKS.Syslab 的数学 API 完成，首先计算曲线拟合参数。

```
QList<qreal> CurveFitMainWin::FitCurve(QList<qreal> x_datas, QList<qreal> y_datas, int n)
{
    //其他代码
    QString x_datas_str = GetArrayString(x_datas);
    QString y_datas_str = GetArrayString(y_datas);
    QString script_calc_coefficient = QString("import TyMathCore;curvefit_coefficient = vec(TyMathCore.polyfit(%1, %2, %3))"). Arg
(x_datas_str).arg(y_datas_str).arg(n);
    m_syslabSdk->MwsRunScript(script_calc_coefficient.toStdString().c_str(), true, true);
    m_syslabSdk->MwsGetValue("curvefit_coefficient", res);
    //其他代码
}
```

然后计算曲线拟合结果。

```
QList<qreal> CurveFitMainWin::GetFitPoint(QList<qreal> coefficients, QList<qreal> x_datas)
{
    //其他代码
    QString coefficients_str = GetArrayString(coefficients);
    QString x_datas_str = GetArrayString(x_datas);
    QString script_calc_coefficient = QString("import TyMathCore;curvefit_res = TyMathCore.polyval(curvefit_coefficient,%1)"). arg
(x_datas_str);
    m_syslabSdk->MwsRunScript(script_calc_coefficient.toStdString().c_str(), true, true);
    m_syslabSdk->MwsGetValue("curvefit_res", res);
    //其他代码
}
```

④ 运行脚本并写入结果。

```
string SyslabAppSdk::MwsRunScript(const string& code, bool show_code_in_repl, bool show_result_in_repl)
```

该代码的功能为在 MWORKS.Syslab 工作区执行 Julia 脚本代码。其中参数含义解释如下：
[in] code 表示要运行的 Julia 脚本；[in] show_code_in_repl 表示是否在 Syslab REPL 中显示代码；
[in] show_result_in_repl 表示是否在 Syslab REPL 中显示结果，其返回值为 code 脚本运行后的
结果。

CurveFitTool 中调用该接口输出结果到 MWORKS.Syslab 环境的示例代码如下。

```
void CurveFitMainWin::SlotExportToSyslab()
{
    if (!m_syslabSdk)
    {
        return;
    }

    ExportDlg dlg;
    if (dlg.exec() == QDialog::Accepted)
    {
        if (dlg.IsExportRes())
        {
            QString str = dlg.GetResName() + "=" + ListToStr(m_yResDatas);
            m_syslabSdk->MwsRunScript(str.toStdString().c_str(), true, true);
        }
        if (dlg.IsExportCoffient())
        {
            QString qstr_coefficent_expr = dlg.GetCoefficentName() + "=(";
            for (int i = 0; i < m_coefficent.size(); ++i) {
                double param = m_coefficent.at(i);
                qstr_coefficent_expr += QString("p%1 = %2,").arg(QString::number(i + 1), QString::number(param));
            }
            qstr_coefficent_expr += ")";
            m_syslabSdk->MwsRunScript(qstr_coefficent_expr.toStdString().c_str(), true, true);
        }
    }
```

```
}
```

以上就是曲线拟合工具开发过程中要调用的 SDK 接口，其余业务逻辑代码的实现请读者阅读项目相关代码。

3. APP 测试

软件测试是指在规定的条件下对程序进行操作，以发现程序错误，衡量软件品质，并对其是否能满足设计要求进行评估。软件测试可以发生在软件开发的各个阶段，根据各阶段的规格说明和程序内部结构设计测试用例来运行程序，以发现程序的错误。按照不同开发阶段，软件测试可分为单元测试、集成测试、系统测试、回归测试。

单元测试是对软件组成单元进行测试，其目的是检查软件基本组成单元的正确性，测试的对象通常是函数。集成测试是在软件系统集成过程中所进行的测试，其主要目的是检查软件单元之间的接口是否正确。根据集成测试计划，可以在软件集成的过程中运行测试，以分析各组成部分及其所组成的系统是否正确。系统测试是对已经集成好的软件系统进行测试，以验证软件系统的正确性和性能等是否可以满足需求回归测试发生在软件维护阶段，是为了检测代码修改而引入的错误所进行的测试，是软件维护阶段的重要工作。

本节将以单元测试中的打桩（Mock）技术为例，介绍如何对科学计算环境 APP 功能进行独立测试。由于曲线拟合 APP 在运行时需要从 MWORKS.Syslab 平台获取数据，然后才能进行曲线拟合计算，APP 的运行依赖于 MWORKS.Syslab 平台。为了便于测试该软件的某个功能，可通过打桩测试的方法解除 APP 对 MWORKS.Syslab 平台的依赖。具体来说，通过构造打桩数据，来模拟从 MWORKS.Syslab 平台获取的测试数据，从而实现开发过程中 APP 功能的独立测试与验证。

（1）Mock 数据生成。

通过 GetMockData() 生成曲线拟合 APP 所需的输入数据。

```
string CurveFitMainWin::GetMockData(QString var)
{
    if (var == "cdate")
    {
        return "[1790,1800,1810,1820,1830,1840,1850,1860,1870,1880,1890,1900,1910,1920,1930,1940,1950,1960,1970,1980,1990]";
    }
    else if (var == "pop")
    {
        return "[3.9,5.3,7.2,9.6,12.9,17.1,23.1,31.4,38.6,50.2,62.9,76.0,92.0,105.7,122.8,131.7,150.7,179.0,205.0,226.5,248.7]";
    }
    else
    {
        return "";
    }
}
```

（2）编写测试代码。

使用 mock 变量控制是否进行打桩测试，若为 true 则进入打桩测试流程，使用上一步构造的 Mock 数据作为输入；否则为正常运行模式，需要从 MWORKS.Syslab 平台获取输入数据。下面为对应的测试函数代码示例，分别位于数据获取和坐标轴更新的接口函数定义中。

```
void CurveFitMainWin::SlotUpdateXData(QString var)
{
    //其他代码
```

```
    string value;
    if (mock)
    {
        value = GetMockData(var);
    }
    else if (m_syslabSdk)
    {
        m_syslabSdk->MwsGetValue(var.toStdString(), value);
    }
    //其他代码
```

```
void CurveFitMainWin::SlotUpdateYData(QString var)
{
    if (var.isEmpty() || var == NONE)
    {
        m_yDatas.clear();
        m_chart->UpdateYAxis("", 0, 50);
        return;
    }

    string value;
    if (mock)
    {
        value = GetMockData(var);
    }
    else if (m_syslabSdk)
    {
        m_syslabSdk->MwsGetValue(var.toStdString(), value);
    }
```

```
void CurveFitMainWin::SlotUpdateSyslabVar()
{
    vector<VariableInfo> variables;
    if (mock)
    {
        VariableInfo var1 = VariableInfo("cdate", "Vector{Float64}");
        VariableInfo var2 = VariableInfo("pop", "Vector{Float64}");
        variables.push_back(var1);
        variables.push_back(var2);
    }
    else if (m_syslabSdk)
    {
        m_syslabSdk->MwsGetVariables(false, variables);
    }
    ui.comboBox_x->clear();
    ui.comboBox_y->clear();
    ui.comboBox_x->addItem(NONE);
    ui.comboBox_y->addItem(NONE);
```

（3）运行测试代码。

在 curve_fit_main_win.h 文件中将 mock 变量设置为 true，运行程序即可进入打桩测试的流程。

```
private:
    //其他代码
    bool mock = true;
    //其他代码
```

运行 APP，在"Data"区域单击"Update"按钮，然后在"X data"和"Y data"对应的

下拉框中，分别选择数据"cdate"和"pop"，线图控件将动态绘制拟合曲线，如图 5-14 所示。

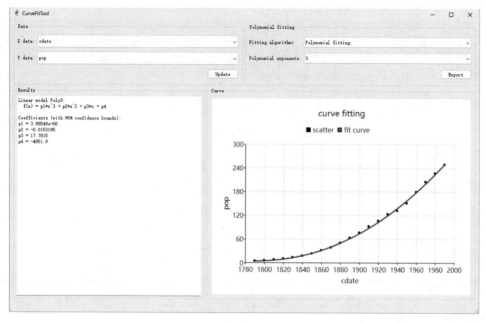

图 5-14　打桩测试结果

APP 的代码开发和测试完成后，将程序所依赖的 Qt 库、SyslabSDK 库以及生成的 exe 及其依赖的相关翻译文件放入文件夹即可完成打包。注意打包的过程需要遵循具体 APP 开发环境的要求，打包好的 APP 程序需独立可运行，不用再另外安装软件或执行其他的操作。打包好之后可将 APP 安装和集成到科学计算环境中，实现 APP 的可查询、可运行、可管理。此外，APP 安装和卸载都是在 MWORKS.Syslab 中操作，APP 安装成功后才能在 MWORKS.Syslab 中使用。

5.3　系统建模仿真环境APP的开发和运行

在 MWORKS 系统建模仿真平台中，APP 主要依赖 MWORKS.Sysplorer 的 API 来集成 MWORKS.Sysplorer 的建模、编译、仿真等能力，并将软件打包为一个独立可运行的软件，可脱离 MWORKS.Sysplorer 进行使用，也可嵌入 MWORKS.Sysplorer，作为插件在 MWORKS.Sysplorer 中直接打开，从而可以达到扩展 MWORKS.Sysplorer 功能的目的。本节主要介绍 MWORKS 的系统建模仿真环境 MWORKS.Sysplorer 平台中 APP 的开发运行流程。

5.3.1　开发运行模式

如图 5-15 所示，MWORKS SDK 提供了多种模型相关操作 API，并提供相关 Qt 图形界面供用户使用，用户利用 C++/Qt 图形应用开发平台来开发 APP，可实现一个带界面交互操作的、专业设计的仿真类型 APP。

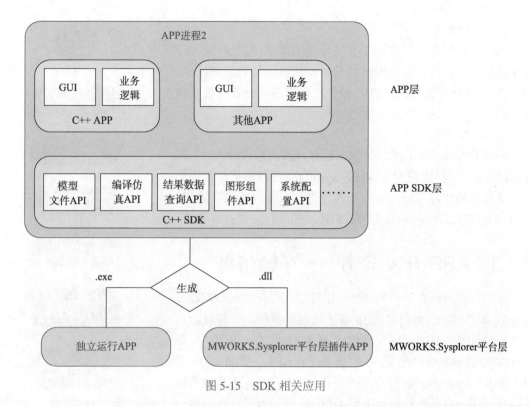

图 5-15 SDK 相关应用

（1）APP 层：负责开发 GUI 图形用户界面和 APP 的业务逻辑。用户可以使用主流的图形应用开发平台（PyQt、C++/Qt、JavaScript 等）来开发 APP，并通过使用 APP SDK 来实现与 MWORKS.Syslab 平台集成和通信。

（2）APP SDK 层：负责提供模型文件、参数操作、属性获取、元素及属性判定、属性查找、编译仿真、结果数据查询、图形组件和系统配置共 9 类 API 供用户完成仿真操作等一系列专业仿真 APP。

（3）MWORKS.Sysplorer 平台层：若将 APP 编译成.exe 类型，则可直接独立运行，若将 APP 编译成.dll 类型，并在插件中增加该工具，可依赖 MWORKS.Sysplorer 环境使用和打开。

5.3.2　开发运行流程

部署好 APP 开发环境后，就可以进行 APP 的开发和运行。APP 开发运行主要包括：APP 开发、APP 测试、APP 打包、APP 使用等流程。

（1）APP 开发。

用户可以使用多种语言结合 Qt 进行图形界面开发。用户开发时首先按照上节的介绍，将开发环境搭建好并集成 SDK 相关依赖库，然后使用 Qt 进行图形界面开发，结合本身的业务需求调用相关模型接口，SDK 也提供了图形组件供用户直接显示数据，APP 开发过程如图 5-16 所示。

（2）APP 测试。

APP 测试可在开发过程中依赖编译器进行调试，开发完成后可进行系统整体软件测试，最后也可集成到 MWORKS.Sysplorer 软件中进行集成测试。

（3）APP 打包。

APP 打包即遵循具体 APP 开发环境的要求，打包好的 APP 程序需独立可运行，不用再另外安装软件或执行其他的操作。APP 打包可分为仅打包 APP、整个软件打包、插件打包三种方式。

（4）APP 使用。

APP 开发完成后，用户可独立运行 .exe 类型 APP；对于开发的 .dll 动态库需依赖 MWORKS.Sysplorer 进行使用，将该动态库放入 MWORKS.Sysplorer 安装下 Bin/Addins 目录下即可，启动 MWORKS.Sysplorer，按照 .dll 开发的入口方式打开即可。

图 5-16　APP 开发过程

5.3.3　APP 开发案例——车辆仿真

本节以 C++版车辆仿真 APP 的开发为例，介绍 MWORKS.Sysplorer 平台中带用户界面的 APP 的开发流程。在开发前，需要安装 MWORKS.SDK，该 SDK 基于 Qt 和 C++开发，具备 MWORKS.Sysplorer 全部功能模块的 API，支持用户对 MWORKS.Sysplorer 进行功能扩展和 APP 开发，本节案例地址可在 SDK 的安装目录下找到（<SDK 安装目录>\examples\MwVehicleApp\）。车辆仿真 APP 主要用于车辆的设计验证，可通过修改车辆的参数进行车辆设计，并通过仿真车辆行驶性能进行设计验证。例如，加载车辆模型库（简化版）后，可通过选择车辆型号、修改车辆属性（包括车辆类型、尺寸、重量、动力）来实现车辆的设计。通过仿真计算模拟车辆在道路上的运行情况，得到车辆运行性能数据，包括车辆的加速度、悬挂系统的振动情况、轮胎的压力分布等，基于性能数据分析车辆设计的合理性、优越性。

车辆仿真 APP 主窗口如图 5-17 所示，主要由五个部分组成，分别是中间的模型视图、左侧的模型浏览器、底部的参数面板、右侧的仿真结果浏览器以及显示变量曲线的曲线窗口。本车辆模型依赖 Modelica 库版本修改为 3.2.3，打开 TADynamics 模型库和 TYBase 模型库。

1. 搭建框架

开发的第一步是搭建 APP 框架。具体包括以下主要步骤。

（1）MwVehicleApp。

首先在程序入口创建一个 MwVehicleApp 实例，调用 Initialize 完成初始化，然后调用 Exec 开启车辆仿真 APP，如下所示。

```
#include "mw_vehicle_app.h"

int main(int argc, char *argv[])
{
    MwVehicleApp mw_app(argc, argv);
```

```
    mw_app.Initialize();
    return mw_app.Exec();
}
```

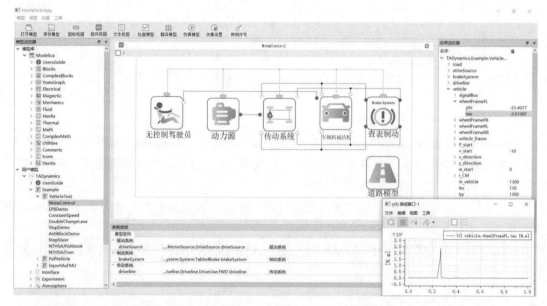

图 5-17　APP 主窗口

    MwVehicleApp 作为车辆仿真 APP 应用程序和 Qt 事件循环的入口,继承自 QApplication,负责初始化使用 SDK 开发 APP 依赖的一些必要的环境并创建车辆仿真 APP 主窗口。

```
void MwVehicleApp::Initialize()
{
    classManager = new MwClassManager();
    classManager->Initialize();
    LoadChineseTranslateFile();

    pLicenseService = new MwLicenseService(nullptr);
    pLicenseService->Initialize();

    taskManager = new MwVehicleTaskManager();
    simManager = new MwVehicleSimManager();
    mainWin = new MwVehicleMainWindow();

    mainWin->showMaximized();
}
```

    其中, LoadChineseTranslateFile 为加载 SDK 的中文翻译。

```
void MwVehicleApp::LoadChineseTranslateFile()
{
    QString app_path = qApp->applicationDirPath();
    QString tr_file_path = app_path + "/../setting/language/Chinese-Simplified";
    QDir tr_dir(tr_file_path);
    if (!tr_dir.exists())
    {
        return;
    }
    tr_dir.setFilter(QDir::Files | QDir::NoSymLinks);
```

```
    tr_dir.setNameFilters(QStringList("*.qm"));

    QStringList file_list = tr_dir.entryList();
    QStringList::iterator iter = file_list.begin();
    for (; iter != file_list.end(); ++iter)
    {
      QTranslator* qtranslator = new QTranslator();
      qtranslator->load(*iter, tr_file_path);
      qApp->installTranslator(qtranslator);
    }
}
```

（2）MwVehicleMainWindow。

MwVehicleMainWindow 为车辆仿真 APP 主窗口，继承 QMainWindow，负责如下事务。

① 提供各功能的按钮及接口实现，包括打开模型、保存模型、切换模型视图、检查模型、翻译模型、仿真模型、仿真设置和使用许可。

② 构建各个面板组件，包括中间的模型视图、左侧的模型浏览器、底部的参数面板、右侧的仿真结果浏览器等。

初始化界面前需要先创建 MwMoGraphicsViewControllcr 实例，其负责同步各个面板因模型变化而产生的界面刷新。

```
void MwVehicleMainWindow::SetupUI()
{
    moController = new MwMoGraphicsViewController(ClassMgrPtr);

    mdiModelView = new MwMoWindowMdi(moController, this);
    moController->SetMdiInterface(mdiModelView);
    centralLayout->addWidget(mdiModelView, 0, 0, 1, 1);

    dockClassBrowser = new MwVehicleClassBrowserPanel(
        QStringLiteral("模型浏览器"), this);
    dockParamBrowser = new MwVehicleParamBrowserPanel(
        moController, QStringLiteral("参数面板"), this);
    dockResultBrowser = new MwVehicleResultBrowserPanel(
        QStringLiteral("结果浏览器"), this);

    this->addDockWidget(Qt::LeftDockWidgetArea, dockClassBrowser);
    this->addDockWidget(Qt::BottomDockWidgetArea, dockParamBrowser);
    this->addDockWidget(Qt::RightDockWidgetArea, dockResultBrowser);
    this->setCorner(Qt::BottomLeftCorner, Qt::LeftDockWidgetArea);
    this->setCorner(Qt::BottomRightCorner, Qt::RightDockWidgetArea);

    window()->restoreGeometry(
        QSettings().value("windowGeometry").toByteArray());
}
```

通过连接 MwMoGraphicsViewController 的 SigUpdate 信号和各面板的 SlotUpdate 槽函数来同步界面更新。

```
void MwVehicleMainWindow::InitConnections()
{
    connect(moController, &MwMoGraphicsViewController::SigUpdate,
        mdiModelView, &MwMoWindowMdi::SlotUpdate);
    connect(moController, &MwMoGraphicsViewController::SigUpdate,
        dockClassBrowser->GetClassBrowser()->GetClassBrowserTreeModel(),
```

```
      &MwMoClassTreeModel::SlotUpdate);
   connect(moController, &MwMoGraphicsViewController::SigUpdate,
      dockParamBrowser->GetParamBrowser(),
      &MwModelParameterTabWidget::SlotUpdate);
}
```

（3）MwMoWindowMdi。

MwMoWindowMdi 为 SDK 提供的模型视图组件，基类为 QMdiArea，支持显示组件的图标视图、组件视图和文本视图，并支持编辑，如图 5-18 所示。

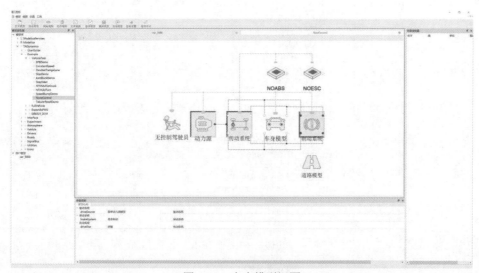

图 5-18　中央模型视图

使用时，在创建对象后调用 MwMoGraphicsViewController 的 SetMdiInterface 接口将 MwMoWindowMdi 设置进去。

```
mdiModelView = new MwMoWindowMdi(moController, this);
moController->SetMdiInterface(mdiModelView);
```

（4）MwVehicleClassBrowserPanel。

MwVehicleClassBrowserPanel 继承 QDockWidget，为模型浏览器的面板容器，如图 5-19 所示。

在其内部创建 MwVehicleClassBrowser。

```
classBrowser = new MwVehicleClassBrowser(this);
this->setWidget(classBrowser);
```

MwVehicleClassBrowser 继承 QTreeView，用于显示模型树，其内部创建 MwMoClassTree-Model，并将其设置为模型浏览器的数据模型。

```
treeModel = new MwMoClassTreeModel(ClassMgrPtr);
this->setModel(treeModel);
```

MwMoClassTreeModel 基类为 QStandardItemModel，是 SDK 提供的模型浏览器数据模型，负责构造内核加载的模型对应的上层数据树状结构，设置到 QTreeView 中使用。

（5）MwVehicleParamBrowserPanel。

参数面板如图 5-20 所示。

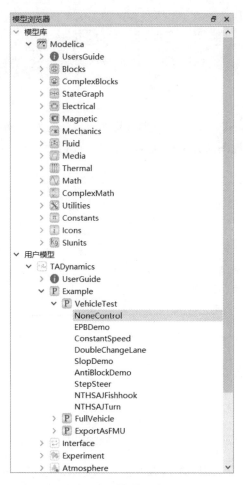

图 5-19　模型浏览器

参数面板							🗗 ✕
常规	右前制动器参数	左前制动器参数	右后制动器参数	左后制动器参数	ABS功能相关参数	ESC功能相关参数	

参数				
esc_active	true		true: 激活ESC功能	
FMax	1e4		最大制动力	
k_vy	1		车辆横向速度比重系数	
k_wz	10		车辆横摆角速度比重系数	
steer_eps	0.001	rad	方向盘转角临界值	
SteeringGain	1 / 23		方向盘转角与车轮转角比值	
a1	1.3368	m	质心离前轴距离	
a2	1.4282	m	质心离后轴距离	
m	1482	kg	整车质量	
Izz	800	kg.m2	车辆绕z轴转动惯量	
D1	65000		前轮侧偏刚度（单轮胎）	
D2	55000		后轮侧偏刚度（单轮胎）	

图 5-20　参数面板

MwVehicleParamBrowserPanel 继承 QDockWidget，为参数面板的面板容器，其内部创建 MwModelParameterTabWidget。

```
paramBrowser = new MwModelParameterTabWidget(
    mo_controller, MwParamEditMode::PEM_Panel, this);
```

MwModelParameterTabWidget 为 SDK 提供参数面板组件，可以通过其连接 MwMoGraphi-csViewController 的 SigUpdate 信号，实现对当前选中组件的参数显示和编辑。

（6）MwVehicleResultBrowserPanel。

结果浏览器如图 5-21 所示。

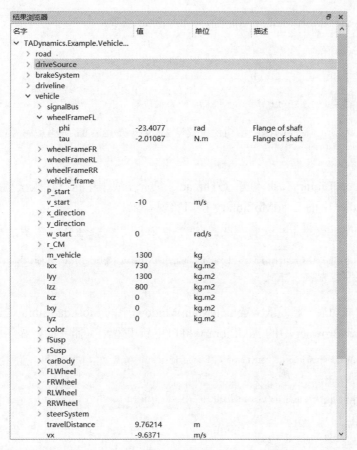

图 5-21　结果浏览器

MwVehicleResultBrowserPanel 继承 QDockWidget，为结果浏览器的面板容器，其内部创建 MwVehicleResultBrowser。

```
resultBrowser = new MwVehicleResultBrowser(this);
this->setWidget(resultBrowser);
```

MwVehicleResultBrowser 继承 QTreeWidget，用于显示仿真结果变量树。

2. 功能实现

基于搭建好的框架，接下来将针对单个功能分析如何使用 SDK 完成应用层功能的开发。

（1）加载模型库。

MwVehicleMainWindow 中实现了加载系统模型库的接口 LoadLibrary，接口中创建一个

MwVehicleLoadLibraryTask 线程进行模型库加载。

```cpp
void MwVehicleMainWindow::LoadLibrary(const QString &lib_name, const QString &lib_ver)
{
    if (TaskMgrPtr->IsTaskRunning())
    {
        ShowStatus(QStringLiteral("当前有任务正在进行，无法加载模型库。"));
        return;
    }

    if (ClassMgrPtr->GetMoHandler()->GetKeyByTypeName(lib_name.toStdString()))
    {
        ShowStatus(QStringLiteral("模型库已加载。"));
        return;
    }

    ShowStatus(QStringLiteral("正在加载模型库") + lib_name + " " + lib_ver);
    EnableUI(false, true);
                    MwVehicleLoadLibraryTask *load_library_task = new MwVehicleLoadLibraryTask(lib_name, lib_ver);
    TaskMgrPtr->Execute(load_library_task);
}
```

MwVehicleLoadLibraryTask 继承 QThread，负责在线程中执行加载模型库的操作，通过调用 MwMoHandler 中的 LoadMoLibrary 接口实现。

```cpp
void MwVehicleLoadLibraryTask::run()
{
    loadSuccess = ClassMgrPtr->GetMoHandler()->LoadMoLibrary(libName.toStdString(), libVersion.toStdString());
    emit SigLoadLibraryFinish();
}
```

模型库加载成功后，触发 MwVehicleMainWindow 中的 SlotLoadLibraryFinish 槽函数，调用 MwVehicleClassBrowser 中的 AddLibrary 接口更新模型浏览器界面，显示模型树。

```cpp
void MwVehicleMainWindow::SlotLoadLibraryFinish(QThread *thread)
{
                            MwVehicleLoadLibraryTask *load_lib_task = dynamic_cast<MwVehicleLoadLibraryTask*>(thread);
    if (load_lib_task != nullptr && load_lib_task->IsLoadLibrarySuccess())
    {
        QString lib_name;
        load_lib_task->GetLibName(lib_name);
    }
}
```

（2）打开模型。

MwVehicleMainWindow 中实现了打开模型的接口 SlotOpenModel，接口中创建一个 MwVehicleOpenFileTask 线程来打开模型文件。

```cpp
void MwVehicleMainWindow::SlotOpenModel()
{
    if (TaskMgrPtr->IsTaskRunning())
    {
        ShowStatus(QStringLiteral("当前有任务正在进行，无法打开模型。"));
        return;
    }

    QString str_file = QFileDialog::getOpenFileName(this, QStringLiteral("打开模型文件"), "", tr("*.mo"));
    if (str_file.isEmpty())
```

```
    {
        return;
    }

    if (ClassMgrPtr->GetMoHandler()->GetTopClassInFile(str_file.toStdWString()))
    {
        ShowStatus(QStringLiteral("模型已加载。"));
        return;
    }

    ShowStatus(QStringLiteral("正在打开模型") + str_file);
    EnableUI(false, true);
    MwVehicleOpenFileTask *open_file_task = new MwVehicleOpenFileTask(str_file);
    TaskMgrPtr->Execute(open_file_task);
}
```

MwVehicleOpenFileTask 继承 Qthread, 负责在线程中执行打开模型文件的操作, 通过调用 MwMoHandler 中的 OpenFile 接口实现。

```
void MwVehicleOpenFileTask::run()
{
    openSuccess = ClassMgrPtr->GetMoHandler()->OpenFile(filePath.toStdWString());
    emit SigOpenFileFinish();
}
```

模型文件加载成功后, 触发 MwVehicleMainWindow 中的 SlotOpenModelFinish 槽函数, 调用 MwVehicleClassBrowser 中的 AddUserModel 接口更新模型浏览器界面, 显示模型树, 并且调用 MwMoWindowMdi 的 OpenMoWindow 接口, 在模型视图中显示打开的模型。

```
void MwVehicleMainWindow::SlotOpenModelFinish(QThread *thread)
{
                            MwVehicleOpenFileTask *open_file_task = dynamic_cast<MwVehicleOpenFileTask*>(thread);
    if (open_file_task != nullptr && open_file_task->IsOpenFileSuccess())
    {
        MWint mo_key = open_file_task->GetTopClassKeyInFile();
    }
}
```

（3）卸载模型。

MwVehicleMainWindow 中实现了卸载模型的接口 SlotUnloadModel, 接口中调用 MwVehicleClassBrowser 中的 UnloadModel 接口卸载模型树, 然后调用 MoWindowMdi 中的 CloseMoWindow 关闭模型窗口, 最后调用 MwMoHandler 中的 UnloadModel 接口卸载底层模型数据。

```
void MwVehicleMainWindow::SlotUnloadModel()
{
    if (TaskMgrPtr->IsTaskRunning())
    {
        ShowStatus(QStringLiteral("当前有任务正在进行, 无法卸载模型。"));
        return;
    }

    MWint mo_key = dockClassBrowser->GetClassBrowser()->GetCurrentClassKey();
        QString mo_name = QString::fromStdString(ClassMgrPtr->GetMoHandler()->GetFullnameProp(mo_key));
ShowStatus(QStringLiteral("正在卸载模型") + mo_name);

    if (ClassMgrPtr->GetMoHandler()->UnloadModel(mo_name.toStdString()))
```

```
    {
        ShowStatus(QStringLiteral("模型") + mo_name + QStringLiteral("卸载成功。"));
    }
    else
    {
        ShowStatus(QStringLiteral("模型") + mo_name + QStringLiteral("卸载失败。"));
    }
}
```

（4）保存模型。

MwVehicleMainWindow 中实现了保存模型的接口 SlotSaveModel，接口首先调用 MwMoWindowMdi 的 GetCurrentClassKey 获取当前模型窗口的模型键值，然后调用 MwMoHandler 的 GetTopClassFileByKey 获取当前模型的顶层类键值，以此顶层模型为保存的对象。接着调用 MwMoWindowMdi 的 SaveCurrentWindow 接口以及 MwMoHandler 的 SaveModel 接口，保存窗口状态和底层模型文件，最后调用 MwMoGraphicsViewController 的 SetClassDirty 移除顶层模型的脏标志。

```
void MwVehicleMainWindow::SlotSaveModel()
{
    if (TaskMgrPtr->IsTaskRunning())
    {
        ShowStatus(QStringLiteral("当前有任务正在进行，无法保存模型。"));
        return;
    }

    MWint class_key = mdiModelView->GetCurrentClassKey();
    if (class_key == 0)
    {
        return;
    }

        QString mo_name = QString::fromStdString(ClassMgrPtr->GetMoHandler()->GetFullnameProp(class_key));
                    MWint top_class_key = ClassMgrPtr->GetMoHandler()->GetTopClassInFileByKey(class_key);
    ShowStatus(QStringLiteral("正在保存模型") + mo_name);
    if (mdiModelView->SaveCurrentWindow() &&
            ClassMgrPtr->GetMoHandler()->SaveModel(ClassMgrPtr->GetMoHandler()->GetFullnameProp(top_class_key)) ==
MWStat_Ok)
    {
        moController->SetClassDirty(top_class_key, false);
        ShowStatus(QStringLiteral("模型") + mo_name + QStringLiteral("保存成功。"));
    }
    else
    {
        ShowStatus(QStringLiteral("模型") + mo_name + QStringLiteral("保存失败。"));
    }
}
```

（5）切换模型视图。

中央模型视图可以切换三种视图类型，分别是图标视图、组件视图和文本视图。

图标视图可以查看和编辑当前模型的图标，如图 5-22 所示。

组件视图可以查看模型的结构和连接关系，并通过鼠标拖拽的方式修改模型结构和连接，如图 5-23 所示。

文本视图可以查看模型的文本（基于 Modelica），支持编辑文本，检查语法是否正确，如图 5-24 所示。

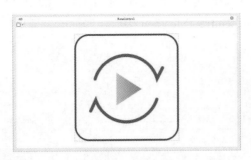

图 5-22　图标视图

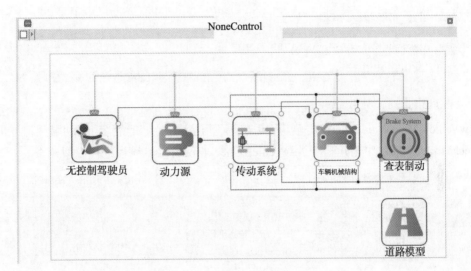

图 5-23　组件视图

```
                                    NoneControl
 1  model NoneControl "简单无控制车辆模型"
 2    extends TYBase.Icons.Example;
 3  inner Roads.RoadModel.flatRoad road(L0 = 100, B0 = 100)
 4      annotation (Placement(transformation(origin = {195.99999999999997, -70.0},  ...
 6
 7    replaceable TADynamics.Vehicle.Driveline.PowerTrain.MotorSource.DriveSource driveSource
 8      constrainedby Driveline.PowerTrain.Template.Template "驱动系统"
 9        annotation (Placement(transformation(origin = {-1.7390000000000114, 1.4210854715202004e-14},  ...
11
12    replaceable Vehicle.BrakeSystem.System.TabledBrake brakeSystem constrainedby BrakeSystem.Template.Brak
13    "制动系统"
14      annotation (Placement(transformation(origin = {195.99999999999997, 2.000000000000001},  ...
16
17    replaceable TADynamics.Vehicle.Driveline.Driveline.DriveLine.FWD driveline
18      constrainedby Driveline.Driveline.Template.Base "传动系统"
19        annotation (Placement(transformation(origin = {68.0, 1.3988810110276972e-14},  ...
21
22    TADynamics.Vehicle.Chassis.ChassisBase vehicle( ...
33      annotation (Placement(transformation(origin = {137.739, 2.0},  ...
35
36    Drivers.OpenLoopDriver.NoneControl noneControl
37      annotation (Placement(transformation(origin = {-71.47800000000001, 1.9999999999999987},  ...
39  equation
40    connect(brakeSystem.FL_port, vehicle.wheelFrameFL)
41      annotation (Line(origin = {-21.0, 58.0},  ...
44    connect(vehicle.wheelFrameRL, brakeSystem.RL_port)
45      annotation (Line(origin = {35.0, 66.0},  ...
48    connect(driveline.wheelFrameFL, vehicle.wheelFrameFL)
```

图 5-24　文本视图

MwVehicleMainWindow 中实现了切换视图类型的接口 SlotSwitchView， 调用 MwMoWindowMdi 的 SwitchCurrentMoView 接口实现视图类型切换。

```cpp
void MwVehicleMainWindow::SlotSwitchView()
{
    QAction *action_sender = qobject_cast<QAction*>(sender());
    if (action_sender == action2IconView)
    {
        mdiModelView->SwitchCurrentMoView(MLAYER_ICON);
    }
    else if (action_sender == action2DiagramView)
    {
        mdiModelView->SwitchCurrentMoView(MLAYER_DIAGRAM);
    }
    else if (action_sender == action2TextView)
    {
        mdiModelView->SwitchCurrentMoView(MLAYER_TEXT);
    }else{}
}
```

（6）检查模型。

MwVehicleMainWindow 中实现了检查模型语法语义是否正确的模型检查接口 SlotCheckModel，接口中创建一个 MwVehicleCheckModelTask 线程进行模型检查。

```cpp
void MwVehicleMainWindow::SlotCheckModel()
{
    if (TaskMgrPtr->IsTaskRunning())
    {
        ShowStatus(QStringLiteral("当前有任务正在进行，无法检查模型。"));
        return;
    }

    QString model_name = QString::fromStdString(moController->GetCurrentClassName());
    if (model_name.isEmpty())
    {
        return;
    }

    ShowStatus(QStringLiteral("正在检查模型") + model_name);
    EnableUI(false, true);
                MwVehicleCheckModelTask *check_model_task = new MwVehicleCheckModelTask(model_name);
    TaskMgrPtr->Execute(check_model_task);
}
```

MwVehicleCheckModelTask 继承 QThread，负责在线程中执行检查模型的操作，通过调用 SDK 的 CheckModel 接口实现。

```cpp
void MwVehicleCheckModelTask::run()
{
    checkSuccess = ClassMgrPtr->GetMoHandler()->CheckModel(modelName.toStdString());
    emit SigCheckModelFinish();
}
```

（7）翻译模型。

MwVehicleMainWindow 中实现了翻译模型的接口 CompileModel，接口中创建一个

MwVehicleCompileModelTask 线程进行模型翻译。

```
void MwVehicleMainWindow::CompileModel(bool translate_and_sim)
{
    if (TaskMgrPtr->IsTaskRunning())
    {
        ShowStatus(QStringLiteral("当前有任务正在进行，无法翻译模型。"));
        return;
    }

    QString model_name = QString::fromStdString(moController->GetCurrentClassName());
    if (model_name.isEmpty())
    {
        return;
    }

    ShowStatus(QStringLiteral("正在翻译模型") + model_name);
    dockResultBrowser->GetResultBrowser()->CloseAllPlotWindow();
    EnableUI(false, true);
            MwVehicleCompileModelTask    *compile_model_task    =    new    MwVehicleCompileModelTask(model_name,
translate_and_sim);
    TaskMgrPtr->Execute(compile_model_task);
}
```

MwVehicleCompileModelTask 继承 QThread，负责在线程中创建仿真实例目录并调用 MwMoHandler 的 CompileModel 接口翻译模型。

```
void MwVehicleCompileModelTask::run()
{
    SimMgrPtr->CreateSimInstDir(modelName);
    SimMgrPtr->GetSimInstDir(modelName, simInstDir);
                        compileSuccess    =    ClassMgrPtr->GetMoHandler()->CompileModel(modelName.toStdString(),
simInstDir.toStdWString());
    emit SigCompileModelFinish();
}
```

（8）仿真模型。

MwVehicleMainWindow 中实现了仿真模型的接口 StartSimulate，接口调用 MwVehicle-SimManager 的 SimulateModel 接口实现仿真。

```
void MwVehicleMainWindow::StartSimulate()
{
    if (TaskMgrPtr->IsTaskRunning())
    {
        ShowStatus(QStringLiteral("当前有任务正在进行，无法仿真模型。"));
        return;
    }

    QString model_name = QString::fromStdString(moController->GetCurrentClassName());
    if (model_name.isEmpty())
    {
        return;
    }

    ShowStatus(QStringLiteral("正在仿真模型") + model_name);
    EnableUI(false, true);
    SimMgrPtr->SimulateModel(model_name);
}
```

SimulateModel 接口首先将先前与 MwSimControl 绑定的 MwSimData 销毁，并创建新的 MwSimData，与之绑定，然后调用 MwSimData 的 InitializeSimInst 初始化仿真实例，并调用 MwSimData 的 ApplyExperimentData 应用仿真设置。最后调用 SimControl 的 StartSimualte 启动仿真。

```cpp
bool MwVehicleSimManager::SimulateModel(const QString &model_name)
{
    modelName = model_name;
    MwSimData *sim_data = simCtrl->GetSimData();
    if (sim_data)
    {
        delete sim_data;
        simCtrl->RebindSimData(nullptr);
    }

    QString result_path, inst_path;
    GetSimInstDir(model_name, inst_path);
    GetSimResultPath(model_name, result_path);
    sim_data = new MwSimData(model_name.toStdWString(),
                    result_path.toStdWString(),
                    inst_path.toStdWString());
    sim_data->InitializeSimInst();
    sim_data->ApplyExperimentData(expData);

    simCtrl->RebindSimData(sim_data);
    return simCtrl->StartSimulate(MwSimControl::Sim_ContinueMode);
}
```

（9）仿真设置。

MwVehicleMainWindow 中实现了仿真设置的接口 SlotSimConfig，接口创建一个 MwVehicleSimConfigDialog 对话框并弹出。

```cpp
void MwVehicleMainWindow::SlotSimConfig()
{
    MwVehicleSimConfigDialog sim_config_dlg(SimMgrPtr->GetExperimentData(), this);
    sim_config_dlg.exec();
}
```

MwVehicleSimConfigDialog 中创建一个 SDK 提供的 MwSimConfigWidget 仿真设置组件，并将其设置到对话框内显示。

```cpp
void MwVehicleSimConfigDialog::SetupUi()
{
    centralLayout = new QVBoxLayout(this);
    simConfigWgt = new MwSimConfigWidget(expData, this);
    centralLayout->addWidget(simConfigWgt);
}
```

（10）加载仿真结果。

MwVehicleResultBrowser 中实现了加载仿真结果的接口 LoadSimData，接口加载仿真结果并构造一棵变量树。

```cpp
void MwVehicleResultBrowser::LoadSimData(MwSimData *sim_data)
{
    this->clear();
```

```
popro::MwVarTree* var_root = sim_data->GetVarTreeRoot();
if (var_root == nullptr)
    return;

QTreeWidgetItem* top_item = new QTreeWidgetItem();
top_item->setText(0, QString::fromStdWString(var_root->Name()));
top_item->setData(0, Qt::UserRole, QVariant::fromValue(QString::fromStdWString(var_root->GetFullName())));
this->addTopLevelItem(top_item);

AppendChildItem(sim_data, top_item, var_root);

this->expandToDepth(0);
}
```

变量树的数据结构通过 MwSimData 中的 MwVarTree 获得，MwVarTree 中还包含有变量简称、全称、描述、单位、值等信息。

（11）显示变量曲线。

MwVehicleResultBrowser 中实现了显示变量曲线的接口 PlotCurve，接口创建一个 MwSimPlotWindow 并添加曲线到曲线窗口中显示。

```
void MwVehicleResultBrowser::PlotCurve(QTreeWidgetItem *item)
{
    QString var_name = item->data(0, Qt::UserRole).value<QString>();
    MwSimPlotWindow *plot_win = new MwSimPlotWindow(1, true, ClassMgrPtr, this, false);
    vecPlotWin.append(plot_win);
    connect(plot_win, &MwSimPlotWindow::SigWindowClosed, this, &MwVehicleResultBrowser::SlotWindowClosed);
    plot_win->setAttribute(Qt::WA_DeleteOnClose);
    MwAbstractData *abs_data = SimMgrPtr->GetCurrentSimData();
    plot_win->AddCurveToCurrentView(var_name, abs_data);
    plot_win->show();
}
```

调用 MwSimPlotWindow 的 AddCurveToCurrentView 可以将变量曲线添加到当前窗口视图中。

（12）使用许可。

MwVehicleMainWindow 实现了 License 配置的接口 SlotOpenLicense，接口调用 MwLicenseService 的 StartupLicenseSetDialog 弹出 License 配置对话框。

```
void MwVehicleMainWindow::SlotOpenLicense()
{
    LicenseServicePtr->StartupLicenseSetDialog();
}
```

3. APP 测试

为保证 APP 能够正常完整运行，在打包和编译代码期间可对 APP 进行测试，保证 APP 功能完整。

由于 Debug 模式下模型的打开速度、加载速度会降低很多，因此不推荐使用 Debug 模式对 APP 进行测试。相较于 Debug 模式，Release 模式可提高模型打开速度、加载速度、编译速度，因此使用 Release 模式对 APP 进行测试。由于默认的 Release 版本不能进行调试，在测试前需要设置项目属性，设置方式如下。

（1）鼠标右键打开项目属性，切换配置至对应的 Release 版本，如图 5-25 所示。

图 5-25　切换配置至对应的 Release 版本

（2）在左侧配置属性树中找到"C/C++"→"优化"，将右侧"优化"设置为"已禁用(/Od)"，如图 5-26 所示。

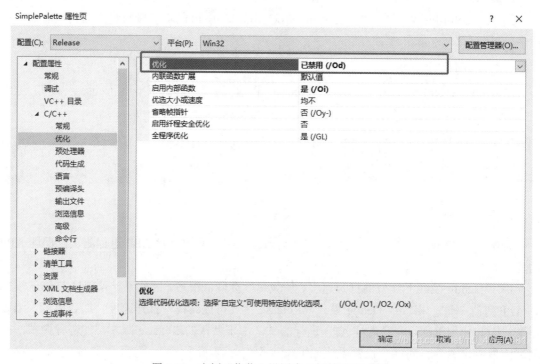

图 5-26　右侧"优化"设置为"已禁用(/Od)"

（3）左侧选择"链接器"→"调试"，将右侧的"生成调试信息"设置为"是(/DEBUG)"，如图 5-27 所示。

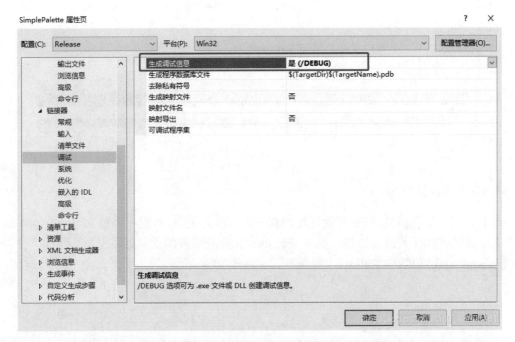

图 5-27　设置"生成调试信息"

（4）单击"应用"→"确定"，然后就可以调试了。

以上配置完成后，可进行断点调试，断点调试方法如下。

① 在关注的代码附近打断点，如图 5-28 所示。

```
100
101
102     void MainWindow::OpenModelFile()
103     {
104         //打开模型文件
105         QString app_path = QApplication::applicationDirPath();
106         QString mo_path = app_path + "/../../../examples/MassSpringDamperApp/Resource/MassSpringDamper/Mas
107
108
109
110         bool is_success = classMgr->GetMoHandler()->OpenFile(mo_path.toStdWString());
111
112         if (is_success)
113         {
114             ui.statusbar->showMessage(QStringLiteral("弹簧阻尼模型加载成功"), 5000);
115         }
116         else
117         {
118             ui.statusbar->showMessage(QStringLiteral("弹簧阻尼模型加载失败"));
119             return;
```

图 5-28　在关注的代码附近打断点

② 将鼠标放到参数值上，可右键单击"添加监视变量"，也可直接查看当前变量数据，如图 5-29 所示。

图 5-29 添加监视变量

4. APP 打包及发布

APP 打包即遵循具体 APP 开发环境的要求，打包好的 APP 程序需独立可运行，不用再另外安装软件或执行其他的操作。将生成的.exe 文件及依赖的.dll 文件放入"<SDK 安装目录>/bin/win_msvc2017x64/Release"目录下，如图 5-30 所示。

图 5-30 将生成的.exe 文件及依赖的.dll 文件放入指定目录

鼠标双击"MassSpringDamperApp.exe"即可启动软件。放入.exe 文件后可对软件实现打包，打包步骤如下。

（1）将 Release 改为 bin 名称。

（2）保存 bin\win_msvc2017x64 目录下的以下目录：external、initial_files、Library、bin

（原 Release 文件）、setting、simulator、tools。

最终打包目录如图 5-31 所示。

名称	修改日期	类型
external	2022/12/12 15:30	文件夹
initial_files	2022/12/12 15:30	文件夹
Library	2023/3/13 9:29	文件夹
Release	2023/3/13 10:33	文件夹
setting	2022/12/12 15:30	文件夹
simulator	2022/12/12 15:30	文件夹
tools	2022/12/12 15:30	文件夹

图 5-31　打包目录

本 章 小 结

在实际的面向特定领域的专业场景中，通常需要使用带用户界面的应用程序，可以有效提高用户与计算机的通信效率和质量。借助目前较为成熟的 APP 界面开发工具，可以优化产品的性能，提高开发人员的效率。MWORKS 科学计算环境 MWORKS.Syslab 平台和系统建模仿真环境 MWORKS.Sysplorer 可以提供 APP 所需要的基础算力，并构建面向特定应用的专业计算能力，在此基础上，也提供了相应的 APP SDK 实现与平台的数据交互，从而可以支持包括 C++、Python、Qt 等平台在内的多种图形应用开发平台来开发 APP。通过本章的学习，读者可以掌握 MWORKS 的科学计算环境和系统建模环境平台中 APP 的开发和运行的流程，具备独立开发、测试、打包、集成等能力。

习 题 5

1. APP 的开发和运行流程包括哪些步骤？

2. 使用单元测试的方法对曲线拟合 APP 中的其他功能进行测试。

3. 基于 Qt 开发一个简单的带用户界面的科学计算应用程序，并将其集成到 MWORKS.Syslab 平台。

4. 基于 Qt 开发一个简单的带用户界面的系统建模仿真应用程序，并将其集成到 MWORKS.Sysplorer 平台。

第 6 章
综合应用二次开发实践

本书前面已在 MWORKS 平台技术架构的基础上，依次介绍了面向科学计算的二次开发、面向系统建模的二次开发和带用户界面的应用开发的原理、流程与案例。

本章将针对人工智能和机械运动两个典型场景，分别介绍基于 MWORKS.Syslab 的深度学习工具箱开发和基于 MWORKS.Sysplore 的机械运动模型库开发两个综合应用二次开发实践。6.1 节介绍深度学习工具箱开发实践，6.2 节介绍机械运动模型库开发实践。

通过本章学习，读者可以了解（或掌握）：

❖ 基于 MWORKS.Syslab 的多层神经网络开发与实践；

❖ 基于 Python 库的 MWORKS.Syslab 深度学习工具箱开发与实践；

❖ 基于 MWORKS.Sysplore 的机械运动模型库开发与实践。

6.1 深度学习工具箱开发实践 /////////////

深度学习作为一种推动人工智能技术与应用迅猛发展的机器学习方法，其灵感来源于人脑神经网络的结构和功能。它通过模拟并构建具有多个层次的神经网络模型，使用大量的数据进行训练，从而实现对复杂模式和特征的学习和提取。由于其强大的学习能力、适应性和端到端学习能力，深度学习已广泛应用于计算机视觉、自然语言处理、语音识别、搜索技术、数据挖掘、机器翻译、推荐和个性化技术等诸多领域，并取得了巨大成功，推动了人工智能相关技术的快速进步。

在此背景下，本节将基于 MWORKS.Syslab 科学计算平台，进行深度学习工具箱的开发与实践，学习和巩固 MWORKS.Syslab 中工具箱的开发。6.1.1 节以手写数字识别为例，基于 MWORKS.Syslab 从零开始构建一个多层的神经网络工具箱；在此基础上，6.1.2 节介绍如何基于 Python 的深度学习库，进行 MWORKS.Syslab 深度学习工具箱的开发与实践。

6.1.1 基于 MWORKS.Syslab 的多层神经网络开发与实践

1. 需求分析与说明

本节主要介绍在不依赖外部深度学习库的情况下，以 MNIST 手写数字识别为例，以深度学习中最基础的多层神经网络为架构，如何使用 MWORKS.Syslab 在本地开发深度学习工具箱。

首先，多层神经网络是深度学习的基础，其核心思想是构建具有多个层次的神经网络模型，这些层次之间通过神经元之间的连接进行信息传递和特征提取。其中每层都由一组神经元组成，每个神经元接收上一层的输出，并进行加权求和以及非线性激活，然后将结果传递给下一层。通过这种方式，上层的特征可以被下层用于学习更高级别的特征，从而实现对数据中更复杂模式和特征的学习和提取。

其次，MNIST 手写数字识别是一个经典的机器学习问题，旨在训练计算机模型来自动识别手写数字图像。MNIST 数据集由来自美国国家标准与技术研究所的两个数据集组成，一个用于训练模型，一个用于测试模型。训练集包含 60000 个手写数字图像，而测试集包含 10000 个图像。每个图像都是 28×28 像素的灰度图像，表示从 0~9 的单个手写数字。MNIST 手写数字识别问题已成为机器学习和人工智能领域的基准问题，被广泛用于测试和比较不同算法和模型的性能。它的简单性和广泛应用使得它成为新手入门机器学习的良好起点。

因此，为了在不依赖外部深度学习库的情况下实现基于多层深度神经网络的 MNIST 手写数字识别，需要基于 MWORKS.Syslab 构建多层神经网络架构，然后对训练数据和测试数据进行预处理，最后进行网络训练与测试。

2. 设计与实现

多层网络由输入层（本例中为维度为 784 的 MNIST 图像），多个隐含层和输出层（本例中为 0~9 的这 10 个数字的 10 个类别），通过前向学习提取特征并计算预测结果，然后计算预测结果的损失，即误差，然后通过损失的反向传播，对网络参数进行更新，从而实现学习的目的。其学习步骤具体如下。

前向传播：将输入数据通过前馈网络进行正向传播，计算每层的输出值。从输入层开始，通过每层的权重和激活函数，逐层计算得到输出值。

损失计算：将网络的输出值与真实标签进行比较，计算损失函数的值，用于评估网络的性能。

反向传播与参数更新：从输出层开始，计算损失函数对于每层的权重和偏置的梯度。通过链式法则，将梯度从输出层向输入层传播。在每层中，根据激活函数的导数和上一层传递的梯度，计算当前层的梯度。然后，根据计算得到的梯度，使用梯度下降或其他优化算法，更新每层的权重和偏置。通过不断迭代这个过程，逐渐调整网络参数，使得损失函数的值不断减小，从而实现网络的训练。

（1）神经网络创建函数。

神经网络创建首先需要定义一个神经网络类型 neural_network，其中包括权重矩阵 W 和偏置 b，如下所示。

```
# 定义一个神经网络类型
mutable struct neural_network
    W # 权重
    b # bias
end
```

然后需要设计一个神经网络创建函数，根据网络的输入层神经元数量（input_layer_size）、隐含层神经元数量（hidden_layer_sizes）和输出层神经元数量（output_layer_size）等输入参数创建神经网络，并对神经网络的权重矩阵 W 和偏置 b 等参数进行随机初始化。神经网络创建函数的示例代码如下。

```
#神经网络创建函数示例
function create_network(input_layer_size, hidden_layer_sizes, output_layer_size)
    # 初始化权重
    W = [[0.0],randn(hidden_layer_sizes[1], input_layer_size)]

    b = [0.0, randn(hidden_layer_sizes[1])]

    for i = 2:length(hidden_layer_sizes)
        push!(W, randn(hidden_layer_sizes[i], hidden_layer_sizes[i-1]))
        push!(b,randn(hidden_layer_sizes[i]))
    end

    push!(W, randn(output_layer_size,hidden_layer_sizes[end]))
    push!(b,randn(output_layer_size))

    return neural_network(W,b)
end
```

在此基础上，即可根据本实例的需求，调用上述神经网络创建函数，创建对应的神经网络，具体代码如下所示。其中，因为输入的 MNIST 图像为 784 维，所以输入层神经元数量（input_layer_size）为 784；因为手写数字识别是将输入图像识别为 0~9 的这 10 个数字中的一个，所以输出层神经元数量（output_layer_size）为 10，本实例中采用三个隐含层，每层有100 个神经元，因此隐含层神经元数量（即 hidden_layer_sizes）为[100,100,100]。

```
# 调用这个函数 NN 是我们新搭建的神经网络
NN = create_network(784,[100,100,100],10)
```

创建完神经网络后，可通过打印输出函数 println 查看创建的网络。

```
# 运行以下代码可以查看网络
for w in NN.W
    println(size(w))
    println("")
end
```

（2）网络前向传播函数。

神经网络的前向传播通过前馈网络实现，包括每层的正向传播计算和非线性激活，最终计算得到神经网络在当前参数下的预测输出。

正向传播过程中，每个隐含层的输入通过与当前层的权重系数矩阵相乘并加上偏置，得到当前层的中间输出，再经过一个非线性的激活函数，得到当前层的最终输出，并作为下一层的输入。正向传播的一种实现如下所示。

```
# 计算 forward pass
function forward_pass(network,training_instance)
    Z = [(0.0)]
    A = [training_instance[1]]

    for i = 2:length(network.W)
        push!(Z, network.W[i]*A[i-1] + network.b[i])
        push!(A, Sigmoid.Z[i])
    end

    return Z, A
end
```

其中，Sigmoid ()为非线性激活函数。传统的多层神经网络常采用 Sigmoid 函数作为激活函数，其形式为

$$\text{Sigmoid}(x) = \frac{1}{1-e^{-x}}$$

Sigmoid 函数的曲线如图 6-1 所示。

可以看出，Sigmoid 函数的特点明显：① 连续光滑、严格单调；② 输出范围为(0,1)，以(0,0.5)为对称中心，适合作为分类概率使用；③ 当输入趋近于负无穷时，输出趋近于 0，当输入趋于正无穷时，输出趋近于 1；④ 输入在

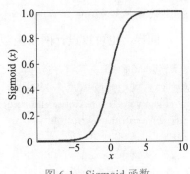

图 6-1　Sigmoid 函数

0 附近时，输出变化趋势明显，输入离 0 越远，变化趋势越平缓且逐渐趋于不变；⑤求导方便，如下式所示，不需要额外的计算量。

$$\frac{\text{Sigmoid}(x)}{\mathrm{d}x} = \text{Sigmoid}(x) \times \left(1 - \text{Sigmoid}(x)\right)$$

Sigmoid 函数的实现如下所示。

```
# 定义激活函数
Sigmoid (x) = 1.0/(1.0 + exp(-x))


# 定义激活函数的导数
dSigmoid (x)=Sigmoid (x)*(1- Sigmoid (x))
```

调用编写好的正向传播函数 forward_pass，即可实现正向传播，并得到神经网络在当前参数下的预测输出。

```
# 用于预测的函数
function predict(network, training_instance)
 Z, A = forward_pass(network,training_instance)
 return argmax(A[end]) - 1
end
```

（3）网络损失计算函数。

一次正向传播结束后，需要基于训练样本的神经网络在当前参数下的预测输出和训练样本的标签，计算网络损失。因此，网络损失计算函数如下所示。

```
# 计算 error_delta
function error_deltas(network, training_instance)
    Z, A = forward_pass(network,training_instance)
    L = length(network.W)
    delta = [(A[end] - training_instance[2]).*dSigmoid.(Z[end])]
    for i = L-1:-1:2
        pushfirst!(delta,(network.W[i+1]'*delta[1]).*dSigmoid(Z[i]))
    end
    pushfirst!(delta,[0.0])
    return A,delta
end

# A_test，  delta_test = error_deltas (NN, train_data[1])
```

同样，也可以设计网络函数计算网络的识别准确率，如下所示。

```
# 计算识别的准确率
function success_percentage(network,data_set)
    return string("The percentage of correctly classifying images is: ", sum([predict(network,x) == argmax(x[2]) - 1 ? 1 : 0 for x in
data_set])/length(data_set)*100, " %")
end


# success_percentage(NN, test_data)
```

（4）反向传播与优化函数。

通过网络损失计算函数计算得到网络损失后，需要设计反向传播与优化函数，基于梯度下降法和网络反向传播，实现网络参数的更新，即完成网络训练。下面给出了一个基于 mini batch 方法的梯度下降法的示例。

```
# 写优化函数，此案例使用的是梯度下降中的 mini batch 方法
function make_random_mini_batch(mini_batch_size, data_set)
    k = rand(1:length(data_set) - mini_batch_size)
    return data_set[k:k+mini_batch_size]
end

function mini_batch_update!(network::neural_network, mini_batch_size::Int64, data_set,alpha::Float64)
    batch = make_random_mini_batch(mini_batch_size,data_set)
    L = size(network.W)
     A, delta = error_deltas(network, batch[1])
    A_batch = []
    delta_batch = []
    push!(A_batch,A)
    push!(delta_batch,delta)

    for i = 2:mini_batch_size
        A, delta = error_deltas(network,batch[i])
        push!(A_batch,A)
        push!(delta_batch,delta)
    end

    for l= L:-1:2
        network.W -= (alpha/mini_batch_size)*sum(delta_batch[i][l]*A_batch[i][l-1]' for i=1:mini_batch_size)
        network.b -= (alpha/mini_batch_size)*sum([delta_batch[i][l] for i = 1:mini_batch_size])
        end
end
```

3. 训练与测试

下面将展示如何基于前文设计与构建的神经网络，进行 MNIST 手写数字识别任务的训练与测试。

（1）数据准备与预处理。

首先，下载和安装本案例所需的包，以获得基础的图片读取功能。如已安装过以下包，可以跳过本步骤。导入测试用的数据描述进一步使用工具的方法，可单击"+"插入代码块或高亮块进行说明。

MLDataset 的小贴士可以帮助用户进一步提高文档质量，增强可读性。

```
import Pkg
Pkg.add("MLDatasets")
Pkg.add("Images")
Pkg.add("TestImages")
Pkg.add("Plots")
```

其次，需要导入本案例所使用的数据集。本案例所使用的数据集是 MNIST 数据集。MNIST 数据集包含 0~9 的 10 种手写数字的图像，以黑白图像的方式储存，如图 6-2 所示。一共有 60000 张手写数字的图像，每张图像储存在 28×28 的矩阵中。

图 6-2　MNIST 样本图片举例

使用在（1）中安装好的包。

```
using MLDatasets
using Images
using TestImages
using Plots
```

读取训练集和测试集数据。

```
# 将 MLDatasets 包里的数据读取为训练集
train_x, train_y = MNIST.traindata()

# 将 MLDatasets 包里的数据读取为测试集
test_x, test_y = MNIST.testdata()
```

其中，train_x 和 test_x 都是三维张量；train_y 和 test_y 都是样本的标签，也就是 0~9 其中的一个值。

读取的手写数字图像样本为 28×28 的图像，而设计的神经网络只能处理一维的向量，因此还需要对图像进行预处理，将每张 28×28 的图像变为 1×784 的样本点，如下所示。

```
# Assuming train_x is a 3D array with dimensions (height, width, num_samples)
height, width, num_samples = size(train_x)

# Initialize X and Y with appropriate types and sizes
```

```
X = Matrix{Float64}(undef, height * width, num_samples)
Y = Matrix{Float64}(zeros(10, num_samples))   # Initialize Y with zeros

# Reshape test_x and assign it to X in a vectorized manner
for i in 1:num_samples
    X[:, i] .= train_x[:, :, i][:]   # Vectorized assignment using .=
end

# One-hot encode the labels directly into Y in a vectorized manner
for i in 1:num_samples
    Y[train_y[i] + 1, i] = 1.0
end

# Combine X and Y to form the training data
train_data = [x for x in zip(eachcol(X), eachcol(Y))]
```

用同样的方式对测试集进行预处理。

```
height, width, num_samples = size(test_x)

# Initialize X and Y with appropriate types and sizes
X = Matrix{Float64}(undef, height * width, num_samples)
Y = Matrix{Float64}(zeros(10, num_samples))   # Initialize Y with zeros

# Reshape train_x and assign it to X in a vectorized manner
for i in 1:num_samples
    X[:, i] .= test_x[:, :, i][:]   # Vectorized assignment using .=
end

# One-hot encode the labels directly into Y in a vectorized manner
for i in 1:num_samples
    Y[test_y[i] + 1, i] = 1.0
end

##########

test_data = [x for x in zip(eachcol(X), eachcol(Y))]
```

（2）网络训练和训练结果显示。

网络训练指在给定学习率（learning rate）、批大小（batch size）和网络训练次数（epoch）等超参数的情况下，基于前文构建的神经网络和预处理好的数据，实现网络训练和学习，得到最优的网络参数。在此基础上，也可以调用 success_percentage 函数计算识别准确率。示例如下。

```
# 训练自建的神经网络 NN，  自定义超参数：
# 0.034  为 learning rate
# 10  为 batch size
# epoch = 10
```

```
for _ = 1:10
    mini_batch_update!(NN,10,train_data,0.034)
end
```

图 6-3 给出了网络训练次数（epoch）为 10 时网络的收敛过程。可以看出，在给定超参数情况下，网络能够不断收敛。

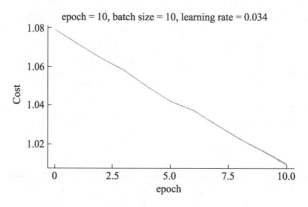

图 6-3　网络训练收敛过程与分类准确率

（3）测试和测试结果显示。

网络训练完成后，将在测试集上的测试训练好的网络的性能。同时，下面将自定义用于显示测试结果的函数 show_test_example，进行测试图像与分类结果的展示，如图 6-4 所示。

```
# 测试并显示正确率
success_percentage(NN,test_data)

#
function show_test_img(i)
    colorview(Gray,test_x[:,:,i]')
end

#
function show_test_example(network::neural_network,i::Int64,testing_data)
    println("Predicted Label: ", predict(network,test_data[i]))
    println("Actual Label: ", argmax(testing_data[i][2])-1)
    show_test_img(i)
end

# 以下随机显示 1 张预测结果
i = rand([x for x=1:10])
show_test_example(NN,i,test_data)
```

由图 6-4(a)可以看出，训练好的网络在给定超参数情况下，在 MNIST 测试集上的分类准确率约为 85.62%。同时，由图 6-4(b)给出的 10 个随机的测试图像及其预测结果可以看出，除第三个图像识别错误外（误将 2 识别为 4），其他图像的测试结果全部正确。

注意：作为示例，此处网络训练次数（epoch）和批大小（batch size）都相对较小，在一般的笔记本电脑上 10 秒内就可以显示出结果。若增大网络训练次数（epoch）和批大小（batch size），可以在一定程度上提高准确率，此神经网络最高准确率可达到 97%。

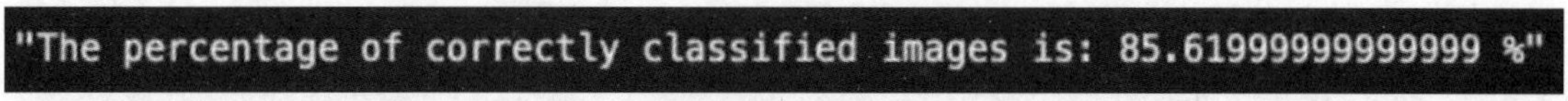

（a）测试集分类准确率

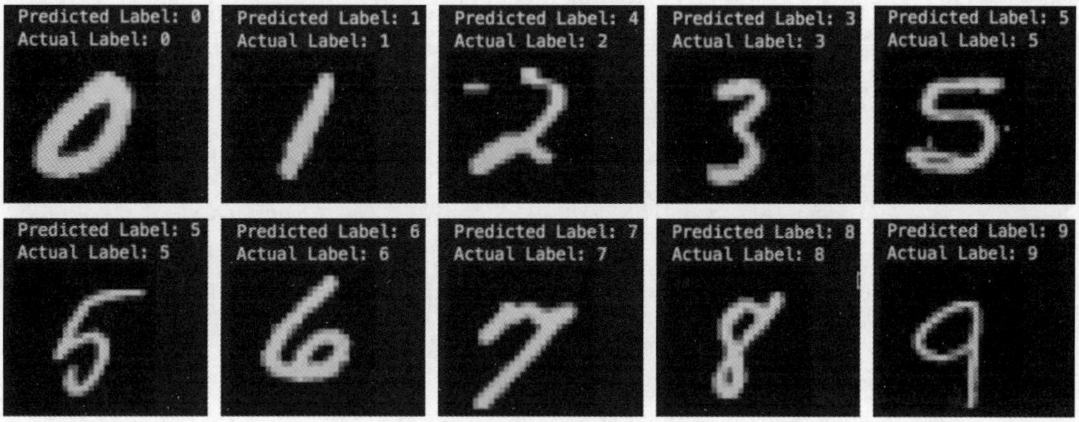

(b) 测试结果示例（部分）

图 6-4　MNIST 测试结果与示例

6.1.2　基于 Python 库的 MWORKS.Syslab 深度学习工具箱开发与实践

1. 需求分析与说明

6.1.1 节以手写数字识别为例，介绍了从零开始基于 MWORKS.Syslab 构建一个多层的神经网络工具箱的示例；除了这种方式，也可以借助其他现成的深度学习库，在 Syslab 平台更快捷地开发深度学习工具箱。

本节将通过基于 Python 库的 MWORKS.Syslab 深度学习工具箱开发与实践，介绍如何在 MWORKS.Syslab 平台中接入 Python 深度学习库等外部成熟的深度学习框架，实现深度学习工具箱的开发。

基于 Python 库的 MWORKS.Syslab 深度学习工具箱开发主要包括以下两个步骤。

（1）构建一个 MWORKS.Syslab 工具箱。

（2）定义工具箱函数时，使用 Julia 调用 Python，实现 Python 深度学习框架功能函数的封装。

其中，MWORKS.Syslab 工具箱的构建即为开发一个基于 Julia 的函数库，可参考 3.3.1 节中第一部分的内容，即基于 Julia 的函数库开发流程。因此，下面重点介绍通过在 MWORKS.Syslab 平台基于 Julia 调用 Python 深度学习框架和封装其相关功能函数构建深度学习工具箱，并基于 Cifar_10 数据集二分类案例演示深度学习工具箱的训练。

2. Julia 调用 Python 深度学习框架

在数值计算领域，存在很多用 Python 写的高质量且成熟的库，为了便捷复用现有资产，Julia 提供简洁且高效的调用方式，不需要任何"胶水"代码。

（1）调用 Python 库函数。

在 MWORKS.Syslab 平台中，可通过 pyimport 和@pyimport 调用 Python 库中的函数。

```
using PyCall
using TyPlot
#case 1
math = pyimport("math")
v = math.sin(pi/2)
println("v = $v")
# v = 1.0


#case 2
@pyimport numpy as np
x = np.linspace(0, 2π, 1000)
y = np.sin(x)
plot(x,y)
```

（2）调用 Python 代码。

通过 py"..."和 py"""...""",可以直接调用 Python 代码。

```
module MyModule
using PyCall
function __init__()
    py"""
    def hello(s):
        return "Hello, " + s
    """
end

# 封装 Python 函数
hello(s) = py"hello"(s)
end

MyModule.hello("Syslab") # "Hello, Syslab"
```

（3）调用 Python 文件。

在 MWORKS.Syslab 中调用 Python 代码文件，一般分为三步。

① 将路径添加到 Python 工作目录。

② 导入 Python 文件。

③ 调用 Python 接口。

具体如图 6-5 所示。

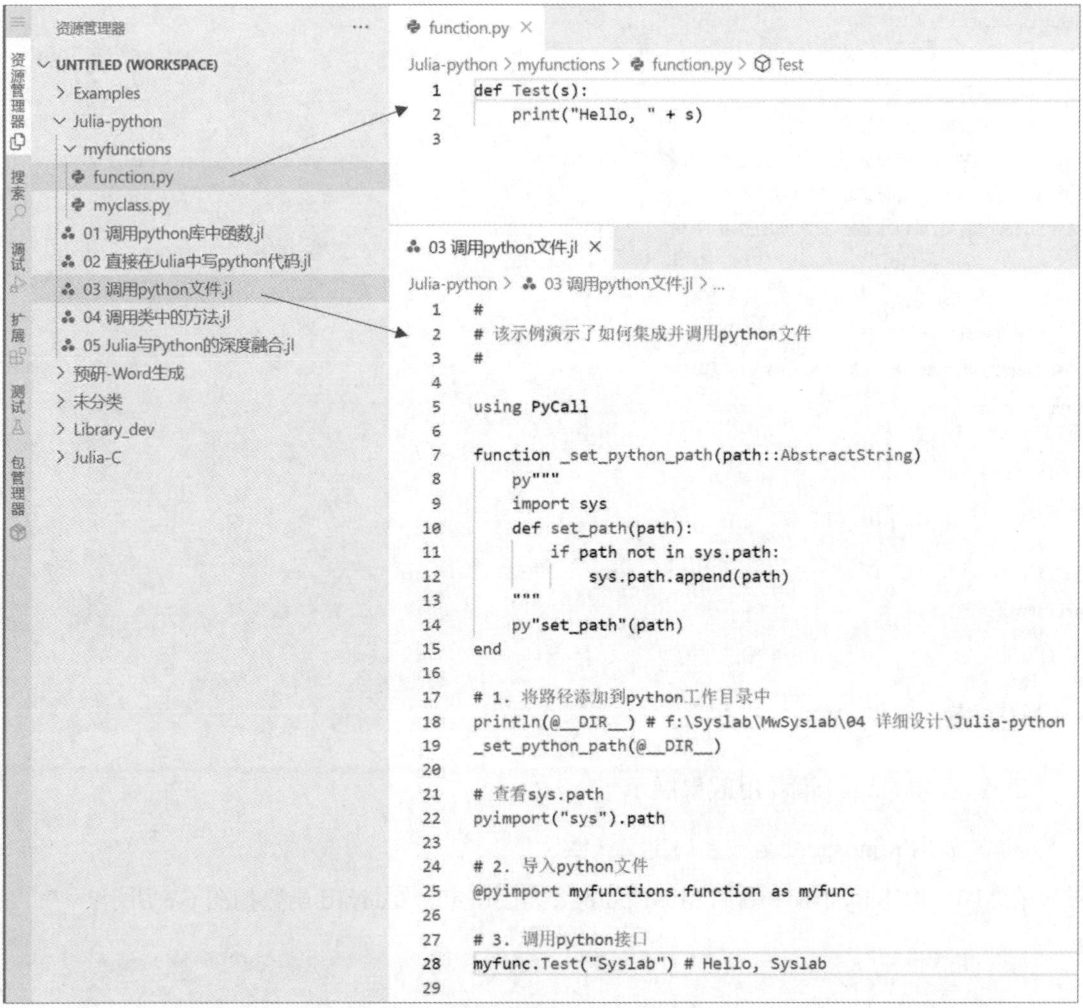

图 6-5　调用 Python 文件

（4）定义 Python 类。

通过@pydef 来创建一个 Python 类，用 Julia 实现。具体示例如下。

```
using PyCall
# python 代码
py"""
import numpy.polynomial
class Doubler(numpy.polynomial.Polynomial):
    def __init__(self, x=10):
        self.x = x
    def my_method(self, arg1): return arg1 + 20
    @property
    def x2(self): return self.x * 2
    @x2.setter
    def x2(self, new_val):
        self.x = new_val / 2
```

```julia
print(Doubler().x2) # 20
"""



# 与上面等价的写法：
# @pydef: 创建一个 python 类，其方法是用 julia 实现的
P = pyimport("numpy.polynomial")
@pydef mutable struct Doubler <: P.Polynomial
    __init__(self, x = 10) = (self.x = x)
    my_method(self, arg1::Number) = arg1 + 20
    x2.get(self) = self.x * 2
    x2.set!(self, new_val) = (self.x = new_val / 2)
end

d = Doubler()
println(d.x2) # 20

d.x2 = 10
println(d.x) # 5

d.x = 15
println(d.x2) # 30
```

3. 深度学习工具箱调用效果展示

（1）调用 Mindspore 函数接口定义函数。

在 MWORKS.Syslab 中调用 Mindspore 函数接口定义 Conv1d 函数如图 6-6 所示。

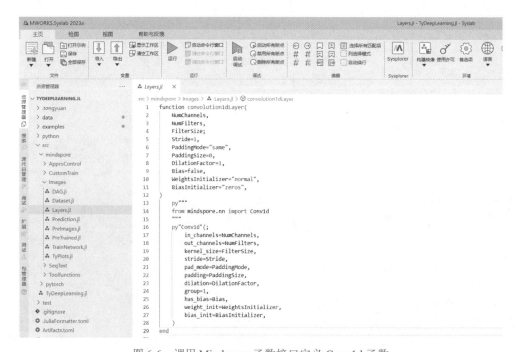

图 6-6　调用 Mindspore 函数接口定义 Conv1d 函数

这段代码定义了一个名为 convolution1dLayer 的函数，用于创建一个卷积神经网络层。下面是对每个参数的解释。

① NumChannels：输入张量的通道数。

② NumFilters：卷积核的数量。

③ FilterSize：卷积核的大小。

④ Stride：卷积操作的步幅，默认为 1。

⑤ PaddingMode：填充模式，默认为 same，表示进行相同填充。其他可选值为 valid 和 zeros。

⑥ PaddingSize：填充的大小，默认为 0，表示不进行填充。

⑦ DilationFactor：空洞卷积的扩张因子，默认为 1，表示不进行空洞卷积。

⑧ Bias：是否添加偏置项，默认为 false，表示不添加偏置项。

⑨ WeightsInitializer：权重初始化方法，默认为 normal，表示使用正态分布初始化权重。其他可选值为 zeros 和 ones。

⑩ BiasInitializer：偏置项初始化方法，默认为 zeros，表示使用零初始化偏置项。其他可选值为 zeros 和 ones。

该函数的作用是创建一个卷积神经网络层，用于在图像处理任务中进行特征提取和分类。

（2）调用自定义 Python 代码定义函数。

在 MWORKS.Syslab 中调用自定义 Python 代码定义函数如图 6-7 所示。

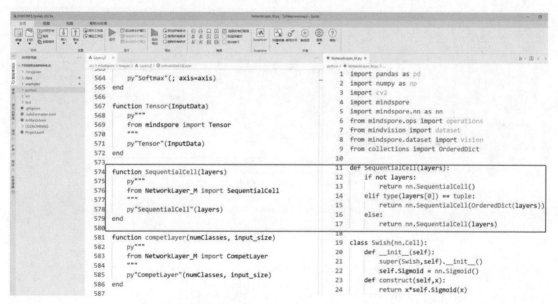

图 6-7　调用自定义 Python 代码定义函数

这段代码定义了一个名为 SequentialCell 的函数，用于创建一个顺序模型（Sequential Model）。下面是对参数的解释。

layers：一个包含网络层的列表或元组。

该函数的作用是根据给定的网络层列表或元组创建一个顺序模型。如果 layers 为空，则返回一个空的顺序模型；如果 layers 的第一个元素是一个元组，则将其转换为有序字典并传递给 nn.SequentialCell() 函数来创建顺序模型，否则直接将 layers 传递给 nn.SequentialCell() 函数来创建顺序模型。上述代码中的 NetworkLayer_M 是一个自定义模块，其中包含了 SequentialCell 函数的定义。需要确保该模块已经正确导入，并且此例中 nn 是 Mindspore 深度学习框架的命名空间。

4. 应用实例

本节主要通过基于 Cifar_10 数据集二分类案例演示深度学习工具箱的训练和应用流程。

（1）数据集简介。

CIFAR-10 是一个更接近普适物体的彩色图像数据集。CIFAR-10 是由 Hinton 的学生 Alex Krizhevsky 和 Ilya Sutskever 整理的一个用于识别普适物体的小型数据集。一共包含 10 个类别的 RGB 彩色图像：飞机（airplane）、汽车（automobile）、鸟类（bird）、猫（cat）、鹿（deer）、狗（dog）、蛙类（frog）、马（horse）、船（ship）和卡车（truck）。

每个图像的尺寸为 32×32，每个类别有 6000 个图像，数据集中一共有 50000 张训练图像和 10000 张测试图像。

（2）训练过程。

首先，读取 CIFAR-10 训练集数据，选取 CIFAR-10 中的 airplane 与 automobile 两个类别图像作为训练集。读取的图像数据维度为（N,H,W,C），由于卷积层的输入维度要求为（N,C,H,W），将其进行维度转换，如图 6-8 所示。

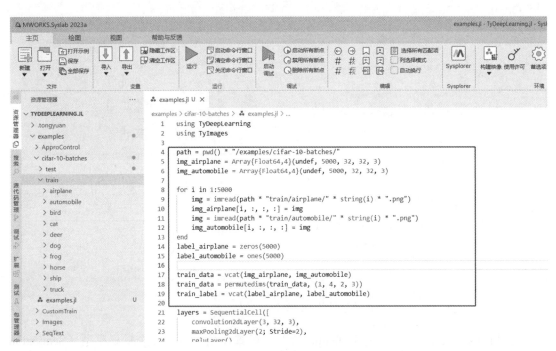

图 6-8 读取 CIFAR-10 训练集数据并进行维度转换

其次，采用 SequentialCell 顺序容器构建卷积神经网络，共有两个卷积层，并在每个卷积层后接一个最大池化层和一个 Relu 激活函数层，最后通过一个全连接层和 softmax 激活函数层将卷积得到的图像特征分成两个类别，如图 6-9 所示。

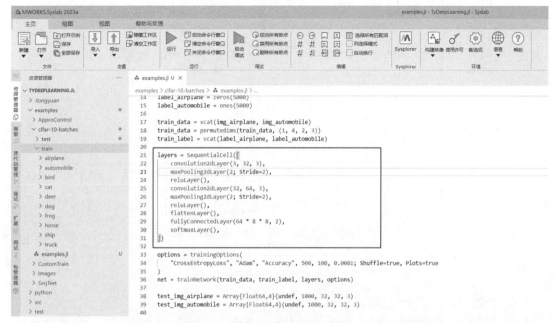

图 6-9　采用 SequentialCell 顺序容器构建卷积神经网络

然后，使用 trainingOptions 函数设置训练参数：使用 CrossEntropyLoss 交叉熵作为损失函数，优化器选择 Adam，并使用准确率 Accuracy 作为评价指标，batch size 设置为 500，训练轮次 epoch 设置为 100，学习率设置为 0.0001，并设置打乱训练数据。

最后，使用 trainNetwork 训练卷积神经网络，输入训练集 train_data、训练集标签 train_label、神经网络 layers 和训练参数 options 对神经网络进行训练，训练完后绘制出 loss 曲线，其代码如图 6-10 所示，绘制结果如图 6-11 所示。

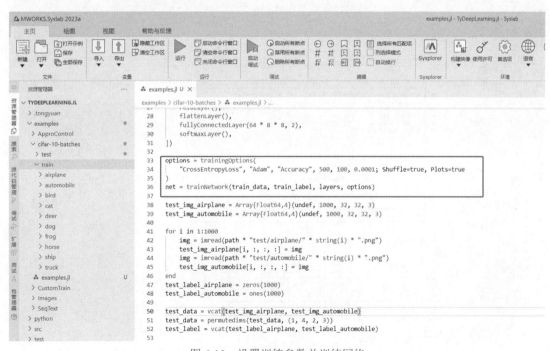

图 6-10　设置训练参数并训练网络

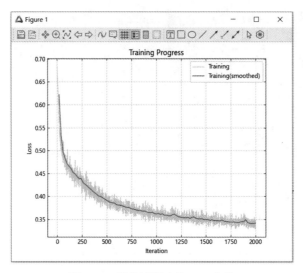

图 6-11　训练过程中的 loss 曲线

（3）测试过程。

　　导入 CIFAR-10 测试集数据，测试集每个类别包括 1000 张图像，共 10000 张图。同样只选取 airplane 与 automobile 两个类别数据进行预测，最后计算准确率，进行模型效果评估。可以看出，训练的模型在测试集上取得了 94.85%的准确率，验证了模型的有效性和训练过程的正确性，其代码如图 6-12 所示。

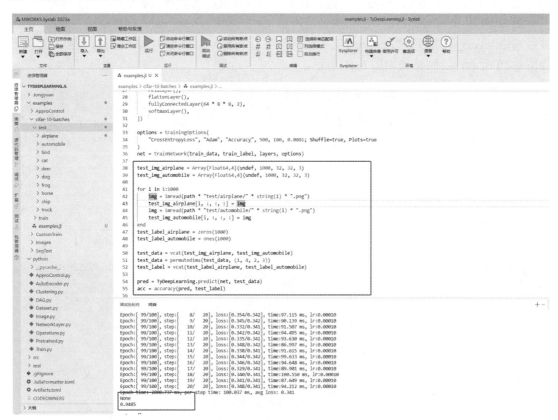

图 6-12　测试并输出准确率

最后，从测试集中随机抽取 9 张图像进行展示，并标注识别的类别，其代码如图 6-13 所示，其输出结果如图 6-14 所示。

图 6-13　随机抽取 9 张测试集图像进行展示

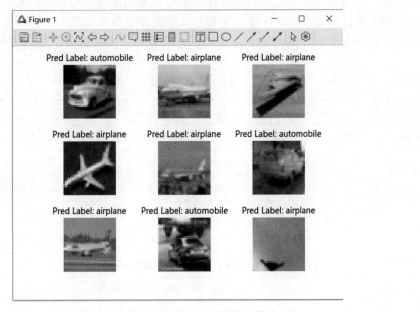

图 6-14　随机抽取的测试图像输出结果

6.2 机械运动模型库开发

6.2.1 需求分析

机械组件库的需求目标是基于业务需求、架构需求、功能需求、性能需求、接口需求、运行环境需求和非功能性需求等多方面来确保实现一个高效、可靠且易于使用的机械组件库。从业务需求方面来看，该库旨在满足各种机械系统的需求，提供可靠且高效的机械组件。从架构需求方面来看，需要具备模块化、可扩展和可重用的设计架构，以便开发人员可以方便地进行定位和使用。从功能需求来看，需要提供弹簧阻尼器、机械间隙、减速器等一系列机械组件，并确保它们的功能正常且稳定。从性能需求来看，需要确保机械组件的性能满足系统要求，包括求解精度和效率等方面。从接口需求来看，需要定义机械组件之间的接口规范，确保组件的相互兼容和无缝集成。从运行环境需求来看，需要在规定的软件和硬件环境下稳定运行。最后，从非功能性需求来看，需要具备良好的稳定性、兼容性、可扩展性和易用性，以提高系统的稳定性和用户体验。

6.2.2 架构设计

机械组件库考虑能够满足用户更快捷的定位和使用要求，并根据机械设备的功能进行划分，模型的架构目录如表 6-1 所示。主要提供了机械系统所需的一维转动和一维平动的零、部件模型，包括刹车器、离合器、质量块、摩擦受力、弹簧阻尼、激励源和传感器设备等。

表 6-1　模型的架构目录

名称				描述
UsersGuide	用户指南			提供模型库概述、联系方式、版本说明等介绍文档
Rotational	一维转动模型库	Examples	典型实例	提供一维转动组件模型库的经典应用案例，方便用户快速入门
		Components	组件库	提供了多种一维转动组件，包括刹车器、离合器和弹簧阻尼等
		Sources	激励源库	提供了角速度、转矩、角度位置等激励源模型
		Sensors	传感器库	提供了角速度、转矩、功率等传感器模型
		Interfaces	接口库	提供了旋转的输入输出接口模型
Translational	一维平动模型库	Examples	典型实例	提供一维平动组件模型库的经典应用案例，方便用户快速入门
		Components	组件库	提供了多种一维平动组件，包括质量块、摩擦受力和弹簧阻尼等
		Sources	激励源库	提供了速度、力、直线位置等激励源模型
		Sensors	传感器库	提供了速度、力、功率等传感器模型
		Interfaces	接口库	提供了一维线性运动的输入输出接口模型

构建步骤如下。

（1）新建模型库。

单击"快速新建"→"package"新建模型库，如图 6-15 所示。

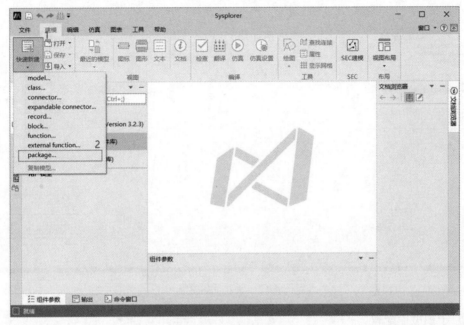

图 6-15　新建模型库

（2）模型库配置。

在弹出对话框对应位置填入模型名"Mechanics"、类别"package"、描述"机械组件库"，其他默认，单击"确定"，创建机械组件空模型库，如图 6-16 所示。

图 6-16　模型库配置

（3）新建子模型库。

在液压组件空模型库创建新模型，鼠标右键单击"Mechanics"弹出对话框，单击"在

Mechanics（机械组件库）中新建模型"，如图 6-17 所示。

图 6-17　新建子模型库

（4）子模型库配置。

在弹出对话框对应位置填入模型名"UsersGuide"、类别"package"、描述 "用户指南"，勾选"保持到父模型所在文件"，其他默认，单击"确定"，创建用户指南空模型子库，如图 6-18 所示。

图 6-18　子模型库配置

（5）建立完整模型库。

按照步骤（3）~（4），依次建立表 6-1 中的架构列表，最终建立完整的模型库，如图 6-19 所示。

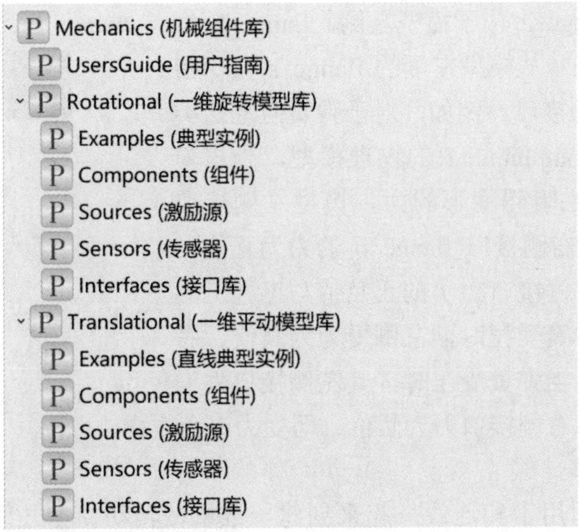

图 6-19　完整的模型库

6.2.3　接口设计

模型库涉及机械平动接口、机械转动接口和控制接口三大类，接口中包含的变量如表 6-2 所示。

表 6-2　接口中包含的变量

接口类型	接口变量	单位
机械平动接口	位移 s	m
	力 F	N
机械转动接口	转矩 τ	N/m
	转角 φ	degC
控制接口	输入 u	/
	输出 y	/

（1）机械平动接口。

一维机械平动接口用于和连线一起来创建一维机械平动模型之间的势变量与流变量的连接关系。接口中定义一个势变量 s 和一个流变量 f，如表 6-3 所示。

表 6-3　一维机械平动接口变量

接口名称	变量名称	单位	数据类型	描述
flange	s	m	Real	位移
	f	N	Real	力

一维机械平动接口图标使用绿色的方块（通常位于模型左侧）、白色的方块（通常位于模型右侧）和带灰边的绿色方块（通常为外壳用）表示，如图 6-20 所示。

接口 flange_a 和 flange_b 是相同的一维机械平动接口，其区别仅为名称和图标不同，support 通常表示为外壳或固定端接口。为使构建的模型具有和工程使用相符的正负方向，便于理解使用，规定 flange_a 位于模型左侧，flange_b 位于模型右侧，正方向表示从模型左侧的 flange_a 接口指向模型右侧的 flange_b 接口。例如，对于弹簧阻尼这类具有拉伸压缩性质（compliance）的物理模型，当该弹性模型被拉伸时，产生阻碍变形的力，模型左侧接口 flange_a 的力为负值，右侧接口 flange_b 的力为正值，此时该弹性模型左、右侧接口力 f 的正负值与工程上的理解是相同的，即当弹簧受拉时，左侧受力为负值，右侧受力为正值。反之，当弹簧受压时，其左侧接口力为正值，受力沿正方向，右侧接口力为负值，即受力沿负方向。

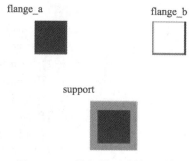

图 6-20　一维机械平动接口图标

（2）机械转动接口。

一维机械转动接口用于和连线一起来创建一维机械转动模型之间的势变量与流变量的连接关系。接口中定义一个势变量 φ 和一个流变量 τ，如表 6-4 所示。

表 6-4　一维机械转动接口变量

接口名称	变量名称	单位	数据类型	描述
flange	φ	rad	Real	角度
	τ	N.m	Real	力矩

一维机械转动接口图标使用深灰色圆（通常位于模型左侧）、白色圆（通常位于模型右侧）和带灰边的深灰色圆（通常为外壳用）表示，如图 6-21 所示。

接口 flange_a 和 flange_b 是相同的一维机械转动接口，其区别仅为名称和图标，support 通常表示为外壳或固定端接口。为使构建的模型具有和工程使用相符的正负方向，便于理解使用，规定 flange_a 位于模型左侧，flange_b 位于模型右侧，正方向表示从模型左侧的 flange_a 接口指向模型右侧的 flange_b 接口。例

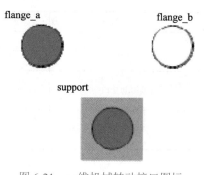

图 6-21　一维机械转动接口图标

如，对于弹簧阻尼这类具有拉伸压缩性质（compliant）的物理模型，当该弹性模型被拉伸时，模型左侧接口 flange_a 的力矩为负值，右侧接口 flange_b 的力矩为正值，此时该弹性模型左、右侧接口力矩的正负值与工程上理解是相同的，即当弹簧受拉时，左侧受力矩为负值，右侧受力矩为正值。反之，当弹簧受压时，其左侧接口力矩为正值，受力矩沿正方向，右侧接口力矩为负值，即受力矩沿负方向。

6.2.4　模型开发

下面我们通过机械系统中较为典型的弹簧阻尼模型，描述模型开发步骤。在构建弹簧阻尼模型时，主要考虑其以下两点功能。

功能 1：模型两端受到弹簧力作用，与两端相对位置有关。

功能 2：模型两端受到阻尼力作用，与两端相对速度有关。

其对应的物理原理如下。

弹簧和阻尼的总力为

$$F = F_S + F_D$$

相对位移 x_{rel} 为

$$x_{rel} = x_1 + x_2$$

弹簧力 F_S 和阻尼力 F_D 为

$$F_S = K \cdot x_{rel}$$

$$F_D = C \cdot \frac{d(x_{rel})}{dt}$$

根据物理原理进行模型构建，具体步骤如下。

（1）新建弹簧阻尼模型。

在已创建的机械组件库下找到"Mechanics.Translational.Components"路径下的子模型库，并创建新模型，鼠标右键单击"BasicModels"弹出对话框，单击"在 BasicModels（基础组件）中新建模型"，如图 6-22 所示。

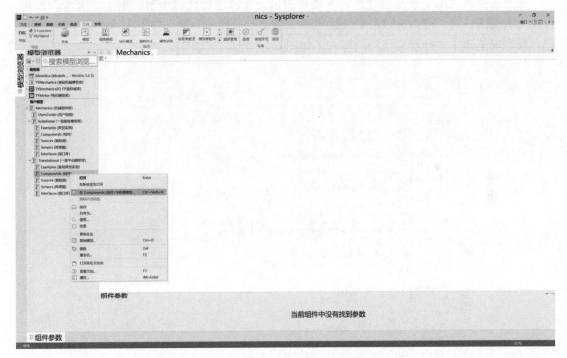

图 6-22　新建模型

在弹出对话框对应位置填入模型名"SpringDamper"、类别"model"、描述"弹簧阻尼模型"，勾选"保持到父模型所在文件"，其他默认，单击"确定"，创建弹簧阻尼模型，如图 6-23 所示。

至此模型创建完成，结构如图 6-24 所示。

图 6-23 新建模型设置

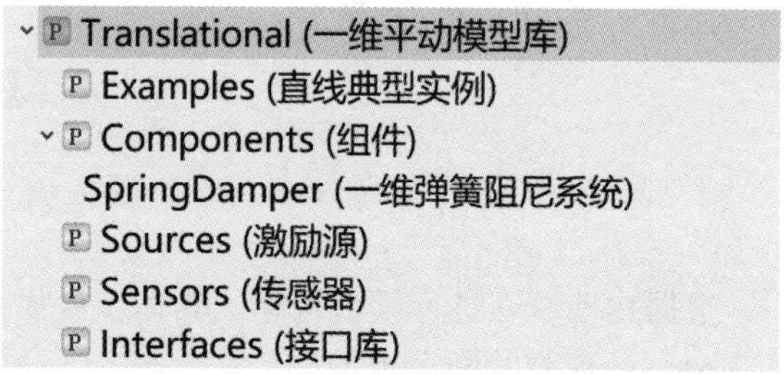

图 6-24 建立完成的结构

（2）编写模型文本。

在完成弹簧阻尼空模型创建后，需要根据以下步骤进行代码编写。单击"文本"按钮，进入文本视图，对一维弹簧阻尼系统按照继承类语句、模型参数、模型变量、模型接口和模型方程等规范顺序进行对应代码的写入，如图 6-25 所示。

```
1  model SpringDamper "一维弹阻尼系统"
2    //参数
3    parameter Modelica.SIunits.TranslationalSpringConstant c = 1 "弹簧刚度"
4    parameter Modelica.SIunits.TranslationalDampingConstant d = 1 "阻尼系数"
5    parameter Modelica.SIunits.Position s_rel0 = 0 "弹簧初始长度";
6    //变量
7    Modelica.SIunits.Force f_c "弹簧力";
8    Modelica.SIunits.Force f_d "阻尼力";
9
10   Modelica.SIunits.Position s_rel(start = 0)
11     "相对位移 (= flange_b.s - flange_a.s)";
12   Modelica.SIunits.Velocity v_rel(start = 0)
13     "相对速度 (= der(s_rel))";
14   Modelica.SIunits.Force f "两端口间作用力 (= flange_b.f)";
15   //接口
16   Modelica.Mechanics.Translational.Interfaces.Flange_a flange_a
17     annotation (Placement(transformation(origin = {-100.0, 0.0}, [....]
19   Modelica.Mechanics.Translational.Interfaces.Flange_b flange_b
20     annotation (Placement(transformation(origin = {100.0, 0.0}, [....]
22 equation
23   //两端口相对位移
24   s_rel = flange_b.s - flange_a.s;
25   //相对速度
26   v_rel = der(s_rel);
27   //端口力
28   flange_b.f = f;
29   flange_a.f = -f;
30 equation
31   //弹簧力计算
32   f_c = c * (s_rel - s_rel0);
33   //阻尼力计算
34   f_d = d * v_rel;
35   //系统合力
36   f = f_c + f_d;
37   annotation [....]
90 end SpringDamper;
```

图 6-25 编写模型文本

其中，模型接口部分可以调用一对一维平动弹性接口，如图 6-26 所示，该接口模型已在内部定义了部分变量和方程，如相对位移、相对速度、作用力等，故无须再编写此部分代码。

```
1  model SpringDamper2 "一维弹簧阻尼系统"
2    //参数
3    parameter Modelica.SIunits.TranslationalSpringConstant c = 1 "弹簧刚度"
4      annotation (Dialog(tab = "常规", group = "参数"));
5    parameter Modelica.SIunits.TranslationalDampingConstant d = 1 "阻尼系数"
6      annotation (Dialog(tab = "常规", group = "参数"));
7    parameter Modelica.SIunits.Position s_rel0 = 0 "弹簧初始长度";
8    annotation (Dialog(tab = "常规", group = "参数"));
9    //变量
10   Modelica.SIunits.Force f_c "弹簧力";
11   Modelica.SIunits.Force f_d "阻尼力";
12   //接口
13   extends Modelica.Mechanics.Translational.Interfaces.PartialCompliantWithRelativeStates;
14
15 equation
16   //弹簧力计算
17   f_c = c * (s_rel - s_rel0);
18   //阻尼力计算
19   f_d = d * v_rel;
20   //系统合力
21   f = f_c + f_d;
22 ⊞ annotation ( ... );
79 end SpringDamper2;
```

图 6-26　模型调用代码

（3）绘制图标。

在上述步骤完成后，需要为模型绘制图标。绘制图标需单击"图标"按钮，进入图标视图，并打开"编辑"页面，采用绘图工具或导入图片为模型绘制图标，如图 6-27 所示。

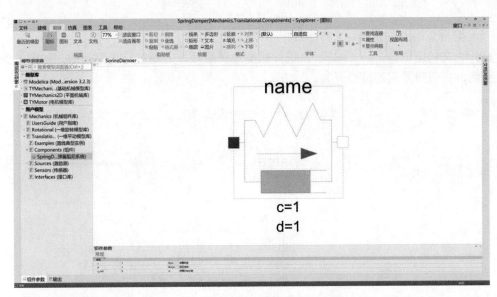

图 6-27　绘制图标

（4）参数面板设计。

按模型所需要调整的参数来设计参数面板，参数面板设计代码如图 6-28 所示，所设计的参数框如图 6-29 所示。

```
 1  model SpringDamper "一维弹簧阻尼系统"
 2    //参数
 3    parameter Modelica.SIunits.TranslationalSpringConstant c = 1 "弹簧刚度"
 4      annotation (Dialog(tab = "常规", group = "参数"));
 5    parameter Modelica.SIunits.TranslationalDampingConstant d = 1 "阻尼系数"
 6      annotation (Dialog(tab = "常规", group = "参数"));
 7    parameter Modelica.SIunits.Position s_rel0 = 0 "弹簧初始长度";
 8      annotation (Dialog(tab = "常规", group = "参数"));
 9    //变量
10    Modelica.SIunits.Force f_c "弹簧力";
11    Modelica.SIunits.Force f_d "阻尼力";
12
13    //接口
14    Modelica.Mechanics.Translational.Interfaces.Flange_a flange_a
15      annotation (Placement(transformation(extent = {{-110, -10}, {-90, 10}})));
16    Modelica.Mechanics.Translational.Interfaces.Flange_b flange_b
17      annotation (Placement(transformation(extent = {{90, -10}, {110, 10}})));
18
19    Modelica.SIunits.Position s_rel(start = 0)
20      "相对位移 (= flange_b.s - flange_a.s)";
21    Modelica.SIunits.Velocity v_rel(start = 0)
22      "相对速度 (= der(s_rel))";
23    Modelica.SIunits.Force f "两端口间作用力 (= flange_b.f)";
24  equation
25    //两端口相对位移
26    s_rel = flange_b.s - flange_a.s;
27    //相对速度
28    v_rel = der(s_rel);
29    //端口力
30    flange_b.f = f;
31    flange_a.f = -f;
32
33  equation
34    //弹簧力计算
35    f_c = c * (s_rel - s_rel0);
36    //阻尼力计算
37    f_d = d * v_rel;
38    //系统合力
39    f = f_c + f_d;
40    annotation ([...]
97  end SpringDamper;
```

图 6-28　参数面板设计代码

常规				
参数				
c	1		N/m	弹簧刚度
d	1		N.s/m	阻尼系数
s_rel0	0		m	弹簧初始长度

图 6-29　参数框

（5）编写文档浏览器。

打开"文档浏览器"→"编辑"，进行模型说明编写，方便进行模型使用，如图 6-30 所示。至此，完成弹簧阻尼模型开发。

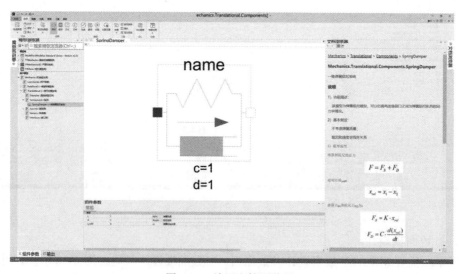

图 6-30　编写文档浏览器

（6）其他子模型开发。

按照上述步骤完成其他子模型的开发，如
图 6-31 所示。

（7）模型封装。

最终将完成的弹簧阻尼和质量块进行封
装组合成完整的串联弹簧模型，如图 6-32 所示。

图 6-31　其他子模型开发

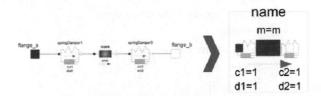

图 6-32　串联弹簧模型的封装

具体步骤如下。

① 在已创建的液压组件库下找到"Mechanics.Translational.Components"路径下的子模
型库，并创建新模型，鼠标右键单击"Components"弹出对话框，单击"在 Components（组
件库）中新建模型"，如图 6-33 所示。

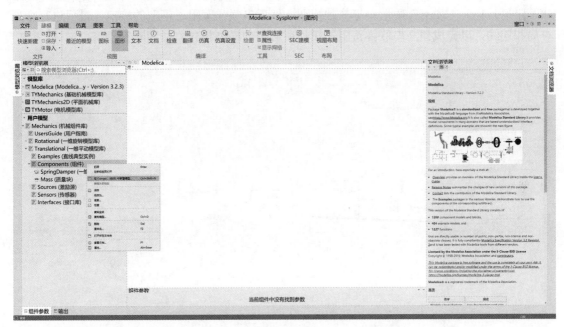

图 6-33　在 Components（组件库）中新建模型

② 在弹出对话框对应位置填入模型名"DoubleSpringDamper"、类别"model"、描述"串
联弹簧阻尼模型"，勾选"保持到父模型所在文件"，其他默认，单击"确定"，创建串联弹
簧阻尼模型，如图 6-34 所示。

图 6-34 新建模型设置

③ 在完成串联弹簧阻尼模型创建后，需要根据以下步骤进行模型组建和代码编写。

第一步，单击"图形"按钮，进入图形视图，在图形视图中依次拖 2 个"SpringDamper"弹簧阻尼、1 个"Mass"质量块等基础模型，然后串联弹簧阻尼模型的接口，最后进行合理布局和连线，以完成建立串联弹簧阻尼模型所必需的模型构建，如图 6-35 所示。

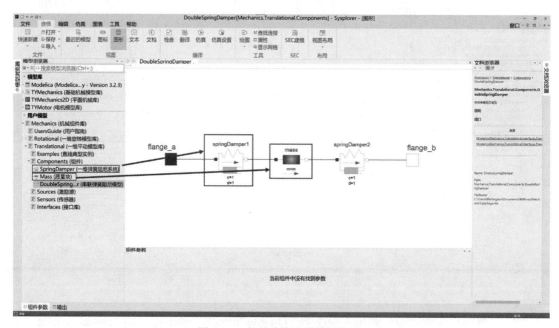

图 6-35 串联弹簧阻尼模型构建

单击"文本"按钮，进入文本视图，对串联弹簧阻尼模型补充模型参数代码，并将模型参数对应填入上述基础模型的参数面板内，编写模型参数并将参数传递至子模型中，完成串联弹簧阻尼模型的构建和代码编写，如图 6-36 所示。

```
1  model DoubleSpringDamper "串联弹簧阻尼模型"
2    //参数
3    parameter Modelica.SIunits.TranslationalSpringConstant c1 = 1 "弹簧刚度"
4      annotation (Dialog(tab = "常规", group = "参数"));
5    parameter Modelica.SIunits.TranslationalDampingConstant d1 = 1 "阻尼系数"
6      annotation (Dialog(tab = "常规", group = "参数"));
7    parameter Modelica.SIunits.Position s1_rel0 = 0 "弹簧初始长度";
8    annotation (Dialog(tab = "常规", group = "参数"));
9    parameter Modelica.SIunits.TranslationalSpringConstant c2 = 1 "弹簧刚度"
10     annotation (Dialog(tab = "常规", group = "参数"));
11   parameter Modelica.SIunits.TranslationalDampingConstant d2 = 1 "阻尼系数"
12     annotation (Dialog(tab = "常规", group = "参数"));
13   parameter Modelica.SIunits.Position s2_rel0 = 0 "弹簧初始长度";
14   annotation (Dialog(tab = "常规", group = "参数"));
15   parameter Modelica.SIunits.Mass m(min = 0, start = 1) "质量";
16   //实例化
17   SpringDamper springDamper1(c = c1, d = d1, s_rel0 = s1_rel0)
18     annotation (Placement(transformation(origin = {-50.0, 10.0}, ...
20   Mass mass(m = m)
21     annotation (Placement(transformation(origin = {-10.0, 10.0}, ...
23   SpringDamper springDamper2(c = c2, d = d2, s_rel0 = s2_rel0)
24     annotation (Placement(transformation(origin = {30.000000000000014, 10.0}, ...
26   Modelica.Mechanics.Translational.Interfaces.Flange_a flange_a
27     annotation (Placement(transformation(origin = {-90.0, 10.0}, ...
29   Modelica.Mechanics.Translational.Interfaces.Flange_b flange_b
30     annotation (Placement(transformation(origin = {90.0, 10.000000000000002}, ...
32   annotation (Icon(coordinateSystem(extent = {{-100.0, -100.0}, {100.0, 100.0}}), ...
77 equation
78   connect(springDamper1.flange_b, mass.flange_a)
79     annotation (Line(origin = {-30.0, 10.0}, ...
82   connect(mass.flange_b, springDamper2.flange_a)
83     annotation (Line(origin = {10.0, 10.0}, ...
86   connect(flange_a, springDamper1.flange_a)
87     annotation (Line(origin = {-70.0, 19.999999999999996}, ...
90   connect(flange_b, springDamper2.flange_b)
91     annotation (Line(origin = {55.0, -5.0}, ...
94 end DoubleSpringDamper;
```

图 6-36　串联弹簧阻尼模型代码编写

④ 在模型代码编写完成后，需要为模型绘制图标并编写文档浏览器。图标绘制如图 6-37 所示，单击"图标"按钮，进入图标视图，并打开"编辑"页面，采用绘图工具或导入图片为模型绘制图标。编写文档浏览器如图 6-38 所示，打开"文档浏览器"→"编辑"，进行编写，方便后续的模型使用。至此，完成串联弹簧阻尼模型开发。

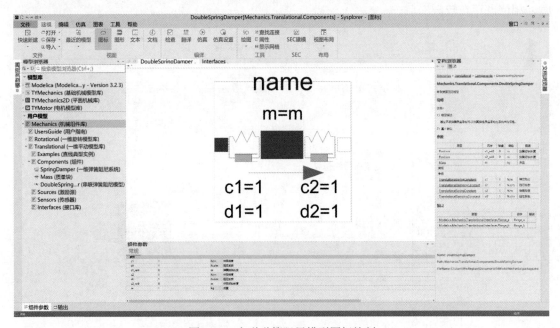

图 6-37　串联弹簧阻尼模型图标绘制

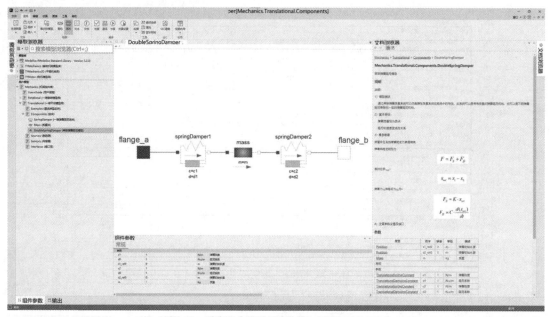

图 6-38　串联弹簧阻尼模型文档浏览器编写

6.2.5　模型测试

搭建一个测试系统对模型进行测试，以下为串联弹簧质量系统，包括一个正弦曲线源 sine、一个位置激励源 position、一个串联弹簧阻尼模型 doubleSpringDamper 和一个考虑摩擦和边界的质量块 massWithStopAndFricition，如图 6-39 所示。主要考虑串联弹簧阻尼系统在位置波动激励下的响应情况，从图 6-40 可以看出，在正弦激励的情况下，串联弹簧中的质量块位移相比于激励源，幅值有较大衰减；被驱动质量块的位移相比于激励源，幅值衰减更大，同时，相位也存在较大滞后。

图 6-39　弹簧阻尼运动模型

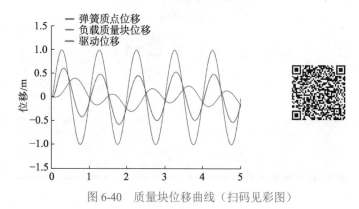

图 6-40　质量块位移曲线（扫码见彩图）

本 章 小 结

本书旨在让读者学习和掌握 MWORKS 平台的二次开发，因此，本章在前文 MWORKS 平台技术架构介绍、面向科学计算的二次开发、面向系统建模的二次开发、带用户界面的应用开发的学习基础上，针对人工智能和机械运动两个典型开发应用场景，分别介绍了基于 MWORKS.Syslab 的深度学习工具箱开发和基于 MWORKS.Sysplorer 的机械运动模型库开发两个综合应用二次开发实践。通过本章两类综合应用的二次开发实践，读者可以进一步掌握和巩固 MWORKS 平台中的二次开发。

习 题 6

1. 简述在 MWORKS.Syslab 中开发函数库的两种方式。

2. 基于 MWORKS.Syslab 开发一个残差神经网络，并以 MNIST 手写数字为样本数据进行训练和测试。

3. 简述在 MWORKS.Sysplorer 中开发模型库时组件库的基本组成架构。

4. 基于一维机械平动库中的弹簧阻尼模型的开发案例，开发一维模型转动库中的弹簧阻尼模型。

5. 基于机械模型库的开发流程，并根据自己的专业，设计并开发模型库，如电学、热学、液压、二维或三维机械等。

附录 A
Julia 及 MWORKS 简介

　　科学计算是一个与数学模型构建、定量分析方法及利用计算机来分析和解决科学问题相关的研究领域。科学研究中经常需要解决科学计算问题，计算机的应用是当前完成科学计算问题的重要手段。科学计算的需求促进了计算机数学语言（科学计算语言）及数据分析技术的发展。Julia 是一门科学计算语言，是开源的、动态的计算语言，具备了建模语言的表现力和开发语言的高性能两种特性，与系统建模和数字孪生技术紧密融合，是最适合构建信息物理系统（Cyber Physical System，CPS）的计算语言。

　　MWORKS 是同元软控推出的新一代科学计算和系统建模仿真一体化基础平台，基于高性能科学计算语言 Julia 和多领域统一建模规范 Modelica，MWORKS 为科研和工程计算人员提供了交互式科学计算和建模仿真环境，实现了科学计算环境 Syslab 与系统建模仿真环境 Sysplorer 的双向融合，可满足各行业在设计、建模、仿真、分析、优化等方面的业务需求。

通过本章学习，读者可以了解（或掌握）：
❖　科学计算语言概况。
❖　Julia 简介。
❖　Julia 的优势。
❖　MWORKS 简介。
❖　Syslab 的基本功能。

A.1　Julia

Julia 出自美国麻省理工学院（MIT），是一种开源免费的科学计算语言，是面向前沿领域科学计算和数据分析的计算机语言。Julia 是一种动态语言，通过使用类型推断、即时（Just-In-Time，JIT）编译及底层虚拟机（Low Level Virtual Machine，LLVM）等技术，使其性能可与传统静态类型语言相媲美。Julia 具有可选的类型声明、重载、同像性等特性，其多编程范式包含指令式、函数式和面向对象编程的特征，提供便捷的高等数值计算，与传统动态语言最大的区别是核心语言很小，标准库用 Julia 编写，完善的类型便于构造对象和类型声明，可以基于参数类型进行函数重载，自动生成高效、专用的代码，其运行速度接近静态编译语言。Julia 的优势还有免费开源，自定义类型，不需要把代码向量化，便于实现并行计算和分布式计算，提供便捷、可扩展的类型系统，高效支持 Unicode，直接调用 C 函数，像 Shell 一样具有强大的管理其他进程的能力，像 LISP 一样具有宏和其他元编程工具。Julia 还具有易用性和代码共享等便利特性。

A.1.1　科学计算语言概述

科学计算是一个与数学模型构建、定量分析方法及利用计算机来分析和解决科学问题相关的研究领域。数学问题是科学研究中经常需要解决的问题，研究者通常将所研究的问题用数学建模方法建立模型，再通过求解数学模型获得研究问题的解。手工推导求解数学问题固然有用，但并不是所有的数学问题都能够通过手工推导求解。对于不能手工推导求解的问题，有两种解决方法：一种是问题的简化与转换，例如通过 Laplace 变换将时域的微分方程转化为复频域的代数方程，进而开展推导与计算；另一种是通过计算机来完成相应的计算任务，这极大地促进了计算机数学语言（科学计算语言）及数据分析技术的发展。

常规计算机语言（如 C、Fortran 等）是用以解决实际工程问题的，对于一般研究人员或工程人员来说，利用 C 这类语言去求解数学问题是不直观、不方便的。第一，一般程序设计者无法编写出符号运算、公式推导程序，只能编写数值计算程序；第二，常规数值算法往往不是求解数学问题的最好方法；第三，采用底层计算机语言编程，程序冗长难以验证，即使得出结果也需要经过大量验证。因此，采用可靠、简洁的专门科学计算语言来进行科学研究是非常必要的，这可将研究人员从烦琐的底层编程中解放出来，从而专注于问题本身。

计算机技术的发展极大地促进了数值计算技术的发展，在数值计算技术的早期发展过程中出现了一些著名的数学软件包，包括基于特征值的软件包 EISPACK（美国，1971 年）、线性代数软件包 LINPACK（美国，1975 年）、NAG 软件包（英国牛津数值算法研究组 Numerical Algorithms Group，NAG）及著作 *Numerical Recipes: the Art of Scientific Computing* 中给出的程序集等，它们都是在国际上广泛流行且具备较高声望的软件包。其中，EISPACK、LINPACK 都是基于矩阵特征值和奇异值解决线性代数问题的专用软件包，因受限于当时的计算机发展状况，故这些软件包都采用 Fortran 语言编写。NAG 的子程序都以字母加数字编号的形式命名，程序使用起来极其复杂。*Numerical Recipes: the Art of Scientific Computing* 中给出的一系列算法子程序提供 C、Fortran、Pascal 等版本，适合科研人员直接使用。将这些数学软件包用于解决问题时，编程十分麻烦，不便于程序开发。尽管如此，数学软件包仍在继续发展，发展方向是采用国际上最先进的数值算法，以提供更高效、更稳定、更快速、更可靠的数学软件包，如线性代数计算领域的 LaPACK 软件包（美国，1995 年）。但是，这些软件包的目标已经不再是为一般用户提供解决问题的方法，而是为数学软件提供底层支撑。例如，MATLAB、自由软件 Scilab 等著名的计算机数学语言均放弃了前期一直使用的 EISPACK、LINPACK 软件包，转而采用 LaPACK 软件包作为其底层支持的软件包。

科学计算语言可以分为商用科学计算语言和开放式科学计算语言两大类。

1. 三大商用科学计算语言

目前，国际上有三种最有影响力的商用科学计算语言：MathWorks 公司的 MATLAB（1984 年）、Wolfram Research 公司的 Mathematica（1988 年）和 Waterloo Maple 公司的 Maple（1988 年）。

MATLAB 是在 1980 年前后由美国新墨西哥大学计算机科学系主任 Cleve Moler 构思的一个名为 MATLAB（MATrix LABoratory，矩阵实验室）的交互式计算机语言。该语言在 1980 年出了免费版本。1984 年，MathWorks 公司成立，正式推出 MATLAB 1.0 版，该语言的出现正赶上控制界基于状态空间的控制理论蓬勃发展的阶段，引起了控制界学者的关注，出现了用 MATLAB 编写的控制系统工具箱，在控制界产生了巨大的影响，成为控制界的标准计算机语言。随着 MATLAB 的不断发展，其功能越来越强大，覆盖领域也越来越广泛，目前已经成为许多领域科学计算的有效工具。

稍后出现的 Mathematica 及 Maple 等语言也是应用广泛的科学计算语言。这三种语言各有特色，MATLAB 擅长数值运算，其程序结构类似于其他计算机语言，因而编程很方便。Mathematica 和 Maple 具有强大的解析运算和数学公式推导、定理证明的功能，相应的数值计算能力比 MATLAB 要弱，这两种语言更适合于纯数学领域的计算机求解。相较于 Mathematica 及 Maple，MATLAB 的数值运算功能最为出色，另外独具优势的是 MATLAB 在许多领域都有专业领域专家编写的工具箱，可以高效、可靠地解决各种各样的问题。

2. 开放式科学计算语言

尽管 MATLAB、Maple 和 Mathematica 等语言具备强大的科学运算功能，但它们都是需要付费的商用软件，其内核部分的源程序也是不可见的。在许多科研领域中，开放式科学计算语言还是很受欢迎的，目前有影响力的开放式科学计算语言有下列几种。

（1）Scilab。Scilab 是由法国国家信息与自动化研究所（INRIA）开发的类似于 MATLAB 的语言，于 1989 年正式推出，其源代码完全公开，且为免费传播的自由软件。该语言的主要应用领域是控制与信号处理，Scilab 下的 Scicos 是类似于 Simulink 的基于框图的仿真工具。从总体上看，除其本身独有的个别工具箱外，它在语言档次和工具箱的深度与广度上与 MATLAB 尚有很大差距，但其源代码公开与产品免费这两大特点足以使其成为科学运算研究领域的一种有影响力的计算机语言。

（2）Octave。Octave 是于 1988 年构思、1993 年正式推出的一种数值计算语言，其出发点和 MATLAB 一样都是数值线性代数的计算。该语言的早期目标是为教学提供支持，目前也较为广泛地应用于教学领域。

（3）Python。Python 是一种面向对象、动态的程序设计语言，于 1994 年发布 1.0 版本，其语法简洁清晰，适合完成各种计算任务。Python 既可以用来快速开发程序脚本，也可以用来开发大规模的软件。随着 NumPy（2005 年）、SciPy（2001 年的 0.1.0 版本，2017 年的 1.0 版本）、Matplotlib（2003 年）、Enthought librarys 等众多程序库的开发，Python 越来越适合进行科学计算、绘制高质量的 2D 和 3D 图形。与科学计算领域中最流行的商业软件 MATLAB 相比，Python 是一门通用的程序设计语言，比 MATLAB 所采用的脚本语言应用范围更广泛，有更多的程序库支持，但目前仍无法替代 MATLAB 中的许多高级功能和工具箱。

（4）Julia。Julia 是一种高级通用动态编程语言（2012 年），最初是为了满足高性能数值分析和科学计算而设计的。Julia 不需要解释器，其运算速度快，可用于客户端和服务器的 Web 应用程序开发、底层系统程序设计或用作规约语言。Julia 的核心语言非常小，可以方便地调用其他成熟的高性能基础程序代码，如线性代数、随机数生成、快速傅里叶变换、字符串处理等程序代码，便捷、可扩展的类型系统，使其性能可与静态编译型语言媲美，同时也是便于编程实现并行计算和分布式计算的程序语言。

A.1.2　Julia 简介

Julia 是一个面向科学计算的高性能动态高级程序设计语言，首先定位为通用编程语言，其次是高性能计算语言，其语法与其他科学计算语言相似，在多数情况下拥有能与编译型语言媲美的性能。目前，Julia 主要应用领域为数据科学、科学计算与并行计算、数据可视化、机器学习、一般性的 UI 与网站等，在精准医疗、增强现实、基因组学及风险管理等方面也有应用。Julia 的生态系统还包括无人驾驶汽车、机器人和 3D 打印等技术应用。

Julia 是一门较新的语言。创始人 Jeff Bezanson、Stefan Karpinski、Viral Shah 和 Alan Edelman 于 2009 年开始研发 Julia，经过三年的时间于 2012 年发布了 Julia 的第一版，其目标是简单且快速，即运行起来像 C，阅读起来像 Python。它是为科学计算设计的，能够处理大规模的数据与计算，但仍可以相当容易地创建和操作原型代码。正如四位创始人在 2012 年的一篇博客中解释为什么要创造 Julia 时所说："我们很贪婪，我们想要的很多：我们想要一门采用自由许可证的开源语言；我们想要 C 的性能和 Ruby 的动态特性；我们想要一门具有同像性的语言，它既拥有 LISP 那样真正的宏，又具有 MATLAB 那样明显又熟悉的数学运算符；这门语言可以像 Python 一样用于常规编程，像 R 一样容易用于统计领域，像 Perl 一样自然地处理字符串，像 MATLAB 一样拥有强大的线性代数运算能力，像 Shell 一样的'胶水语言'；这门语言既要简单易学，又要吸引高级用户；我们希望它是交互的，同时又是可编译的。"

Julia 在设计之初就非常看重性能，再加上它的动态类型推导，使 Julia 的计算性能超过了其他动态语言，甚至能够与静态编译语言媲美。对于大型数值问题，计算速度一直都是一个重要的关注点，在过去的几十年里，需要处理的数据量很容易与摩尔定律保持同步。Julia 的发展目标是创建一个前所未有的集易用、强大、高效于一体的语言。除此之外，Julia 还具有以下优点。

- 采用 MIT 许可证：免费开源。
- 用户自定义类型的速度与兼容性和内建类型一样好。
- 无须特意编写向量化的代码：非向量化的代码就很快。
- 为并行计算和分布式计算设计。
- 轻量级的"绿色"线程：协程。
- 简洁的类型系统。
- 优雅、可扩展的类型转换和类型提升。

- 对 Unicode 的有效支持，包括但不限于 UTF-8。
- 直接调用 C 函数，无须封装或调用特别的 API。
- 像 Shell 一样强大的管理其他进程的能力。
- 像 LISP 一样的宏和其他元编程工具。

Julia 重要版本的发布时间如下。

- Julia 0.1.0：2012 年 2 月 14 日。
- Julia 0.2.0：2013 年 11 月 19 日。
- Julia 0.3.0：2014 年 8 月 21 日。
- Julia 0.4.0：2015 年 10 月 8 日。
- Julia 0.5.0：2016 年 9 月 20 日。
- Julia 0.6.0：2017 年 6 月 19 日。
- Julia 1.0.0：2018 年 8 月 8 日。
- Julia 1.1.0：2019 年 1 月 22 日。
- Julia 1.2.0：2019 年 8 月 20 日。
- Julia 1.7.0：2021 年 11 月 30 日。
- Julia 1.8.5：2023 年 1 月 8 日。

Julia 学习和使用的主要资源包括 Julia 语言官网、Julia 编程语言 GitHub 官网、Julia 中文社区、Julia 中文论坛。

A.1.3　Julia 的优势

Julia 的优势如下：

1. Julia 的语言设计方面具有先进性

Julia 由传统动态语言的专家们设计，在语法上追求与现有语言的近似，在功能上吸取现有语言的优势：Julia 从 LISP 中吸收语法宏，将传统面向对象语言的单分派扩展为多重分派，运行时引入泛型以优化其他动态语言中无法被优化的数据类型等。

2. Julia 兼具建模语言的表现力和开发语言的高性能两种特性

在 Julia 中可以很容易地将代码优化到非常高的性能，而不需要涉及"两语言"工作流问题，即先在一门高级语言上进行建模，然后将性能瓶颈转移到一门低级语言上重新实现后再进行接口封装。

3. Julia 是最适合构建信息物理系统的语言

Julia 是一种与系统建模和数字孪生技术紧密融合的计算机语言，相比通用编程语言，Julia 为功能模型的表示和仿真提供了高级抽象；相比专用商业工具或文件格式，Julia 更具开放性和灵活性。

A.1.4　Julia 与其他科学计算语言的差异

Julia 与其他科学计算语言如 MATLAB、R、Python 等语言的差异主要表现在语言本质、语法表层和函数用法/生态等方面。

1. 语言本质的差异

1）与 MATLAB 相比

Julia 与 MATLAB 相比，具有以下语言本质的差异。

（1）开源性质。Julia 是一种完全开源的语言，任何人都可以查看和修改它的源代码。MATLAB 则是一种商业软件，需要付费购买和使用。

（2）动态编译性质。Julia 是一种动态编译语言，它在运行时会将代码编译成机器码，从而实现高效的执行速度。MATLAB 则是一种解释型语言，它会逐行解释代码并执行，因此在处理大量数据时可能会比 Julia 慢一些。

（3）多重分派特性。Julia 的一个重要特性是多重分派，它可以根据不同参数类型选择不同的函数实现，这使得 Julia 可以方便地处理复杂的数学和科学计算问题。MATLAB 则是一种传统的函数式编程语言，不支持多重分派。

（4）并行计算。Julia 对并行计算提供了更好的支持，可以方便地实现多线程和分布式计算。MATLAB 也支持并行计算，但需要用户手动编写并行代码。

综上所述，Julia 和 MATLAB 都是面向科学计算和数值分析的高级语言，但它们之间的差异是 Julia 更加现代化和高效，而 MATLAB 则更加成熟和稳定。

2）与 R 相比

Julia 与 R 相比，具有以下语言本质的差异。

（1）设计理念。Julia 旨在提供一种高性能、高效率的科学计算语言，强调代码的可读性和可维护性，同时也支持面向对象和函数式编程范式。R 则是一种专门为统计计算而设计的语言，具有很多专门的统计计算函数和库，同时也支持面向对象和函数式编程。

（2）性能。Julia 具有非常高的性能，特别是在数值计算和科学计算方面，比 R 更快。这主要是因为 Julia 采用了即时编译技术，能够动态生成高效的机器码，而 R 则是解释执行的。因此，对于需要高性能计算的任务，Julia 是更好的选择。

（3）代码复杂度。Julia 相对来说更加简洁，代码复杂度较低，这是为了提高代码的可读性和可维护性。相比之下，R 的代码复杂度较高，这是为了方便数据分析人员快速实现统计计算任务。

（4）库和生态系统。R 具有非常丰富的统计计算函数和库，以及庞大的生态系统，非常适合数据分析和统计计算。Julia 的库和生态系统较小，但在数值计算和科学计算方面有非常强大的库和工具支持。

综上所述，Julia 适合需要高性能、高效率的科学计算任务，而 R 适合数据分析和统计计算任务，选择哪种语言主要取决于具体的应用场景和需求。

3）与 Python 相比

Julia 与 Python 相比，具有以下语言本质的差异。

（1）设计目的。Julia 是一种专注于高性能科学计算和数据科学的编程语言，它的设计目的是提高数值计算和科学计算的效率与速度。Python 则是一种通用编程语言，适用于各种应用领域。

（2）类型系统。Julia 是一种动态类型语言，但是它具有静态类型语言的优点，它使用类型推断来提高程序的性能。Python 也是一种动态类型语言，但类型推断对于 Python 不重要。

（3）性能。Julia 的执行速度通常比 Python 快，这是因为 Julia 使用了即时编译技术，可以在运行时优化代码。Python 使用解释器，因此它比编译语言运行慢。

（4）生态系统。Python 有一个庞大的生态系统，拥有丰富的库和框架，适用于各种应用。Julia 的生态系统相对较小，但是它正在快速增长，当前已有一些出色的科学计算库和工具。

综上所述，Julia 和 Python 都是出色的编程语言，各有优缺点。如果需要高性能和数值计算能力，则 Julia 更适合；如果需要通用编程和广泛的生态系统，则 Python 更适合。

2. 语法表层的差异

语法表层的差异是指在代码书写方式、关键字、语句表达方式和注释方式等方面各种编程语言的不同。这些差异需要在学习新语言时重新适应，但也使得每种语言都有不同的优势和适用性。在表 A-1 中给出了部分语法表层的差异作为参考，具体使用时还需用户学习并适应。

表 A-1　部分语法表层的差异对比

具体项	Julia	MATLAB	R	Python
变量作用域	全局/局部作用域	全局作用域	全局/局部作用域	全局/局部作用域
延续代码行方法	不完整的表达式自动延续	符号...续行	符号+续行	反斜杠\续行
字符串构造符号	双引号/三引号	单引号	单引号/双引号	单引号/双引号
数组索引	使用方括号 A[i,j]	使用圆括号 A(i,j)	使用方括号 A[i,j]	使用方括号 A[i,j]
索引整行	x[2:end]	x(2:)	x[2,]	x[2:]
虚数单位表示	im	i 或 j	i	j
幂表示符号	^	^	^	**
注释符号	#	%	#	#

3. 函数用法/生态的差异

不同编程语言之间函数用法的差异是指在定义和使用函数时，不同编程语言采用的语法、规则和约定的不同之处。这些差异既可能涉及函数参数传递方式、参数类型、返回值类型等方面，也可能涉及函数命名、作用域、递归等方面的规定和约束。对于用户来说，熟悉不同编程语言之间的函数用法的差异对编写高效、正确的代码是非常重要的。为了学习具体的函数用法及其差异，用户需要阅读后续章节并对比不同编程语言的帮助文档。

除此之外，Julia、MATLAB、R 和 Python 都是非常流行的科学计算语言，它们在生态上也有以下差异。

（1）Julia 是一种专为数值和科学计算而设计的高性能语言。它的生态系统在近年来迅速发展，并逐渐成为科学计算和数据科学领域的主流语言之一，其主要优势在于速度和易用性。Julia 具有动态类型、高效的 JIT 编译器和基于多重派发机制，这使得它能够在计算密集型应用中表现出色。Julia 的生态系统虽然较为年轻，但已经有了许多非常好的包和库，包括 DataFrames.jl、Distributions.jl、Plots.jl 和 JuMP.jl 等。

（2）MATLAB 是一种专为科学和工程计算而设计的语言。它的主要优势在于易用性和广泛的功能。MATLAB 有很多内置的函数和工具箱，可以用于数据可视化、图像处理、信号处理、人工智能和控制系统等方面。MATLAB 的生态系统非常成熟，有大量的第三方工具箱可供选择。除此之外，MATLAB 还拥有庞大和活跃的社区。

（3）R 是一种专为统计分析和数据可视化而设计的语言。它的主要优势在于统计分析和图形绘制方面的丰富功能。R 的生态系统非常强大，有许多非常好的包和库，包括 ggplot2、dplyr、tidyr、Shiny 和 caret 等。

（4）Python 是一种通用的高级编程语言，也被广泛用于科学计算。它的主要优势在于易用性和生态系统的丰富性。Python 的生态系统非常庞大，有大量的科学计算库和工具箱可供选择，包括 NumPy、SciPy、pandas、Matplotlib、scikit-learn 和 TensorFlow 等。

综上所述，这四种语言都有各自的特点和优势，在不同的应用场景中各有所长。

A.2　Julia Hello World

A.2.1　直接安装并运行 Julia

使用 Julia 编程可以通过多种方式安装 Julia 运行环境，无论是使用预编译的二进制程序，还是自定义源码编译，安装 Julia 都是一件很简单的事情。用户可以从该语言官方中文网站的下载页面中下载安装包文件。在下载完成之后，按照提示单击鼠标即可完成安装。

在安装完成后，双击 Julia 三色图标的可执行文件或在命令行中输入 Julia 后回车（也称按回车或 Enter 键）就可以启动了。如果在 Julia 初始界面中出现如图 A-1 所示内容，则说明你已经安装成功并可以开始编写程序了。

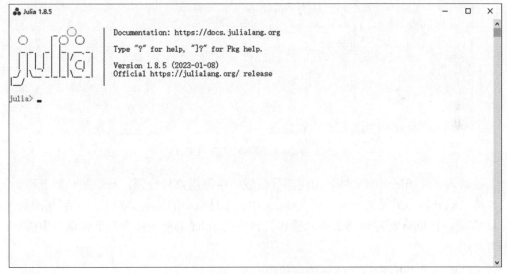

图 A-1　Julia 初始界面

Julia 初始界面实质上是一个交互式（Read-Eval-Print Loop，REPL）环境，这意味着用户在这个界面中可以与 Julia 运行的系统进行即时交互。例如，在这个界面中输入"1 + 2"后回车，它立刻会执行这段代码并将结果显示出来。如果输入的代码以分号结尾，则不会显示结果。然而，不管结果显示与否，变量 ans 总会存储上一次执行代码的结果，如图 A-2 所示。需要注意的是，变量 ans 只在交互式环境中出现。

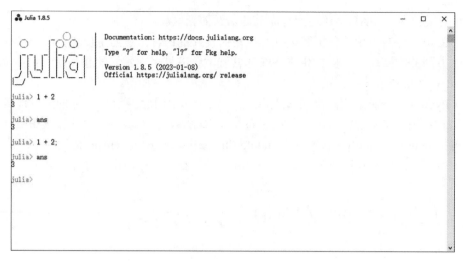

图 A-2　Julia 的交互式环境

　　此外，除直接在交互式环境中编写并运行简单的程序外，Julia 还可以作为脚本程序来编辑和使用，因此用户可以直接运行写在源码文件中的代码。例如，若将代码"a = 1 + 2"保存在源码文件 file.jl 中，则在交互式环境中只需要输入 include("file.jl")即可运行得到结果，如图 A-3 所示。

图 A-3　Julia 的脚本文件及调用方式

　　上述源码文件 file.jl 的文件名由两部分组成，中间用点号分隔，一般第一部分称为主文件名，第二部分称为扩展文件名，而在 Julia 中，jl 是唯一的扩展文件名。了解基础知识后，就可以编写一个 Julia 程序以熟悉基本操作。详细的 Julia 编程语法会在后续章节中讲解，此处不再赘述。

　　以下是第一个 Julia 程序 first.jl 的源代码：

```
#第一个 Julia 程序 first.jl
#Author BIT.SAE
#Date 2023-02-16
println("Hello World!")
println("Welcome to BIT.SAE!")
```

　　第一个 Julia 程序的运行结果如图 A-4 所示。

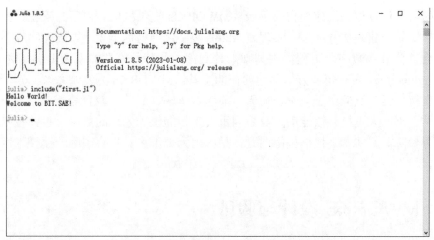

图 A-4　第一个 Julia 程序的运行结果

如果需要退出这个界面，则按 Ctrl+D 组合键（同时按 Ctrl 键和 D 键）或者在交互式环境中输入 exit()。

A.2.2　使用 MWORKS 运行 Julia

MWORKS 中同样提供了 Julia 环境，以上一节的 Julia 程序 first.jl 为例，对 MWORKS 环境下运行 Julia 程序进行简单说明，如图 A-5 所示。关于 MWORKS 的具体内容将在后续章节中详细讲解，此处不做介绍。

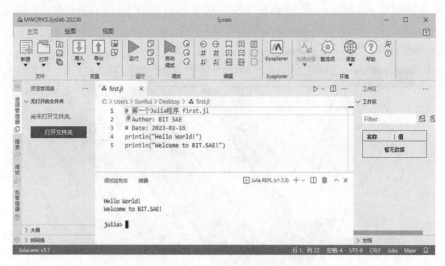

图 A-5　在 MWORKS 中运行 Julia

A.3　MWORKS简介

MWORKS 是苏州同元软控信息技术有限公司面向数字化和智能化融合推出的新一代、

自主可控的科学计算与系统建模仿真平台。MWORKS 提供机械、电子、液压、控制、热、信息等多领域统一建模仿真环境，实现复杂装备数字化模型标准表达，支持物理系统和信息系统的融合，为装备数字化工程提供基础工具支撑，是基于模型的系统工程（Model-Based Systems Engineering，MBSE）方法落地的使能工具。MWORKS 为复杂系统工程研制提供全生命周期支持，已广泛应用于航空、航天、能源、车辆、船舶、教育等行业，为国家探月工程、空间站、国产大飞机、核能动力等系列重大工程提供了先进的数字化设计技术支撑和深度技术服务保障，整体水平位居国际前列，是国内为数不多、具有国际一流技术水平的工业软件之一。

A.3.1　MWORKS 设计与验证

随着现代工业产品智能化、物联化程度不断提升，MWORKS 已发展为以机械系统为主体，集电子、控制、液压等多个领域子系统于一体的复杂多领域系统。在传统的系统工程研制模式中，研发要素的载体为文档，设计方案的验证依赖实物试验，存在设计数据不同源、信息可追溯性差、早期仿真验证困难和知识复用性不足等问题，与当前复杂系统研制的高要求愈发不相适应，难以支撑日益复杂的研制任务需求。

MBSE 是基于模型的系统工程，是用数字化模型作为研发要素的载体，实现描述系统架构、功能、性能、规格需求等各个要素的数字化模型表达，依托模型可追溯、可验证的特点，实现基于模型的仿真闭环，为方案的早期验证和知识复用创造了条件。

MWORKS 采用基于模型的方法全面支撑系统研制，通过不同层次、不同类型的仿真实现系统设计的验证。围绕系统研制的方案论证、系统设计与验证、测试与运维等阶段，MWORKS 分别提供小回路、大回路和数字孪生虚实融合三个设计验证闭环，如图 A-6 所示。

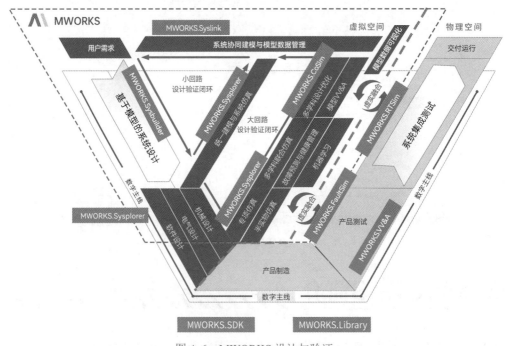

图 A-6　MWORKS 设计与验证

1. 小回路设计验证闭环

在传统研制流程中，70%的设计错误在系统设计阶段被引入。在论证阶段引入小回路设计验证闭环，可以实现系统方案的早期验证，提前暴露系统设计缺陷与错误。

基于模型的系统设计以用户需求为输入，能够快速构建系统初步方案，然后进行计算和多方案比较得到论证结果，在设计早期就实现多领域系统综合仿真验证，以确保系统架构设计和系统指标分解的合理性。

2. 大回路设计验证闭环

在传统研制流程中，80%的问题在实物集成测试阶段被发现。引入大回路设计验证闭环，通过多学科统一建模仿真及联合仿真，可以实现设计方案的数字化验证，利用虚拟试验对实物试验进行补充和拓展。

在系统初步方案基础上开展细化设计，以系统架构为设计约束，各专业开展专业设计、仿真，最后回归到总体，开展多学科联合仿真，验证详细设计方案的有效性与合理性，开展多学科设计优化，实现正确可靠的设计方案。

3. 数字孪生虚实融合设计验证闭环

在测试和运维阶段，构建基于 Modelica+的数字孪生模型，实现对系统的模拟、监控、评估、预测、优化、控制，对传统的基于实物试验的测试验证与基于测量数据的运行维护进行补充、拓展。

利用系统仿真工具建立产品数字功能样机，通过半物理工具实现与物理产品的同步映射和交互，形成数字孪生闭环，为产品测试、运维阶段提供虚实融合的研制分析支持。

A.3.2　MWORKS 产品体系

科学计算与系统建模仿真平台 MWORKS 由四大系统级产品和系列工具箱组成，如图 A-7 所示。

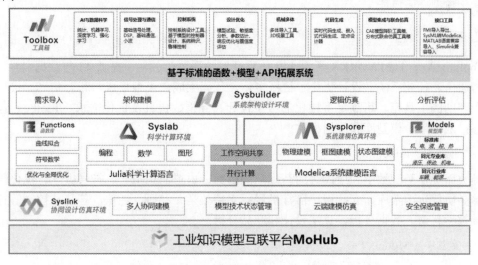

图 A-7　科学计算与系统建模仿真平台 MWORKS 架构图

1. 四大系统级产品

1）系统架构设计环境 Sysbuilder（全称为 MWORKS.Sysbuilder）

Sysbuilder 是面向复杂工程系统的系统架构设计软件，以用户需求为导入，按照自顶向下的系统研制流程，以图形化、结构化、面向对象方式覆盖系统的需求导入、架构建模、逻辑仿真、分析评估，通过与 Sysplorer 的紧密集成，支持用户在系统设计的早期开展方案论证并实现基于模型的多领域系统综合分析和验证。

2）科学计算环境 Syslab（全称为 MWORKS.Syslab）

Syslab 是面向科学计算和数据分析的计算环境，基于高性能动态科学计算语言 Julia 提供交互式编程环境，实现科学计算编程、编译、调试和绘图功能，内置数学运算、符号计算、信号处理和通信等多种应用工具箱，支持用户开展科学计算、数据分析、算法设计，并进一步支持信息物理融合系统的设计、建模与仿真分析。

3）系统建模仿真环境 Sysplorer（全称为 MWORKS.Sysplorer）

Sysplorer 是大回路闭环及数字孪生的支撑平台，是面向多领域工业产品的系统级综合设计与仿真验证平台，完全支持多领域统一系统建模语言 Modelica，遵循现实中拓扑结构的层次化建模方式，支撑 MBSE 应用，提供方便易用的系统仿真建模、完备的编译分析、强大的仿真求解、实用的后处理功能及丰富的扩展接口，支持用户开展产品多领域模型开发、虚拟集成、多层级方案仿真验证、方案分析优化，并进一步为产品数字孪生模型的构建与应用提供关键支撑。

4）协同设计仿真环境 Syslink（全称为 MWORKS.Syslink）

Syslink 是面向协同设计与模型管理的基础平台，是 MBSE 环境中的模型、数据及相关工作协同管理解决方案，将传统面向文件的协同转变为面向模型的协同，为工程师屏蔽了通用版本管理工具复杂的配置和操作，提供了多人协同建模、模型技术状态管理、云端建模仿真和安全保密管理功能，为系统研制提供基于模型的协同环境。Syslink 打破单位与地域障碍，支持团队用户开展协同建模和产品模型的技术状态控制，开展跨层级的协同仿真，为各行业的数字化转型全面赋能。

2. 系列工具箱

Toolbox 是基于 MWORKS 开放 API 体系开发的系列工具箱，提供 AI 与数据科学、信号处理与通信、控制系统、设计优化、机械多体、代码生成、模型集成与联合仿真、接口工具等多个类别的工具箱，可满足多样化的数字设计、分析、仿真及优化需求。Toolbox 包括三种形态：函数库、模型库和应用程序。

1）函数库（Functions）

函数库提供基础数学和绘图等的基础功能函数，内置曲线拟合、符号数学、优化与全局优化等高质优选函数库，支持用户自行扩展；支持教学、科研、通信、芯片、控制等行业用户开展教学科研、数据分析、算法设计和产品分析。

2）模型库（Models）

模型库涵盖传动、液压、电机、热流等多个典型专业，覆盖航天、航空、车辆、能源、船舶等多个重点行业，支持用户自行扩展；提供的基础模型可大幅降低复杂产品模型开发门槛与模型开发人员的学习成本。

3）应用程序（App）

应用程序提供基于函数库和模型库构建的线性系统分析器、控制系统设计、系统辨识、滤波器设计、模型线性化、系统辨识、频率响应估算、模型试验、敏感度分析、参数估计、响应优化与置信度评估、实时代码生成、嵌入式代码生成、定点设计等多个交互式应用程序，支持用户自行扩展；图形化的操作可快速实现特定功能，而无须从零开始编写代码。

A.4 Syslab功能简介

Syslab 是面向科学计算的 Julia 编程运行环境，支持多范式统一编程，实现了与系统建模仿真环境 Sysplorer 的双向融合，形成新一代科学计算与系统建模仿真的一体化基础平台，可以满足各行业在设计、建模、仿真、分析、优化等方面的业务需求。

A.4.1 交互式编程环境

Syslab 开发环境提供了便于用户使用的 Syslab 函数和专业化的工具箱，其中许多工具是图形化的接口。它是一个集成的用户工作空间，允许用户直接输入/输出数据，并通过资源管理器、代码编辑器、命令行窗口、工作空间、窗口管理等编程环境和工具，提供功能完备的交互式编程、调试与运行环境，提高了用户的工作效率。Syslab 的交互式编程环境如图 A-8 所示。

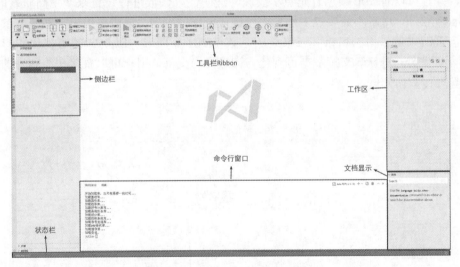

图 A-8　Syslab 的交互式编程环境

A.4.2 科学计算函数库

Syslab 的科学计算函数库（也称为数学函数库）汇集了大量计算算法，包括算术运算、线性代数、矩阵与数组运算、插值、数值积分与微分方程、傅里叶变换与滤波、符号计算、曲线拟合、信号处理、通信等丰富的高质量、高性能科学计算函数和工程计算函数，可以方便用户直接调用而不需要另行编程。图 A-9 为 Syslab 的科学计算函数库。Syslab 的科学计算函数库具有强大的计算功能，几乎能够解决大部分学科中的数学问题。

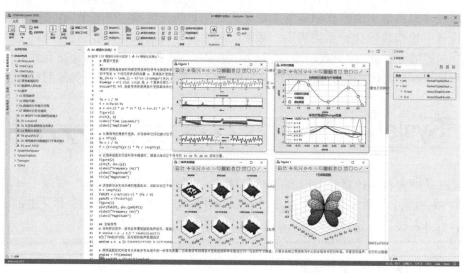

图 A-9　Syslab 的科学计算函数库（数学函数库）

A.4.3　计算数据可视化

　　Syslab 具有丰富的图形处理功能和方便的数据可视化功能，能够将向量和矩阵用图形表现出来，并且可以对图形颜色、光照、纹理、透明性等参数进行设置以产生高质量的图形。利用 Syslab 绘图，用户不需要过多地考虑绘图过程中的细节，只需要给出一些基本参数就能够利用内置的大量易用的二维和三维绘图函数得到所需图形。Syslab 的可视化图形库如图 A-10 所示。此外，Syslab 支持数据可视化与图形界面交互，用户可以直接在绘制好的图形中利用工具进行数据分析。

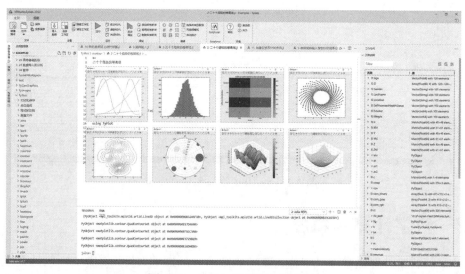

图 A-10　Syslab 的可视化图形库

A.4.4　库开发与管理

  Syslab 支持函数库的注册管理、依赖管理、安装卸载、版本切换，同时提供函数库开发规范，以支持用户自定义函数库的开发与测试，如图 A-11 所示。

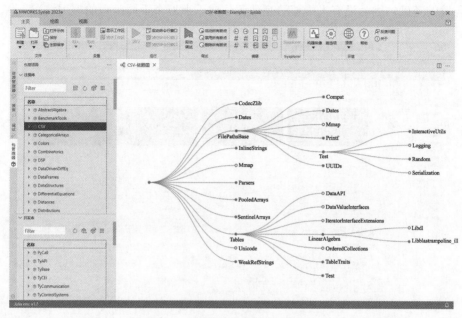

图 A-11　函数库的开发与测试

A.4.5　科学计算与系统建模的融合

  Sysplorer 是面向多领域工业产品的系统级综合设计与仿真验证环境，完全支持多领域统一建模规范 Modelica，遵循现实中拓扑结构的层次化建模方式，支撑 MBSE 应用。然而，在解决现代科学和工程技术实际问题的过程中，用户往往需要一个支持脚本开发和调试的环境，通过脚本驱动系统建模仿真环境，实现科学计算与系统建模仿真过程的自动化运行；同时也需要一个面向现代信息物理融合系统的设计、建模与仿真环境，支持基于模型的 CPS 开发。科学计算环境 Syslab 与系统建模仿真环境 Sysplorer 实现了双向深度融合，如图 A-12 所示。两者优势互补，形成新一代科学计算与系统建模仿真平台。

Syslab调用Sysplorer API

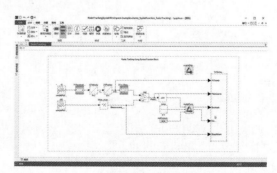

Sysplorer调用Syslab Function

图 A-12　科学计算环境 Syslab 与系统建模仿真环境 Sysplorer 的双向深度融合

A.4.6 中文帮助系统

　　Syslab 提供了非常完善的中文帮助系统，如图 A-13 所示。用户可以通过查询帮助系统，获取函数的调用情况和需要的信息。对于 Syslab 使用者，学会使用中文帮助系统是进行高效编程和开发的基础，因为没有人能够清楚地记住成千上万个不同函数的调用情况。

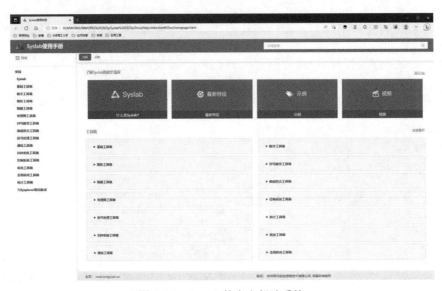

图 A-13　Syslab 的中文帮助系统

附录 B
Syslab 入门

Syslab 是一个将数值分析、矩阵计算、信号处理、机器学习及科学数据可视化等诸多基础计算和专业功能集成在一起、易于使用的可视化科学计算平台。它为基础科学研究、专业工程设计及必须进行高效数值计算的众多科学领域提供了一种全新的国产解决方案，通过高性能计算语言 Julia 实现了交互式程序设计的编辑模式和高效的运行环境。目前，Syslab 已经发展成为适合多学科、多领域的科学计算平台。

与国际先进的科学计算软件 MATLAB 相比，Syslab 同样提供了大量的工具箱，可以用于工程计算、控制系统设计、通信与信号处理、金融建模与分析等领域。利用 Syslab 进行相关研究，用户可以将自己的主要精力放到更具有创造性的工作上，而把烦琐的底层工作交给 Syslab 所提供的内部函数去完成，掌握了这一工具将使日常的学习和工作事半功倍。本章主要介绍 Syslab 的安装、编程环境、系统建模和仿真环境的交互融合功能。

通过本章学习，读者可以了解（或掌握）：

❖ Syslab 的下载与安装。
❖ Syslab 的工作界面。
❖ Syslab 的编程环境。
❖ Syslab 与 Sysplorer 的交互融合。

B.1 Syslab安装及界面介绍

Syslab 的安装非常简单，本节将以 MWORKS.Syslab 2023b 为例详细介绍 Syslab 的安装过程和 Syslab 的工作界面。

B.1.1 Syslab 的下载与安装

MWORKS.Syslab 2023b 安装包为 iso 光盘映像文件，内部包含如图 B-1 所示文件或文件夹，用户可以打开同元软控官网进行下载与安装。其中，data 文件夹为相关资源文件，包括 Julia 仓库等；.exe 文件为 MWORKS.Syslab 2023b 的安装程序。

名称 ^	修改日期	类型	大小
data	2023/9/6 20:43	文件夹	
MWORKS.Syslab 2023b-x64-0.10.1	2023/9/6 20:43	应用程序	47,889 KB

图 B-1　MWORKS.Syslab 2023b 安装包文件

双击打开安装程序，进入"MWORKS.Syslab 科学计算环境"安装向导对话框，如图 B-2 所示。勾选"同意 MWORKS.Syslab 2023b 的用户许可协议"复选框后，单击"立即安装"按钮可直接进行默认设置安装。

图 B-2　"MWORKS.Syslab 科学计算环境"安装向导对话框

用户也可以通过单击"自定义设置"按钮，进入自定义设置界面，如图 B-3 所示。在该界面中，用户可以选择想要安装的功能和设置 MWORKS.Syslab 2023b 的安装路径。其中，通过勾选或取消勾选"MWORKS.Syslab 客户端仓库"复选框可以决定是否安装该产品，系统默认安装全部产品，建议全部安装；系统的默认安装路径设置为"C:\Program Files\MWORKS\Syslab 2023b"，如果要安装在其他目录，则单击输入框右侧的" 📁浏览"按钮选择相应文件夹。

图 B-3　自定义设置界面

自定义设置完成后，单击"立即安装"按钮，进入安装进度界面，如图 B-4 所示。安装需要几分钟，请耐心等待。

图 B-4　安装进度界面

安装完成后，进入安装完成界面，如图 B-5 所示。用户可以通过勾选或取消勾选"立即运行"复选框来决定是否立即运行"MWORKS.Syslab 2023b"。

图 B-5　安装完成界面

B.1.2　Syslab 的工作界面

Syslab 的工作界面是一个高度集成的界面，主要由工具栏、左侧边栏、命令行窗口、编辑器窗口、工作区窗口、隐藏的图形窗口等组成，其默认布局如图 B-6 所示。需要注意的是，图形窗口需在执行绘图命令后才能启动。

图 B-6　Syslab 的工作界面

下面分别介绍 Syslab 工作界面的主要部分。

1. 工具栏

工具栏区域中提供"主页"、"绘图"、"APP"、"视图"和"帮助"五种 Tab 页面，不同 Tab 页面有对应的工具条，通常按功能分为若干命令组。例如，"主页"页面中包括"文件"、"变量"、"运行"、"调试"、"编辑"、"Sysplorer"、"环境"和"M 语言兼容"命令组；"绘图"页面中包括各种绘图指令；"视图"页面中包括"外观"、"编辑器布局"、"代码折叠"、"显示"和"开发者工具"命令组，用户在该页面中可以修改主窗口布局以适应编程习惯。

2. 左侧边栏

左侧边栏提供"资源管理器"、"搜索"、"调试"和"包管理器"四种不同的功能部件，单击相关按钮可以展开对应的功能面板。

1）资源管理器

资源管理器主要提供 Syslab 运行文件时的工作目录结构树管理，用户利用该功能可以完成文件（或文件夹）的新增、删除、打开、复制、修改、查找及重命名等操作，其默认位于左侧边栏的第一个位置，如图 B-7 所示。需要说明的是，只有当前目录或搜索路径下的文件、函数才能被执行或调用。而且，用户在保存文件时，若不明确指定保存路径，则系统会默认将它们保存在当前目录下。

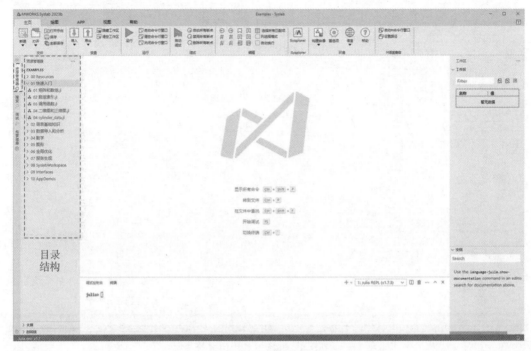

图 B-7　资源管理器

2）调试

Syslab 的调试面板支持用户以调试模式运行代码文件，包括对代码文件的单步调试、断点调试、添加监视、查找调用堆栈等。在调试运行模式下，编辑器窗口的上方会弹出调试工具栏。调试工具栏的工具如下。

（1）▷ "继续（F5 键）"：启动调试或者继续运行调试。

（2）⤳ "单步跳过（F10 键）"：单步执行遇到子函数时不会进入子函数内，而是将子函数全部执行完再停止。

（3）⤓ "单步调试（F11 键）"：单步执行遇到子函数就进入并且继续单步执行。

（4）⤒ "单步跳出（Shift+F11 组合键）"：当单步执行到子函数内时，执行完子函数余下部分，并返回到上一层函数。

（5）↻ "重启（Ctrl+Shift+F5 组合键）"：重新启动调试。

（6）⚡ "断开链接（Shift+F5 组合键）"：停止调试。

调试工具栏位置如图 B-8 所示。

此外，代码调试器还提供了交互式的调试控制台，可以对左侧变量面板中的变量进行增加、删除、修改和查找。具体操作步骤：① 设置断点，启动调试；② 当运行到断点时，在调试控制台中输出要实现的命令；③ 按下回车键执行并回显计算结果。如图 B-9 所示，修改了全局变量 m 的值，并新增了全局变量 n。修改全局变量（Global(Main)）可通过@eval(变

量名 = 变量值)实现，修改局部变量（Local）可通过@eval $(变量名 = 变量值)实现。需要
说明的是，eval 和$之间有空格。

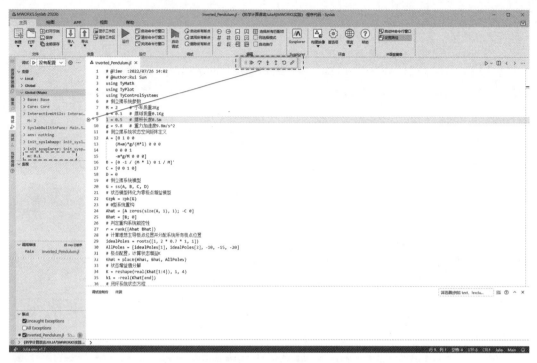

图 B-8　调试工具栏位置

图 B-9　调试控制台

3）包管理器

Syslab 的包管理器面板提供包的创建、开发、安装、卸载、注册、版本切换、依赖设置等功能，并支持对开发包和注册包进行分类管理。开发包是指未注册、未提交到服务器的本地 Julia 包；而注册包是指已注册、已提交到服务器并由服务器统一管理的 Julia 包。

无论是开发包还是注册包，它们所对应的库面板都由以下三部分组成。

（1）过滤框：根据输入内容，对表格树显示内容进行过滤。

（2）工具栏按钮：包括"刷新面板"、"新建包"、"添加包"和"选项设置"等按钮。

（3）表格树展示区：主要用于对包及其函数的表格树进行展示。

初始包管理器面板默认为空面板，单击"刷新面板"按钮，将当前包环境下已安装的包添加到包管理器面板中，如图 B-10 所示。关于新建包、添加包及包的导出信息、函数节点等内容，这里不做详细介绍，感兴趣的读者可参考 Syslab 使用手册自行学习。

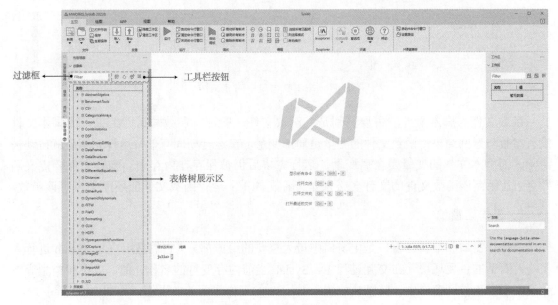

图 B-10　包管理器面板

3. 命令行窗口

命令行窗口是 Syslab 的重要组成部分，也是进行各种 Syslab 操作最主要的窗口。在该窗口中可以输入各种 Syslab 运作的指令、函数和表达式，并可以显示除图形外的所有运算结果，运行错误时还会给出相关的错误提示。窗口中的"julia>"是命令提示符，表示 Syslab 处于准备状态。在"julia>"之后输入 Julia 命令后只需按回车键即可直接显示相应的结果。例如：

```
julia> (3 * 4 + 2 ^ 2) / 4
4.0
```

在命令行窗口中输入命令时，一般每行输入一条命令。当命令较长需占用两行以上时，用户可以在行尾以运算符结束，按回车键即可在下一行继续输入。当然，一行也可以输入多条命令，这时各命令间要加分号（;）隔开。此外，重新输入命令时，用户不必输入整行命令，可以利用键盘的上、下光标键"↑"和"↓"调用最近使用过的历史命令，每次一条，便于快速执行以提高工作效率。如果输入命令的前几个字母后再使用光标键，则只会调用以这些字母开始的历史命令。

4. 编辑器窗口

在 Syslab 的命令行窗口中是逐行输入命令并执行的，这种方式称为行命令方式，只能用于编制简单的程序。常用的或较长的程序最好保存为文件后再执行，这时就要使用编辑器窗口。在"主页"页面中单击"新建"按钮可打开空白的脚本 Julia 文件，如图 B-11 所示。一般新建文件的默认文件主名为"Untitled-x"，常用的扩展名为 jl（代码文件）。jl 文件分为两种类型：jl 主程序文件（script file，也称为脚本文件）和 jl 子程序文件（function file，也称为函数文件）。

图 B-11　编辑器窗口中的 jl 文件

函数文件与脚本文件的主要区别是：函数文件一般都有参数与返回结果，而脚本文件没有参数与返回结果；函数文件的变量是局部变量，在运行期间有效，运行完毕后就自动被清除，而脚本文件的变量是全局变量，运行完毕后仍被保存在内存中；函数文件要定义函数名，且保存该函数文件的文件名必须是"函数名.jl"；运行函数文件前还需先声明该函数。

5. 工作区窗口

命令行窗口和编辑器窗口是主窗口中最为重要的组成部分，它们是用户与 Syslab 进行人机交互对话的主要环境。在交互过程中，Syslab 当前内存变量的名称、值、大小和类型等参数会显示在工作区窗口中，其默认放置于 Syslab 的工作界面的右上侧，如图 B-12 所示。

图 B-12　工作区窗口

在工作区窗口中选择要打开的变量，可以通过双击该变量或右键单击该变量后选择"打开所选内容"选项。在打开的此变量数组编辑窗口中，用户可以查看或修改变量的内容。

提示：ans 是系统自动创建的特殊变量，代表 Syslab 运算后的答案。

6. 图形窗口

通常，Syslab 的默认工作界面中不包含图形窗口，只有在执行某种绘图命令后才会自动产生图形窗口，之后的绘图都在这个图形窗口中进行。若想再建一个或几个图形窗口，则输入 figure 命令，Syslab 会新建一个图形窗口，并自动给它依次排序。如果要指定新的图形窗口为 Figure 5（图 5），则可输入 figure(5)命令，如图 B-13 所示。

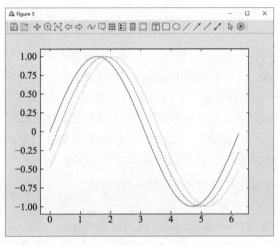

图 B-13　图形窗口

B.2　Julia REPL环境的几种模式

Julia 为用户提供了一个简单而又足够强大的编程环境，即一个全功能的交互式命令行（Read-Eval-Print Loop，REPL），其内置于 Julia 可执行文件中。在 Julia 运行过程中，REPL环境可以实时地与用户进行交互，它能够自动读取用户输入的表达式，对读到的表达式进行求解，显示表达式的求解结果，然后再次等待读取并往复循环。因此，它允许快速简单地执行 Julia 语句。Julia REPL 环境主要有 4 种可供切换的模式，分别为 Julia 模式、Package 模式、Help 模式和 Shell 模式，本节将对这 4 种模式进行详细介绍。

B.2.1　Julia 模式

Julia 模式是 Julia REPL 环境中最为常见的模式，也是进入 REPL 环境后默认情况下的操作模式。在这种模式下，每个新行都以"julia>"开始，在这里，用户可以输入 Julia 表达式。在输入完整的表达式后，按下回车键将计算该表达式并显示最后一个表达式的结果。REPL除显示结果外，还有许多独特的实用功能，如将结果绑定到变量 ans 上、每行的尾随分号可以作为一个标志符来抑制显示结果等。例如：

```
julia> string(3 * 4)
"12"
julia> ans
"12"
julia> a = rand(2,2); b = exp(1)
2.718281828459045
```

在 Julia 模式下，REPL 环境支持提示粘贴。当将以"julia>"开头的文本粘贴到 REPL 环境中时，该功能将被激活。在这种情况下，只有以"julia>"开头的表达式才会被解析，其他表达式会被自动删除。这使得用户可以直接从 REPL 环境中粘贴代码块，而无须手动清除提示和输出结果等。该功能在默认情况下是启用的，但用户可以通过在命令行窗口中输入命令"REPL.enable_promptpaste(::bool)"来禁用或启用。

B.2.2　Package 模式

Package 模式用来管理程序包，可以识别用于加载或更新程序包的专门命令。在 Julia 模式中，紧挨命令提示符"julia>"输入]即可进入 Package 模式，此时输入提示符变为"(@v1.7)pkg>"，其中的 v1.7 表示 Julia 语言的特性版本。同时也可以通过按下 Ctrl+C 组合键或 Backspace 键退回至 Julia 模式。在 Package 模式下，用户通过使用 add 命令就可以安装某个新的程序包，使用 rm 命令可以移除某个已安装的程序包，使用 update 命令可以更新某个已安装的程序包。当然，用户也可以一次性地安装、移除或更新多个程序包。例如：

```
(@v1.7) pkg> add Example
    Resolving package versions...
    Installed Example — v0.5.3
    Updating `C:\Users\Public\TongYuan\.julia\environments\v1.7\Project.toml`
  [7876af07] + Example v0.5.3
    Updating `C:\Users\Public\TongYuan\.julia\environments\v1.7\Manifest.toml`
  [7876af07] + Example v0.5.3
Precompiling project...
  1 dependency successfully precompiled in 3 seconds (151 already precompiled)

(@v1.7) pkg> rm Example
    Updating `C:\Users\Public\TongYuan\.julia\environments\v1.7\Project.toml`
  [7876af07] - Example v0.5.3
    Updating `C:\Users\Public\TongYuan\.julia\environments\v1.7\Manifest.toml`
  [7876af07] - Example v0.5.3

(@v1.7) pkg> update Example
    Updating registry at `C:/Users/Public/TongYuan/.julia/registries\General.toml`
ERROR: The following package names could not be resolved:
 * Example (not found in project or manifest)
```

在上面的例子中，依次执行了安装、移除和更新程序包，因此，在使用 update 更新命令过程中会因无法检测到 Example 程序包而提示错误。除了以上三种命令，Package 模式还支持更多的命令，读者可以登录网址 https://www.hxedu.com.cn/Resource/OS/AR/202202339/01.pdf 自行参考学习。

B.2.3　Help 模式

Help 模式是 Julia REPL 环境中的另一种操作模式，可以在 Julia 模式下紧挨命令提示符"julia>"输入?转换进入，其每个新行都以"help?>"开始。在这里，用户可在输入任意功能名称后回车以获取该功能的使用说明、帮助文本及演示案例，如查询类型、变量、函数、方法、类和工具箱等。REPL 环境在搜索并显示完成相关文档后会自动切换回 Julia 模式。例如：

```
help?> sin
search: sin sinh sind sinc sinpi sincos sincosd sincospi asin using isinf asinh asind isinteger isinteractive thisind daysinyear
```

```
daysinmonth sign signed Signed signbit
        sin(x)
        Compute sine of x, where x is in radians.
        See also [sind], [sinpi], [sincos], [cis].
──────────────────────────────────────────────

──────────────────────────────────
        sin(A::AbstractMatrix)
        Compute the matrix sine of a square matrix A.
        If A is symmetric or Hermitian, its eigendecomposition (eigen) is used to compute the sine. Otherwise, the sine is determined by
calling exp.
        Examples
        ===========
        julia> sin(fill(1.0, (2,2)))
        2×2 Matrix{Float64}:
          0.454649   0.454649
          0.454649   0.454649
        julia>
```

需要说明的是，一些帮助文本用大写字符显示函数名称，以使它们与其他文本区分开来。在输入这些函数名称时需使用小写字符。对于大小写混合显示的函数名称，需按照要求所示输入名称。此外，Help 模式下的不同功能名称输入方式存在差异。如果输入功能名称为变量，将显示该变量的类的帮助文本；要获取某个类的方法的帮助，需要指定类名和方法名称并在中间以句点分隔。

B.2.4　Shell 模式

如同 Help 模式对快速访问某功能的帮助文档一样有用，Shell 模式可以用来执行系统命令。在 Julia 模式下紧挨命令提示符"julia>"输入英文分号（;）即可进入 Shell 模式，但用户通常很少使用 Shell 模式，因此这里对详细内容不做介绍，感兴趣的读者可以自行查阅资料。值得注意的是，对于 Windows 用户，Julia 的 Shell 模式不会公开 Windows shell 命令，因此不可执行。

B.3　Syslab 与 Sysplorer 的软件集成

科学计算环境 Syslab 侧重于算法设计和开发，系统建模仿真环境 Sysplorer 侧重于集成仿真验证，要充分发挥两者能力，需要通过底层开发支持可视化建模仿真与科学计算环境的无缝连接，构建科学计算与系统建模仿真一体化通用平台。目前，MWORKS 已经实现了两者的双向深度融合，包括数据空间共享、接口相互调用和界面互操作等。本节从接口相互调用方面出发介绍如何在科学计算环境中操作仿真模型，以及如何在仿真模型中调用科学计算函数。

B.3.1　Syslab 调用 Sysplorer API

在科学计算环境 Syslab 中驱动 Sysplorer 自动运行并操作仿真模型需要通过 Sysplorer API 接口实现。Sysplorer API 可支持调用的命令接口大致分为系统命令、文件命令、仿真命令、曲线命令、动画命令和模型对象操作命令六大类，如表 B-1 所示。这些命令的统一调用格式均为"Sysplorer.命令接口名称"。

表 B-1　MWORKS.Sysplorer API 命令接口

命令类型	命令接口	含义
系统命令	ClearScreen	清空命令行窗口
	SaveScreen	保存命令行窗口内容至文件
	ChangeDirectory	更改工作目录
	ChangeSimResultDirectory	更改仿真结果目录
	RunScript	执行脚本文件
	GetLastErrors	获取上一条命令的错误信息
	ClearAll	移除所有模型
	Echo	打开或关闭命令执行状态的输出
	Exit	退出 Sysplorer
文件命令	OpenModelFile	加载指定的 Modelica 模型文件
	LoadLibrary	加载 Modelica 模型库
	ImportFMU	导入 FMU 文件
	EraseClasses	删除子模型或卸载顶层模型
	ExportIcon	把图标视图导出为图片
	ExportDiagram	把组件视图导出为图片
	ExportDocumentation	把模型文档信息导出到文件
	ExportFMU	把模型导出为 FMU
	ExportVeristand	把模型导出为 Veristand 模型
	ExportSFunction	把模型导出为 Simulink 的 S-Function
仿真命令	OpenModel	打开模型窗口
	CheckModel	检查模型
	TranslateModel	翻译模型
	SimulateModel	仿真模型
	RemoveResults	移除所有结果
	RemoveResult	移除最后一个结果
	ImportInitial	导入初值文件
	ExportInitial	导出初值文件
	GetInitialValue	获取变量初值
	SetInitialValue	设置变量初值
	ExportResult	导出结果文件
	SetCompileSolver64	设置翻译时编译器平台位数
	GetCompileSolver64	获取翻译时编译器平台位数
	SetCompileFmu64	设置 FMU 导出时编译器平台位数
	GetCompileFmu64	获取 FMU 导出时编译器平台位数
曲线命令	CreatePlot	按指定的设置创建曲线窗口
	Plot	在最后一个窗口中绘制指定变量的曲线
	RemovePlots	关闭所有曲线窗口
	ClearPlot	清除曲线窗口中的所有曲线
	ExportPlot	导出曲线

命令类型	命令接口	含义
动画命令	CreateAnimation	新建动画窗口
	RemoveAnimations	关闭所有动画窗口
	RunAnimation	播放动画
	StopAnimation	停止动画播放
	AnimationSpeed	设置动画播放速度
模型对象操作命令	GetClasses	获取指定模型的嵌套类型
	GetComponents	获取指定模型的嵌套组件
	GetParamList	获取指定组件前缀层次中的参数列表
	GetModelDescription	获取指定模型的描述文字
	SetModelDescription	设置指定模型的描述文字
	GetComponentDescription	获取指定模型中组件的描述文字
	SetComponentDescription	设置指定模型中组件的描述文字
	SetParamValue	设置当前模型指定参数的值
	SetModelText	修改模型的 Modelica()文本内容
	GetExperiment	获取模型仿真配置

B.3.2　Sysplorer 调用 Syslab Function 模块

在系统建模仿真环境 Sysplorer 中打开、编辑和调试 Syslab 中的函数文件需要通过 Syslab Function 模块实现。该模块包含以下两个组件。

1. SyslabGlobalConfig 组件

SyslabGlobalConfig 组件用于进行 Julia 全局声明，可以导入包及全局变量声明等。当创建了 SyslabGlobalConfig 组件后，单击鼠标右键后选择"Syslab 初始化配置…"选项可以在 Syslab 中打开编辑器，编写全局声明的 Julia 脚本。例如：

```
# using TyBase
# using TyMath
using LinearAlgebra
P = []
xhat = []
residual =[]
xhatOut =[]
sample = 1; #采样间隔
next_t = 1; #采样点
```

2. SyslabFunction 组件

SyslabFunction 组件用于嵌入 Julia 函数，并将 SyslabFunction 组件的输入和输出数据指定为参数与返回值。在 Sysplorer 仿真过程中，每运行一步都会调用该 Julia 函数。对于 SyslabFunction 组件而言，单击鼠标右键后选择"编辑 Syslab 脚本函数…"选项可以在 Syslab 中打开编辑器编写 Julia 脚本。例如：

```
function func1(t)
    x, y = get_xy(t)
```

```
        return x, y
    end

    function get_xy(t)
        a = [t, 2t]
        b = [t 2t 3t; 4t 5t 6t]
        return a, b
    end
```

SyslabFunction 组件认为脚本中的第一个函数为该组件的主函数，其他函数均为服务于主函数的辅助函数。根据主函数的内容，组件从函数声明中的输入参数获取组件的输入端口数量及名称。因此，用户在编写主函数时需要注意：

● 主函数必须使用 function 定义。

● 主函数的输入不要指定类型和具名参数。

● 主函数的输出必须使用 return 指定，且必须为函数体中已经出现的变量符号。

对其他辅助函数没有类似限制。以上面的 Julia 脚本为例，SyslabFunction 组件将生成一个名为 in_t 的输入端口和两个分别名为 out_x、out_y 的输出端口。当然，用户也可以通过单击鼠标右键后选择"设置 Syslab 函数端口…"选项指定组件输入/输出端口的详细信息，包括端口的类型和维度等。

除上述要求外，在实现 Sysplorer 调用 Syslab Function 模块完成与科学计算环境 Syslab 的交互融合过程中，用户必须在 Syslab 中启动 Sysplorer，并完成 SyslabWorkspace 模型库的加载。